全国水利水电类高职高专统编教材

工程地质

主　编　王启亮　盛海洋
副主编　李念国　鲁业宏

黄河水利出版社
·郑州·

内容提要

本书是全国水利水电类高职高专统编教材，是根据全国水利水电高职教研会制定的《工程地质》课程教学大纲编写完成的。本书主要介绍岩石及其工程地质性质、地质构造、地貌及第四纪地质、物理地质作用、水文地质、岩体结构与稳定性分析、工程地质问题、工程地质勘察。

本书注重吸收最新的科技成果，将教学与科研、生产紧密结合（含工程地质实习实验指导和多媒体教学课件），并以实用、够用为度，强调高职特色。全书内容丰富、图文并茂、通俗易懂、深入浅出、重点突出，便于自学。

本书可作为高职高专水利水电类、土建类、交通类水利水电工程、土木工程、道路与桥梁工程等专业工程地质课程教材，亦可供工程建设勘察、设计、施工、监理等工程技术人员及科研人员参考。

图书在版编目(CIP)数据

工程地质/王启亮，盛海洋主编. —郑州：黄河水利出版社，2007.3 (2013.1 重印)
全国水利水电类高职高专统编教材
ISBN 978-7-80734-188-8

Ⅰ.工… Ⅱ.①王… ②盛… Ⅲ.工程地质-高等学校：技术学校-教材 Ⅳ.P642

中国版本图书馆 CIP 数据核字(2007)第 025133 号

组稿编辑：王路平　电话：0371-66022212　E-mail：hhslwlp@163.com

出 版 社：黄河水利出版社
地址：河南省郑州市顺河路黄委会综合楼 14 层　　邮政编码：450003
发行单位：黄河水利出版社
发行部电话：0371-66026940、66020550、66028027、66022620（传真）
E-mail：hhslcbs@126.com
承印单位：黄河水利委员会印刷厂
开本：787 mm×1 092 mm　1/16
印张：14.25
字数：330 千字　　印数：18 001—20 000
版次：2007 年 3 月第 1 版　　印次：2013 年 1 月第 4 次印刷

书号：ISBN 978-7-80734-188-8/P·65　　定价：23.00 元

前 言

本书是根据教育部《关于加强高职高专人才培养工作意见》和《面向21世纪教育振兴行动计划》等文件精神，以及由全国水利水电高职教研会拟定的教材编写规划，报水利部批准，由全国水利水电高职教研会组织编写的水利水电类全国统编教材。

工程地质是高职高专水利水电类、土建类、交通类水利水电工程、土木工程、道路与桥梁工程等专业的一门专业基础课。本教材系统地阐述了工程地质的理论、问题及防治措施。

本教材在编写过程中，根据教学改革精神和生产实际需要，力求理论联系实际，在内容上反映工程地质学科的新理论、新成果，介绍本学科的新规范和新规定，并注意吸收国内外同类教材的有益经验，以体现高职教材特色。以必须、够用、实用为原则，力求内容丰富、图文并茂、深入浅出、循序渐进、重点突出、深浅适度。为了方便学生学习，每章前都附有学习目标、本章重点、本章难点。每章后附有本章小结和一定数量的思考题及习题，以使学生更好地了解掌握本章核心内容。各章学时分配见下表：

学时分配表

章号	教学内容名称	学时	实验	训练	小计
绪论	学习任务与教学要求	1			1
第一章	岩石及其工程地质性质	8	6		14
第二章	地质构造	12		2	14
第三章	地貌及第四纪地质	4			4
第四章	物理地质作用	8			8
第五章	水文地质	6			6
第六章	岩体结构与稳定性分析	4			4
第七章	工程地质问题	6			6
第八章	工程地质勘察	3			3
合计		52	6	2	60

注：本学时分配是建议性的，可根据各学校具体情况加以调整。

在使用本书进行教学时，由于学时所限和地区性差异以及各学校具体情况不同，教师在讲授中可对书中内容做适当增删。

本书编写具体分工如下：前言、第三章、第五章由山西水利职业技术学院王启亮编写；绪论、第六章、第七章由南京交通职业技术学院盛海洋编写；第一章由重庆水利电力职业技术学院胡先学编写；第二章由山东水利职业学院李念国编写；第四章、第八章由安徽水利水电职业技术学院鲁业宏编写。全书由盛海洋统稿。

本书由王启亮、盛海洋任主编，李念国、鲁业宏任副主编，河海大学张发明博士后、教授主审。

本书在编写过程中，曾广泛征求过有关院校及勘察设计单位同行对编写大纲的意见，并得到了成都理工大学李勇教授、四川地质调查院曾宜君教授级高工、河南大学马建华教授、黄河水利科学研究院史学建教授级高工、黄河水利出版社王路平编辑等的指导和帮助，在此一并衷心致谢。

由于编写时间和编者水平所限，书中难免存在错误及不当之处，敬请读者批评指正。

编　者

2006 年 11 月

目 录

绪 论

一、工程地质学的任务及在工程建设中的作用

(一)工程地质学的任务

地质学一词是由瑞士人索修尔(Saussure H. B. de)于1779年提出的,意指“地球的科学”。地质学就是研究地球的科学。

限于目前的科学技术水平,地质学现阶段是以地球的表层(地壳)为主要研究对象,主要研究地壳的物质组成(矿物岩石学等)、促使地壳运动变化的各种地质作用(动力地质学等)、地壳的发展历史(地史学、古生物学等)及地质学在有关领域中的应用等。随着生产实践的需要和科学的发展,地质工作的范围越来越广,地质学也相应发展成许多分支,如工程地质学、水文地质学等。

工程地质学作为其中的一个分支,是研究与工程规划、设计、施工和运用有关的地质问题的学科;是地质学与工程学的边缘学科,是一门应用地质学。它广泛应用于各类工程,如水电工程、工民建工程、公路工程、铁路工程、矿山工程、港口工程等。随着生产的发展和研究的深入,又出现一些新的分支学科,如环境工程地质、海洋工程地质、地震工程地质等。工程地质学的特点是始终与工程实践紧密联系。

工程地质学的研究对象是工程地质条件和工程活动的地质环境。它的主要任务是研究人类工程活动与地质环境(工程地质条件)之间的相互作用,以便正确评价、合理利用、有效改造和完善保护地质环境。具体在工程建设中的任务包括:

(1)阐明建筑地区的工程地质条件,并指出对建筑物有利和不利的因素;

(2)论证建筑物所存在的工程地质问题,进行定性和定量的评价,并作出确切的结论;

(3)选择地质条件优良的建筑场地,并根据场地工程地质条件对建筑物配置提出建议;

(4)研究工程建筑物兴建后对地质环境的影响,预测其发展趋势,提出利用和保护地质环境的对策和建议;

(5)根据所选定地点的工程地质条件和存在的工程地质问题,提出有关建筑物类型、规模、结构和施工方法的合理建议,从而保证建筑物的正常施工和使用;

(6)为拟定改善、防治不良地质作用措施方案提供地质依据。

概括起来,即查明建筑物及与之有关地区的工程地质条件,指出可能出现的工程地质问题,并提出解决这些问题的建议,为工程设计、施工和正常运用提供可靠的地质资料,以保证建筑物修建得经济合理和安全可靠。

工程地质学的上述任务,必须要求对工程活动的地质环境或称工程地质条件进行深入研究。工程地质条件包括地层岩性、地质构造、地貌、水文地质条件、岩土体的工程性质、物理地质现象和天然建筑材料等方面。

研究岩土体的工程性质及其在自然或人类活动影响下的变化是工程岩土学的基本任务；研究工程活动与地质环境相互制约的主要形式，即工程地质问题，分析这些问题产生的地质条件、力学机制及其发展演化规律，以便正确评价和有效防治其不良影响，是工程地质学另一专门分支——工程地质分析的基本任务；查明工程地质条件并研究查明工程地质条件的方法和手段是工程地质勘察的基本任务。上述三个专门分支学科是工程地质学的理论基础。

(二)工程地质工作在工程建设中的作用

大量的国内外工程建设实践证明，工程地质工作做得好，设计、施工就能顺利进行，工程建筑的安全运营就有保证。相反，对工程地质工作忽视或重视不够，使一些严重的地质问题未被发现或发现了而未进行可靠的处理，都会给工程带来不同程度的影响，轻则修改设计方案、增加投资、延误工期，重则使建筑物完全不能使用，酿成灾害。

据国际大坝委员会1973年对世界上110个国家和地区已建的12 900余座大坝进行的调查统计资料，发生过失事事故的589座大坝中，大多数与不良的地质条件密切相关。例如1959年12月2日法国的马尔帕赛(Malpasset)拱坝(坝高66 m)的崩溃，曾轰动了国际水利界。该坝由于坝基左岸岩石软弱，施工中又未经地基处理，结果蓄水后发生位移达210 cm，最后发展到整个坝体全部崩溃，水库拦蓄的3 000万m^3水下泄时形成的洪水，造成下游400余人死亡，损失达6 800万美元。又如加拿大特朗斯康谷仓是建筑物地基失稳的典型例子。该谷仓由65个圆柱筒仓组成，长59.4 m，宽23.5 m，高31.0 m；钢筋混凝土片筏基础，厚2 m，埋置深度3.6 m。谷仓于1913年秋建成，10月初贮存谷物2.7万t时发现谷仓明显下沉，谷仓西端下沉8.8 m，东端上抬1.5 m，最后，整个谷仓倾斜27°。由于谷仓整体刚度较强，在地基破坏后，筒仓完整，无明显裂缝。事后勘察了解，该建筑物基础下埋藏有厚达16 m的高塑性淤泥质软粘土层。谷仓加载使基础底面上的平均荷载达到330 kPa，超过了地基的极限承载力280 kPa，因而发生地基强度破坏而整体滑动。为修复谷仓，在基础下深16 m的基岩上设置了70多个混凝土墩支撑，使用338个500 kN的千斤顶，逐渐把谷仓纠正了过来。修复后谷仓的标高比原来降低了4 m。处理费用十分昂贵。加拿大特朗斯康谷仓发生地基滑动强度破坏的主要原因，是对谷仓地基土层事先未做勘察、实验与研究，采用的设计荷载超过了地基土的抗剪强度。

总之，作为工程建筑的基础工作，工程地质工作的重要作用是客观存在和被实践证明了的。它已成为工程建设中不可缺少的一个重要组成部分。随着我国经济建设日益发展和科学技术的进步，工程建设的规模和数量也越来越大。数十公里长的隧道、数百米高的高楼大厦、数百米高的露天采矿场边坡、二滩水电站和三峡水利枢纽工程等所谓“长隧道、深基坑、高边坡”巨型重大工程建设与工程地质的关系更趋密切。鉴于工程地质对工程建设的重要作用，国家规定，任何工程建设必须在进行相应的地质工作、提出必要的地质资料的基础上，才能进行工程设计和施工工作。

二、工程地质课程教学要求及其特点

一般来讲，进行工程建设时，地质工作主要由专业地质人员进行。但作为一名工程师，必须掌握工程地质的基本理论和技能，才能够正确地提出勘察任务和要求，才能正确地利用工程地质勘察成果和正确处理工程建设与自然地质条件的相互关系，才能胜任本职工作。

学习本课程的目的在于使学生了解工程建设中的工程地质现象和问题，以及这些现象和问题对工程建筑设计、施工和使用各阶段的影响；能正确处理各种工程地质问题，并能合理利用自然地质条件；了解各种工程地质勘察要求和方法，布置勘察任务，合理利用勘察成果解决设计和施工中的问题；为学习专业课和今后从事实际工作打下基础。总的要求如下：

(1)掌握与工程建筑有关的常见岩石、地质构造、地貌、物理地质现象、水文地质等基本地质知识。

(2)初步学会对工程建筑工程地质条件和工程地质问题的分析和评价方法。

(3)一般了解工程地质的勘察原则和方法，熟悉其应用条件；学会阅读和分析常用工程地质及水文地质资料(报告书及地质图)的方法。

以上教学要求是相互关联和逐步联系专业实际的，只有理论联系实际、地质联系工程进行教与学，才能达到预期的教学目的。

本课程是一门实践性比较强的技术基础课，为加强地质实践性教学，除讲课及自学外，还要安排课堂实习或实验、课外作业，以及野外地质教学实习，以巩固和印证课堂所学的理论知识，培养学生实际动手的技能，学会应用工程地质资料为工程设计、施工等服务。

在教学过程中，应运用辩证唯物主义观点，由浅入深，循序渐进。尽量采用多媒体教学方法，应用有关地质科教片、录像片、幻灯片、挂图、模型、标本等直观教具，以增强地质感性认识，提高教学质量。学生在学习过程中要善于思考，切忌死记硬背，主要应掌握分析研究问题的思路和方法，以便在以后的实际工作中用以解决所遇到的问题。

小　结

工程地质学是将地质学的原理应用于解决工程地基稳定性问题的一门学问。工程地质学通过工程地质调查、勘察和研究建筑物场地的岩土的工程地质性质、地质构造、地貌、地下水、物理地质现象和天然建筑材料等工程地质条件，预测和论证有关工程地质问题发生的可能性并采取必要的防治措施，以确保建筑物的安全、稳定和正常运行。

工程地质课程是一门实践性比较强的技术基础课，在教学过程中，要加强地质实践性教学环节，以巩固和印证课堂所学的理论知识，培养学生实际动手的技能，使学生学会应用工程地质资料为工程设计、施工等服务。

思考题

1. 什么是工程地质学？
2. 什么是工程地质条件？
3. 工程地质学的任务是什么？
4. 工程地质课程的基本要求是什么？

第一章　岩石及其工程地质性质

学习目标

1. 掌握矿物、造岩矿物的概念及矿物的主要物理性质。

2. 掌握岩浆岩、沉积岩及变质岩的矿物成分、结构和构造。

3. 了解岩浆岩、沉积岩及变质岩的分类及常见岩石的工程地质特征。

4. 结合矿物和岩石实验，掌握肉眼鉴定矿物及岩浆岩、沉积岩、变质岩三大类岩石的方法，并能对矿物及岩石的工程地质性质进行正确描述。

本章重点

矿物的物理性质；岩石的矿物成分、结构和构造；矿物及岩石的工程地质性质；肉眼鉴定矿物、岩石的方法。

本章难点

矿物的物理性质；岩石的结构和构造。

第一节　地球概述

一、地壳

地球是太阳系行星家族中的一个壮年成员(约 50 亿年，恒星 100 亿～150 亿年)，是一个具有圈层结构的旋转椭球体。

太阳系的主要成员除太阳外，是九大行星和它们的卫星以及(哈雷)彗星、流星体。九大行星按其与太阳的距离，由近及远分别是水星、金星、地球、火星(其物理性质近似地球，称类地行星，且其体积较小、密度较大、自转速度慢、卫星数较少)、木星、土星、天王星、海王星(称类木行星，物理性质与类地行星相反)、冥王星(与类地行星相似)，如图 1-1 和图 1-2 所示。

地球由表及里可分为外圈和内圈。外圈又分为大气圈、水圈和生物圈。内圈平均半径 6 371 km，根据火山喷发和物理勘探中的地震波传播速度的突变，将其分为地壳、地幔及地核，如图 1-3、图 1-4、图 1-5 和表 1-1 所示。

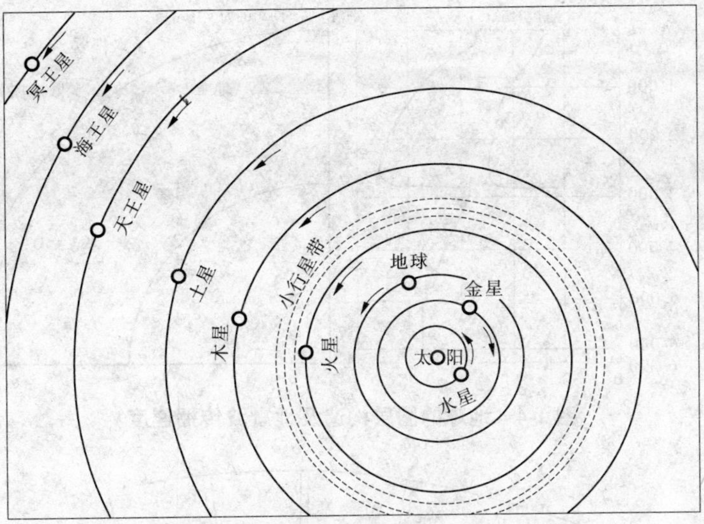

图 1-1　太阳系(行星轨道位置按比例表示)

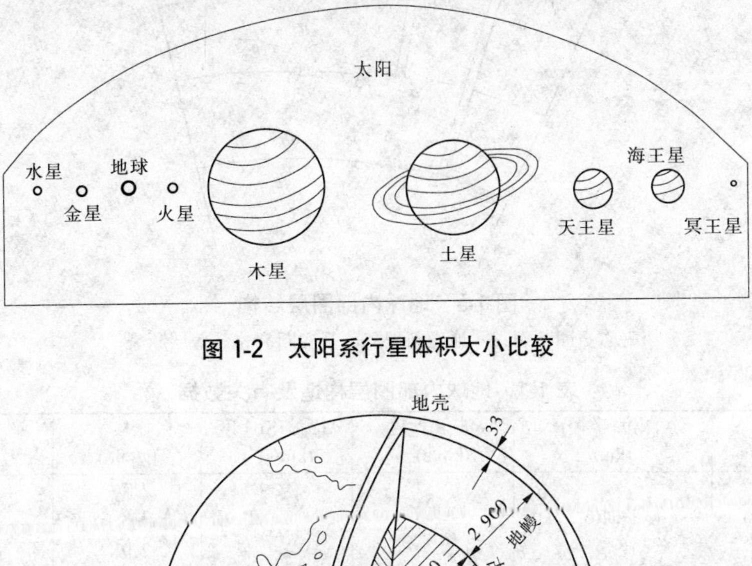

图 1-2　太阳系行星体积大小比较

图 1-3　地球的内部构造　(单位:km)

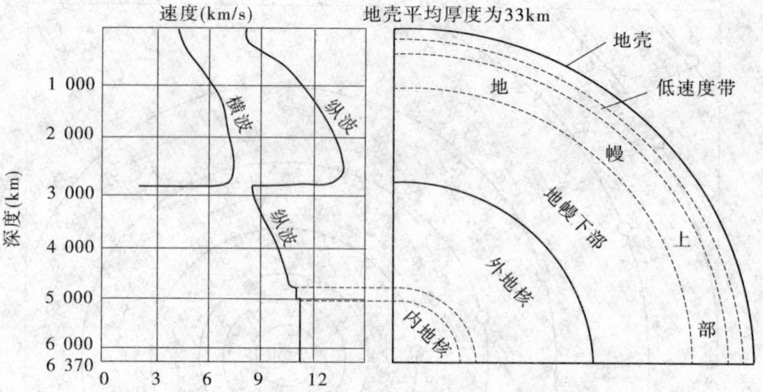

图 1-4　地球的圈层构造及地震波传播速度

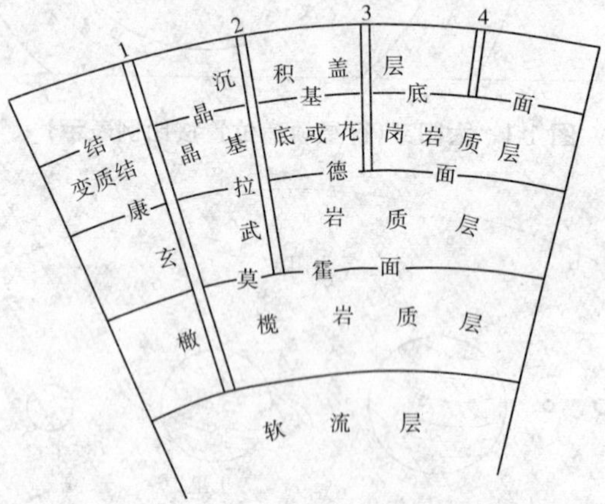

图 1-5　地球内部圈层结构

1—岩石圈断裂;2—地壳断裂;3—基底断裂;4—盖层断裂

表 1-1　地球内部圈层构造及有关数据

分　层		深度(半径)(km)	纵波(P)速度(km/s)	横波(S)速度(km/s)	密度(g/cm^3)	压力(Pa)
地壳(大陆)		海平面(6 371)	5.5 6.8	3.2 3.6	2.7 2.8 2.9	
莫霍分界面		33(6 338)				$9.119\ 25\times10^{8}$
地幔	上地幔	70 250 低速度带	7.9~8.1	4.4	3.32	
		413(5 958)	8.97		3.64	$1.418\ 55\times10^{10}$
		720(最深地震)				$2.735\ 775\times10^{10}$
		984(5 387)	11.42		4.64	$3.850\ 35\times10^{10}$
	下地幔		13.64	7.3	5.56	
古登堡面		2 898(3 473)				$1.386\ 126\times10^{11}$
地核	外部地核	速度降低	8.10 9.7	通不过	9.71	
		4 703(1 668)			11.76	$3.222\ 135\times10^{11}$
	过渡层		10.31			
		5 125(1 246)		?	约14	约$3.343\ 725\times10^{11}$
	内部地核	6 371(中心)	11.23		约16	约$3.647\ 7\times10^{11}$

注:表中"?"表示没有数据,情况不明。

地球最内部的核心部分称为地核。地核位于古登堡面以下，包括内核、过渡层和外核三部分，厚约 3 473 km，其体积约占地球总体积的 17%。据推测，地核密度为 9.71～17.9 g/cm³，温度在 2 000～3 000 ℃之间，压力可达 300～360 GPa(约 10 000 atm)，主要由含铁、镍量很高(少量硅、硫等轻元素)、成分很复杂的物质组成。外核物态为液态，其成分除铁、镍外，可能还有碳、硅和硫；内核物态为固态，其成分为铁、镍物质。

地幔介于地核和地壳之间，又称中间层，可分上、下两层，其上部与地壳的分界面为莫霍洛维奇(Mohorovicic)面，地幔下部与地核的分界面为古登堡(Gutenberg)面。地幔厚约 2 900 km，其体积约占地球总体积的 82%，密度从 3.32 g/cm³ 递增到 5.66 g/cm³，平均密度为 4.5 g/cm³，温度一般为 1 200～2 000 ℃，压力随深度增加而增加，界面上压力约为 140 GPa，主要由铬、铁、镍、二氧化硅等物质组成。根据次级界面，地幔可分为上地幔和下地幔。上地幔从莫霍面至地下约 1 000 km，平均密度为 3.5 g/cm³，成分主要为含铁、镁质较多的超基性岩。在上地幔的上部 100～350 km 存在一个由柔性物质组成的圈层，称为软流层(地震波的低速带)。此软流层之上的固态岩石圈层称为岩石圈。下地幔为从地下 1 000 km 至古登堡面之间，平均密度增大为 5.1 g/cm³，成分仍为含铁、镁质的超基性岩，但铁质的含量增加。

从地表至莫霍面的固体外壳称为地壳，它主要由各种岩石组成。地壳的厚度很不均匀，各地有很大差异。地壳分为大陆型和大洋型两种类型。大陆型地壳分布在大陆及其边缘地区，其厚度较大，平均厚度为 33 km，愈向高山区其厚度愈大，如我国青藏高原地区，厚度可达 70 km 以上。大洋型地壳厚度较小，平均厚度只有 6 km，如大西洋和印度洋厚度为 10～15 km，而太平洋中央部分厚度为 5 km，最薄处西太平洋的马里亚纳海沟(深 11 034 m)处地壳厚仅为 1.6 km。

地震波变化表明，地壳内存在着一个次一级的不连续面，称为康拉德面，它将地壳分为两层，上层为硅铝层(不连续)，下层为硅镁层。

(一)硅铝层(花岗岩层)

硅铝层是地壳上部分布不连续的一层，平均厚度约为 10 km，化学成分以硅、铝为主，故称硅铝层。硅铝层密度较小，平均为 2.7 g/cm³。地震波在硅铝层的传播速度与花岗岩近似，其物质成分类似花岗岩，故又称花岗岩层。该层厚度各地不一，山区有时厚达 40 km，海陆交界处变薄，海洋地区则显著变薄，在太平洋中部此层甚至缺失，如图 1-6 所示。

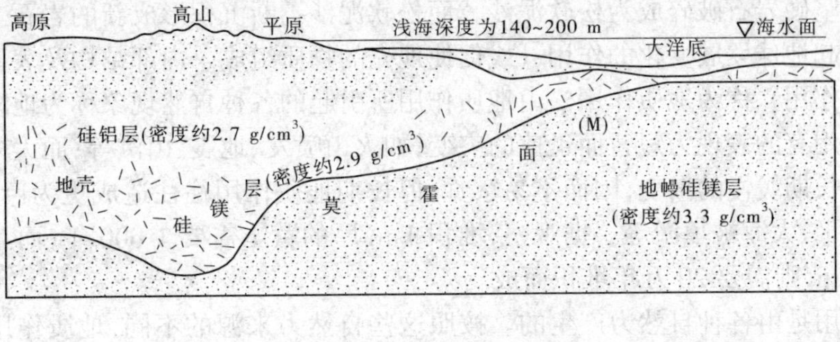

图 1-6 地壳结构示意图

（二）硅镁层（玄武岩层）

硅镁层的主要化学成分除硅、铝外，铁、镁相对增多，故称硅镁层。硅镁层密度较大，平均为 2.9 g/cm^3。因硅镁层平均化学成分、地震波传播速度均与玄武岩相似，故又称玄武岩层。硅镁层是地壳下分布连续的一层，在大陆及平原区厚度可达 30 km，海洋区仅厚 5～8 km。

地壳是由各种化学元素组成的，根据地球化学分析，在地壳中已发现有 90 多种元素，但各种元素含量差异很大，其中以 9 种元素为主。在国际上，把各种元素在地壳中的平均含量称为克拉克值(见表 1-2)。

表 1-2　地壳主要化学元素平均含量

元素	克拉克值（%）	元素	克拉克值（%）
氧 O	46.95	钠 Na	2.78
硅 Si	27.88	钾 K	2.58
铝 Al	8.13	镁 Mg	2.06
铁 Fe	5.17	钛 Ti	0.62
钙 Ca	3.65	氢 H	0.14

注：谐音记忆“养闺女贴给哪家美”。

地壳中的化学元素，往往集聚成各种化合物或以单质出现，形成矿物。矿物的自然集合体又形成岩石。因此，矿物和岩石是组成地壳物质的基本单位，它们都是在地壳发展过程中各种地质作用的产物。

二、地质作用

从地球形成至今，经历了大约50亿年的发展历史，在这漫长的地质历史中，地球一直在不停地运动、变化和发展。例如，有些时候一些地方遭受挤压褶皱形成高山，而另一些地方就会凹陷形成海洋；高山不断遭受剥蚀被夷为平地，沧海又不断被泥土充填变成桑田；坚硬岩石破碎成为松软泥沙，而松软泥沙不断沉积形成新的岩石。这种由于自然动力引起地球发展变化的作用（或促使地壳的物质组成、内部结构及表面形态发生变化的各种作用）称为地质作用。由地质作用所引起的各种自然现象称为地质现象。

地质作用有的表现为短暂而迅速的突变，如火山喷发、地震、山洪等；而大多数地质作用则表现为长期缓慢的渐变，因而不易察觉，但长期地质作用往往造成更为巨大的后果，如高山被夷平、大海被填淤等。据观察，堆积 1 m 厚的黄土需要 1 000 年，而兰州附近的黄土约 200 m，则需要 20 万年堆积而成。

地质作用是由各种自然力产生的。按照这些自然力来源的不同，地质作用可分为两大类：由地球内部能量引起地球发生变化的内力地质作用和由地球外部能量引起地壳形态发生变化的外力地质作用。内力地质作用和外力地质作用的特征如图 1-7 所示。

- 地质作用
  - 内力地质作用
    - 能量来源：地球自转产生的动能和放射性元素蜕变产生的热能
    - 表现形式：地壳运动、岩浆活动、变质作用和地震等
    - 作用结果：塑造山岭与凹地，是地形变化的主导因素
  - 外力地质作用
    - 能量来源：太阳辐射热能、重力位能及天体引力
    - 表现形式：风化、剥蚀、搬运、沉积和硬结成岩作用等
    - 作用结果：削平高山，填平凹地

图 1-7　内力地质作用和外力地质作用的特征

内力地质作用和外力地质作用在促使地球演化过程中，既是相互联系又是互相矛盾的。内力作用对地球演化起着主导作用，它通过岩浆作用、变质作用和地壳运动等不断地改造地壳，并使地表产生大陆、海洋、山脉、平原等巨型地形起伏。外力作用则是对地球的进一步加工塑造，起着削高补低的作用。总之，地球在内力地质和外力地质共同作用下不断地发展变化。

第二节　造岩矿物

一、矿物的概念及类型

矿物是指地壳中的化学元素在地质作用下形成的、具有一定化学成分和物理性质的单质或化合物。自然界中只有少数矿物是以自然元素形式出现的，如金刚石、自然金(Au)、硫磺(S)等。而绝大多数矿物是由两种或两种以上元素组成的化合物，如石英(SiO_2)、方解石($CaCO_3$)、石膏($CaSO_4 \cdot 2H_2O$)等。矿物绝大多数呈固态。固体矿物按其内部构造不同，可分为晶质体和非晶质体两种。晶质体的内部质点(原子、离子、分子)有规律地排列，往往具有规则的几何外形，如岩盐，如图 1-8 所示。

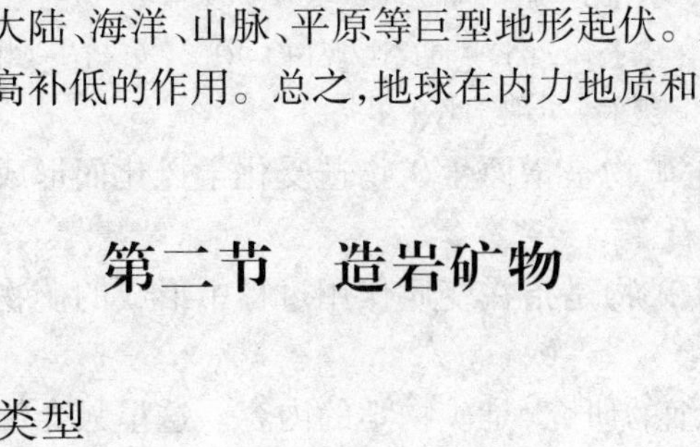

图 1-8　岩盐的内部构造及晶体

但是矿物在岩石中受到许多条件和因素的控制，晶体常呈不规则几何形状。非晶质体的内部质点的排列则是杂乱无章没有规律的，因此不具有规则的几何外形，如蛋白石、玉髓($SiO_2 \cdot nH_2O$，见图 1-9)、褐铁矿($Fe_2O_3 \cdot nH_2O$)等。非晶质又可分为玻璃质和胶体质两种。地壳中的矿物绝大部分是晶质体。

自然界的矿物按其成因可分为三大类型：

(1)原生矿物　原生矿物是指在成岩或成矿的时期内，从岩浆熔融体中经冷凝结晶所形成的矿物，如石英、正长石等。

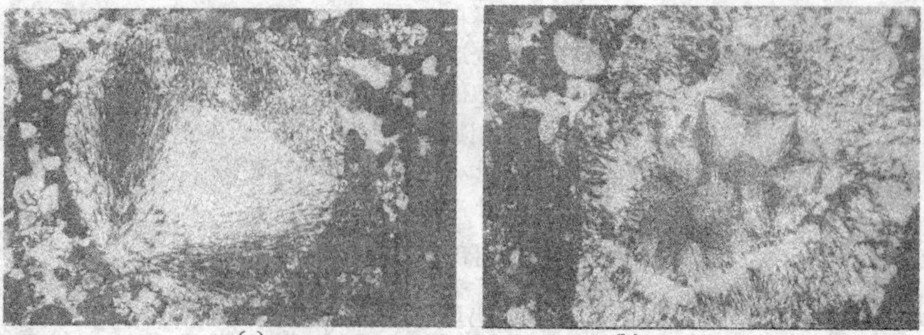

图 1-9　玉髓碎屑

注：纤状、放射状或球粒玉髓集合体，生长具世代性(见图 1-9(b))，边缘有一圈由玉髓垂直于边缘表面环边生长的不规则圈状(见图 1-9(a))，中间细边缘粗，集合体呈扇形，十字消光。

(2)次生矿物　次生矿物是指原生矿物遭受化学风化而形成的新矿物，如正长石经过水解作用后形成的高岭石。

(3)变质矿物　变质矿物是指在变质作用过程中形成的矿物，如区域变质的结晶片岩中的蓝晶石和十字石等。

对矿物的全面和详细的研究，是矿物学的内容。这里只介绍其中最主要的造岩矿物。目前已发现的矿物在 3 000 种以上，但构成岩石的主要成分并对岩石性质起决定性影响的矿物不过 30 多种，它们占岩石成分的 90%，一般把这些矿物称为造岩矿物。造岩矿物中又以长石、石英、辉石、角闪石、橄榄石、黑云母、方解石、白云石最为重要，它们的含量决定了岩石的名称及其主要性质。

黄铁矿、石膏、黑云母、方解石、粘土矿物这几种矿物，在评定岩石的工程地质性质时具有重要的意义。因为，黄铁矿遇水和氧时易形成硫酸，可使岩石发生迅速、剧烈的破坏；石膏具有较大的可溶性和膨胀性，受水作用后易于溶滤而使岩石中形成空洞；云母极易分裂成薄片，常呈夹层状包含在岩石中，使岩石的强度降低、性质不均匀，容易碎裂成单独的板块，特别是黑云母含铁质，较白云母更易于受到破坏；方解石在一定条件下可溶解于水形成溶洞，不仅岩石的强度降低而且产生渗透；粘土矿物(高岭石、蒙脱石、伊利石)遇水易软化，强度很低，极易产生滑动。

二、矿物的物理性质及其鉴定

正确识别和鉴定矿物，对于给岩石命名、研究岩石的性质是非常重要的。鉴定矿物的方法很多。需要精确地鉴定矿物时，可以采用光学和化学的分析方法，如吹管分析、差热分析、光谱分析、偏光显微镜分析、电子显微镜扫描等，但这些方法需要较复杂的设备，不适宜野外工作。野外工作中一般采用肉眼鉴定法。

矿物的肉眼鉴定，主要是根据矿物的一些显而易见的物理性质，用肉眼或仅借助于几种简单的工具(如小刀、条痕板、低倍放大镜等)和药品(如稀盐酸)，在野外确定矿物的名称。肉眼鉴定法不仅简单、方便、迅速，而且是室内进一步鉴定的基础。

矿物的物理性质决定于矿物的化学成分和内部构造。由于不同矿物的化学成分或内部构造不同，因而反映出不同的物理性质。所以，矿物的物理性质是鉴别矿物的重要依据。

(一)矿物的形态

矿物的形态(或形状),是指矿物的单个晶体外形或集合体的状态。每种矿物一般都具有一定的形态,因而矿物的形态可以帮助识别矿物。常见的晶体形态有片状(如云母)、板状(如石膏)、柱状(如角闪石)、菱面体(如方解石)和粒状(如白云石)等,集合体的形态主要有纤维状(如纤维石膏)、钟乳状(如方解石)、鲕状(如赤铁矿)、土状(如高岭土)和块状(如石英)等,如图 1-10 所示。

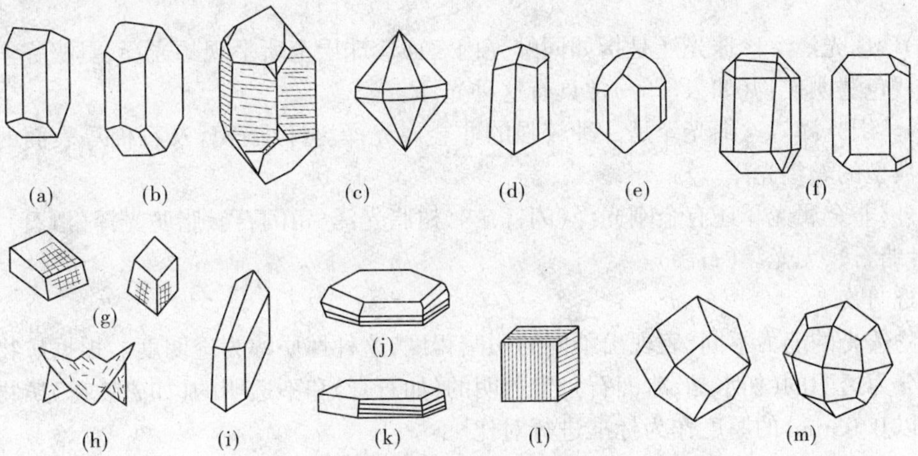

图 1-10 常见矿物晶体的形态

(a)正长石;(b)斜长石;(c)石英;(d)角闪石;(e)辉石;(f)橄榄石;(g)方解石;(h)白云石;(i)石膏;(j)绿泥石;(k)云母;(l)黄铁矿;(m)石榴子石

(二)矿物的光学性质

矿物的光学性质是指矿物对自然光的吸收、反射和折射所表现出的各种性质。

1.颜色

矿物的颜色是指矿物对可见光中不同光波选择吸收和反射后映入人眼的现象,根据成色原因可分为如下几种:

(1)自色　自色是指由于矿物本身的化学成分中含有带色的元素而呈现的颜色,即矿物本身所固有的颜色。例如赤铁矿多呈红色、黄铁矿多呈黄铜色等。

(2)他色　他色是指当矿物中含有杂质时所出现的其他颜色。例如石英,一般为无色或白色,含杂质时可呈黄、红、棕、绿等色,一般无鉴定意义。

(3)假色　假色是指矿物内部的某些物理原因所引起的颜色,比如光的干涉、内散射等。

有些矿物粉末的颜色与它呈块状时的颜色不同,且前者一般比较固定。例如赤铁矿,整块的颜色可呈红、黑、钢灰等色,但其粉末只是樱红色;黄铁矿的颜色为铜黄色,粉末为黑绿色。这种矿物粉末的颜色称为条痕色,简称为条痕。由于矿物的条痕较固定,所以在鉴定矿物时它比颜色更可靠。观察矿物的条痕时,应将矿物放在白色无釉的素磁板(叫条痕板)上刻划,矿物留在素磁板上的颜色即为它的条痕色。

2. 光泽

矿物表面对可见光的反射能力称为光泽。依据矿物表面反射的强弱可以分为金属光泽(如金、银、铜、辉锑矿等)、半金属光泽(如赤铁矿、褐铁矿等)和非金属光泽三种。造岩矿物一般呈非金属光泽。非金属光泽又可分为下列几种类型:

(1)玻璃光泽　玻璃光泽是指矿物(如水晶)表面反射较弱,如同玻璃表面所呈现的光泽。

(2)油脂光泽　油脂光泽是指某些透明矿物(如石英)断口上所呈现的如同油脂的光泽。

(3)珍珠光泽　珍珠光泽是指如同蚌壳内表面珍珠层上所呈现的光泽,具极完全片状解理的浅色透明矿物(如云母等)常具有这种光泽。

(4)丝绢光泽　丝绢光泽是一种较强的非金属光泽。纤维石膏及石棉等表面的光泽是最为典型的丝绢光泽。

此外,非金属光泽还有金刚光泽(闪锌矿)、树脂光泽(角闪石)、脂肪光泽(滑石)、蜡状光泽(叶蜡石)、无光泽(石髓)。

3. 透明度

矿物透光的能力不同,表现出不同的明暗程度,这种性质称为透明度。根据矿物的透明度可分为透明的(如水晶、冰洲石)、半透明的(如石膏)和不透明的(如磁铁矿)矿物。一般规定以 0.03mm 的厚度作为标准进行对比。

(三)矿物的力学性质

矿物的力学性质是指矿物在受力后表现的物理性质。

1. 硬度

矿物抵抗机械作用(如刻划、压入、研磨)的能力称为硬度。德国矿物学家摩尔(F. Mobs)取自然界常见的 10 种矿物作为标准,将硬度分为 1～10 度 10 个等级,此即摩氏硬度,如表 1-3 所示。

表 1-3　摩氏硬度计

相对硬度等级	1	2	3	4	5	6	7	8	9	10
标准矿物	滑石	石膏	方解石	萤石	磷灰石	长石	石英	黄玉	刚玉	金刚石

注:为记忆这 10 种矿物,可用顺口溜方法,即只记矿物的第一个汉字:“滑石方萤磷;长石黄刚金”或“滑石方、萤石长、石英黄玉、刚金刚”。

在野外工作中,常用随身携带的物品简便地确定矿物的相对硬度。这些物品相应的硬度等级分别为:软铅笔(1 度);指甲(2～2.5 度);小刀、铁钉(3～4 度);玻璃棱(5～5.5 度);钢刀刃(6～7 度)。

2. 解理和断口

矿物受敲击后,常沿一定方向裂开成光滑平面,这种特性称为解理。裂开的光滑平面称为解理面。根据解理面方向的数目,分为一组解理(如云母)、二组解理(如长石)、三组解理(如方解石)及多组解理。根据解理面发育的完善程度,解理又可分为极完全解理(如云母)、完全解理(如方解石)、中等解理(如正长石)、不完全解理(如磷灰石)。若矿物受敲击后,裂开面无一定方向,呈各种凹凸不平的形状,如锯齿状(石膏)、贝壳状(石英)、平坦状(块状高岭石)、土状(铝土矿)、粒状(大理石)等,则称为断口。

(四)矿物的其他性质

有些矿物还具有独特的性质,如磁性(磁铁矿)、弹性(云母)、挠性(绿泥石)、滑感(滑石)、咸味(岩盐)、比重大(重晶石)、嗅味(硫磺)等,以及与冷稀盐酸发生化学反应而产生气泡(CO_2)(如方解石、白云石)。矿物的这些独特的性质对鉴别某些矿物有重要意义。

在鉴定矿物时,要善于抓住主要矛盾,注意比较各种矿物的异同点,找出各种矿物的特殊点。如表1-4所示为常见造岩矿物物理性质,根据这些物理性质可帮助进行造岩矿物的肉眼鉴定。应用表1-4鉴定造岩矿物时,首先应根据颜色确定被鉴定的矿物是属于浅色的(如石英、长石、白云母等)还是深色的(如橄榄石、黑云母、角闪石、辉石等),再以适当的物品确定出硬度范围,然后观察分析被鉴定矿物的其他特征,即可作出结论。常见造岩矿物的肉眼鉴定,可在实验课上结合矿物标本进行学习。

表1-4　常见造岩矿物物理性质

序号	矿物名称	硬度	形状	颜色	条痕	光泽	解理与断口	比重	其他
1	滑石 $Mg_2[Si_4O_{10}](OH)_2$	1	薄片状、鳞片状、致密块状	白、灰、淡黄、淡绿	白色	油脂光泽,解理面上呈珍珠光泽	一组完全或极完全解理	2.7~2.8	极软,手摸之有滑感;薄片可挠曲而无弹性
2	高岭石 $Al_4[Si_4O_{10}](OH)_3$	1~1.5	块状、土状	白色,因含杂质可呈黄、浅褐、浅蓝等色	白色	无光泽	土状断口	2.5~2.6	有滑感;干时易吸水,湿时具可塑性、粘着性
3	蒙脱石 $(Na \cdot Ca)(Al \cdot Mg)_2 \cdot [Si_4O_{10}](OH)_2 \cdot nH_2O$	1	块状、土状	白色,有时为浅红、浅绿色	白色	无光泽	土状断口	2	吸水性强,吸水后体积能膨胀增大数倍以上
4	石膏 $CaSO_4 \cdot 2H_2O$	2	板状、条状或纤维状、粒状	白色,含杂质时为黄褐色、红色	白色	玻璃或丝绢光泽	一组完全解理	2.2~2.4	有的透明,可溶于盐酸和略溶于水
5	绿泥石 $(Mg \cdot Fe)_5 \cdot Al[AlSi_2O_{10}] \cdot (OH)_3$	2~2.5	片状集合体或块状	浅绿至深绿色	绿色	珍珠或玻璃光泽	一组极完全解理	2.6~2.9	薄片可挠曲但无弹性
6	黑云母 $K\{(Mg \cdot Fe)_2(OH)_2[Al \cdot Si_2O_{10}]\}$	2.5~3	片状、鳞片状集合体	黑色、深褐色	白色淡绿色	珍珠或玻璃光泽	一组极完全解理	2.7~3.1	薄片透明,有弹性

续表 1-4

序号	矿物名称	硬度	形状	颜色	条痕	光泽	解理与断口	比重	其他
7	白云母 K{$Al_2(OH)_2$ [$Al\cdot Si_3O_{10}$]}	2.5~3	片状、鳞片状集合体	无色、银白色、淡黄色	白色	珍珠或玻璃光泽	一组极完全解理	2.7~3.1	薄片透明，有弹性
8	方解石 $CaCO_3$	3	一般为菱形体，集合体有粒状、钟乳状、块状、晶簇等	白色、无色、因含杂质可具多种颜色	白色	玻璃光泽	三组完全解理	2.6~2.8	遇冷稀盐酸剧烈起泡
9	白云石 $Ca\cdot Mg[CO_3]_2$	3.5~4	菱面体，集合体为粒状	灰白色，有时为淡黄、淡红色	白色	玻璃光泽	三组完全解理	2.8~3.0	晶体只与热盐酸反应，粉末可与冷稀盐酸反应，但无嘶嘶声；解理面多弯曲呈鞍状，并具条纹
10	褐铁矿 $2Fe_2O_3\cdot 3H_2O$	5~5.5	土状、块状；钟乳状、球状	黄褐色、黑褐色	黄褐色、棕褐色	半金属光泽	无	3.4~4	为含铁矿物的风化产物，呈铁锈状，易染手
11	角闪石 $Ca_2\cdot Na[Mg\cdot Fe]_4(Al\cdot Fe)[(Si\cdot Al)_4O_{11}]_2(OH)_2$	5~6	长柱状、针状或纤维状集合体	褐色、绿色至黑色	灰白色、淡绿色	玻璃光泽	两组中等解理成124°或56°斜交	3.1~3.6	晶体横截面为六角菱形
12	辉石 $Ca(Mg\cdot Fe\cdot Al)[(SiAl)_2O_6]$	5~6	短柱状，粒状集合体	绿色、褐色、黑色	白色、褐色	玻璃光泽	两组中等解理近于正交	3.2~3.5	晶体横截面为正八边形
13	赤铁矿 Fe_2O_3	5.5~6.5	多为块状，有的为鲕状、肾状、片状	赤红色、铁黑色、钢灰色	砖红色	半金属光泽	无	4.8~5.3	土状者硬度很低，可染手
14	正长石 $K[Al\cdot Si_3O_8]$	6	短柱状、板状或粒状、块状集合体	多为肉红色，也有灰白色、淡黄色	白色	玻璃光泽	两组完全解理成90°相交	2.5~2.6	有时呈双晶，易风化成高岭土
15	石英 SiO_2	7	晶体为六方双锥柱状，但多为块状，晶面具晶纹	纯者无色透明，含杂质时可呈各种杂色	无	断口呈油脂，晶面呈玻璃光泽	贝壳状	2.6	矿物最稳定者，极难风化，不怕酸

续表 1-4

序号	矿物名称	硬度	形状	颜色	条痕	光泽	解理与断口	比重	其他
16	斜长石 $Na[Al \cdot Si_3O_8]$ 与 $Ca[Al_2Si_3O_8]$	6	晶体为短柱状，常以板状出现，晶面及解理面上有条纹	白、灰、天蓝等	白色	玻璃光泽	二向互相斜交	2.5～2.7	风化石成高岭土
17	橄榄石 $(Mg,Fe)_2[SiO_4]$	6.5～7	晶体为八面柱体，常呈粒状集合	淡黄至绿色	无	玻璃光泽	无完全	3.2～3.5	溶于硫酸时急剧分解析出 SiO_2 胶体
18	黄铁矿 FeS_2	6～6.5	立方体或五角十二面体晶粒，晶面有条纹	草黄	绿黑色	金属光泽	贝壳状或不规则	5	在氧和水的作用下可生成硫酸和褐铁矿

常见造岩矿物的镜下特征如下：

(1)石英　透明，正低突起；最高干涉色为一级淡黄，一般为一级灰白；平行消光，受应力影响呈波状消光；正延性；无色、洁净，不规则的粒状，无解埋；一轴晶，正光性，如图1-11所示。

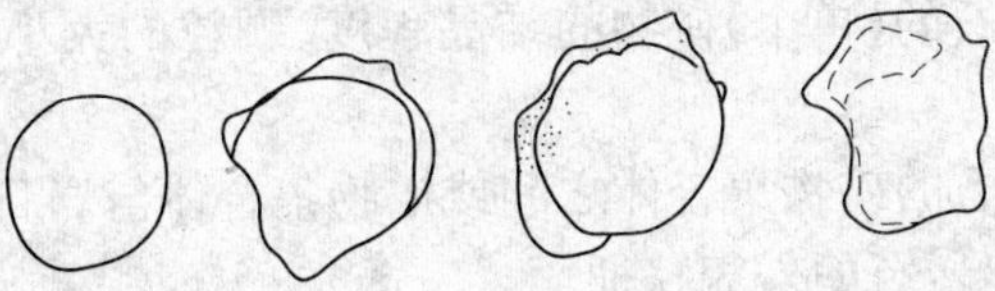

图 1-11　浑圆状及其自生加大边的再旋回石英镜下碎屑素描

(2)长石　颜色一般较浅，常为灰白色或浅肉红色(或无色、深灰、绿色等)；常见灰白色和肉红色两种长石，灰白色为斜长石，肉红色为钾长石；薄片中多为无色透明；多呈柱状或板状，如图 1-12 所示。

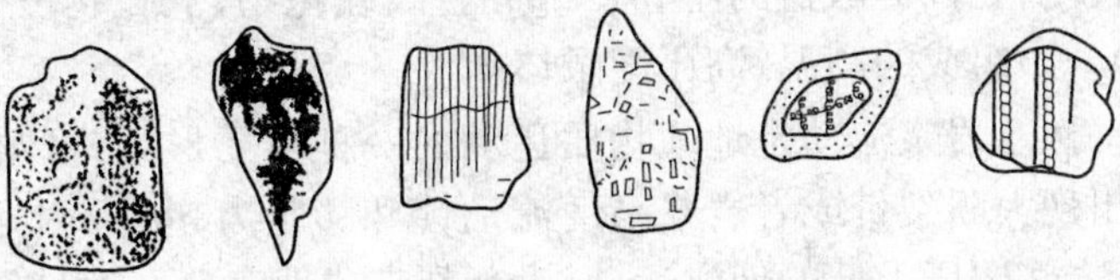

(a)　(b)　(c)　(d)　(e)　(f)

图 1-12　各种长石镜下碎屑素描

(a)半自形正长石；(b)微斜长石；(c)中酸性斜长石；(d)绢云母化长石；(e)再旋回微斜长石；(f)次生加大斜长石

(3)方解石　无色，混入粘土和氧化铁而呈灰色或褐色；沿解理方向对称消光；负延性；菱面体解理，闪突起（假吸收现象）明显；聚片双晶，高级白干涉色，一轴晶，负光性；多为它形晶，双晶纹常平行菱形解理的长对角线。

（4）白云石　无色至浑浊的灰色，高级白；多呈自形晶，双晶纹常平行菱形解理的短对角线。

（5）粘土矿物　无色，或淡黄、淡绿等色调；结晶很细，或呈非晶质的胶状；多为负突起。

第三节　岩浆岩

岩石是组成地壳的主要物质成分，也是构成地壳的基本物质单位，它是地壳发展过程中各种地质作用的自然产物。

岩石是在地质作用下产生的、由一种矿物或多种矿物以一定的规律组成的自然集合体。由于地质作用的性质和所处环境不同，不同的岩石的矿物成分、化学成分、结构和构造等内部特征也有所不同。

岩石是建造各种工程结构物的地基和天然建筑材料。因此，了解最主要类型岩石的特征和特性，无论对工程设计、施工或地质勘测人员都是十分必要的。

在研究各种岩石时，必须注意决定着岩石物理力学性质的下列特征：

（1）产状，即岩石在空间所占有的形状。

（2）成分，即岩石的矿物成分和化学成分。

（3）结构，即构成岩石的（单个）矿物的结晶程度、颗粒的大小和形态及彼此之间的组合方式。

（4）构造，即构成岩石的矿物集合体之间或矿物集合体与岩石的其他组成部分之间的排列及充填方式，反映出岩石的外貌特征。

自然界岩石的种类很多，根据成因可分为三大类，即岩浆岩（火成岩）、沉积岩（水成岩）和变质岩。

一、岩浆岩的概念及产状

岩浆岩，又称火成岩，是由岩浆侵入地壳上部或喷出地表凝固而成的岩石。岩浆位于地壳深部和上地幔中，是以硅酸盐为主和一部分金属硫化物、氧化物、水蒸气及其他挥发性物质（F、Cl、CO_2 等）组成的高温、高压熔融体。

岩浆具有流动性。岩浆流动是地球物质运动的一种重要形式，常与构造运动相伴发生。当地壳运动出现大断裂带或者岩浆高度流动性和膨胀力超过了上覆岩层压力时，均衡条件被破坏，若岩浆向压力低的地方运动，沿断裂带或地壳薄弱地带侵入地壳上部岩层中，称为侵入作用；若岩浆沿一定通道运动直至喷出地表，称为喷出作用。因此，在地壳较深的地方（一般是距地表 3 km 以下），由于侵入作用形成的岩石称为深成岩；在地表，由于喷出作用形成的岩石称为喷出岩；在地壳浅处（通常是地表以下 3 km 以内）形成的岩石称为浅成岩。

按照岩浆活动和冷凝成岩的情况，岩浆岩体可具有各种复杂的产状，如图 1-13 所示。

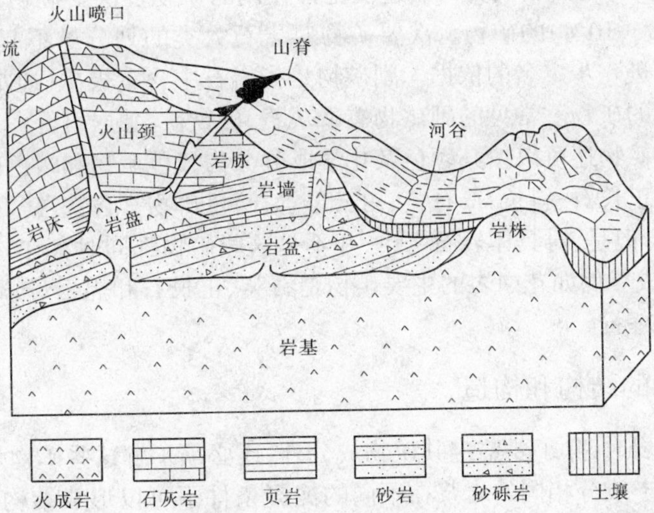

图 1-13　岩浆岩体的产状

(一)深成侵入岩体的产状——岩基和岩株

岩基是一种规模宏大的深成侵入岩体,下部直接与岩浆相连,分布面积可达几百至几千平方公里。如三峡坝址区就是选定在面积约 200 km^2 的花岗岩处(闪长岩岩基的南部),该处岩石结晶好、性质均一、强度高,是良好的建筑地基。岩株出露面积小于 100 km^2,平面形状多呈浑圆形,其下与岩基相连,也常是岩性均一的良好地基。

(二)浅成侵入岩体的产状——岩脉、岩墙、岩床、岩盘

岩浆沿着围岩裂隙侵入并切断岩层所形成的厚度较小的脉状岩体称为岩脉,若厚度较大且近于直立的称为岩墙;岩浆沿着围岩的层面侵入而形成的板状侵入岩体称为岩床;若岩浆顺岩层侵入,使岩层隆起而成的蘑菇状的岩体称为岩盘(又称岩盖)。

(三)喷出岩体的产状——火山锥、熔岩流

岩浆沿火山颈喷出地表形成的圆锥状的岩体称为火山锥;岩浆喷出地表后,沿着倾斜地面流动而形成的岩石称为熔岩流。

二、岩浆岩的化学成分及矿物成分

岩浆岩的化学成分几乎包括了地壳中所有的元素,但其含量却差别很大。若以氧化物计,则以 SiO_2、Al_2O_3、Fe_2O_3、FeO、CaO、MgO、Na_2O、K_2O、H_2O、TiO_2 等为主,占岩浆岩化学元素总量的 99% 以上,其中以 SiO_2 含量最大,约占 59.14%,其次是 Al_2O_3,占 15.34%。SiO_2 的含量,在不同的岩浆岩中有多有少,很有规律。因此,根据 SiO_2 含量的多少,可将岩浆岩分为酸性岩类(SiO_2 含量>65%)、中性岩类(SiO_2 含量 65%～52%)、基性岩类(SiO_2 含量 52%～45%)和超基性岩类(SiO_2 含量<45%)四类。

组成岩浆岩的矿物有 30 多种,其中主要是硅酸盐类矿物,含量最多的有石英、长石类、云母、角闪石、辉石和橄榄石等 10 余种。按照矿物在岩石中的相对含量及其在分类中所起的作用,分为主要矿物、次要矿物和副矿物三类。主要矿物是指岩石中那些含量多

(一般超过10%),并对岩石大类命名起决定性作用的矿物。次要矿物是指在岩石中含量较少(一般在1%~10%)的矿物。次要矿物对岩石大类的划分虽不起决定性作用,但它的存在又是岩石进一步定名的依据。副矿物是指岩石中含量极少(通常小于1%)的对岩石定名不起作用的矿物。常见的副矿物有磷灰石、磁铁矿、独居石等。

岩浆岩中的矿物还可以按其颜色及化学成分分为浅色矿物和暗色矿物两类。浅色矿物富含硅、铝,如正长石、斜长石、石英、白云母等;暗色矿物富含铁、镁,如黑云母、辉石、角闪石、橄榄石等。但是,对具体岩石来讲,并不是这些矿物都同时存在,而通常是仅由2~3种主要矿物组成。例如花岗岩的主要矿物是石英、正长石和黑云母,辉长岩的主要矿物是基性斜长石和辉石。

三、岩浆岩的结构和构造

在研究岩浆岩时,除了要鉴定其矿物成分外,还必须了解这些矿物是以什么样的方式组合构成岩石的。成分相同的岩浆在不同的冷凝条件下可以形成结构、构造不同的岩浆岩。岩浆岩的结构和构造反映了岩石形成环境和物质成分变化的规律性,与矿物成分一样是区分、鉴定岩浆岩的重要标志,也是岩石分类和定名的重要依据之一,同时它还是直接影响岩石强度高低的主要特征。

(一)岩浆岩的结构

1.根据矿物的结晶程度分类

根据矿物的结晶程度,岩石可分为如下几类(如图1-14所示):

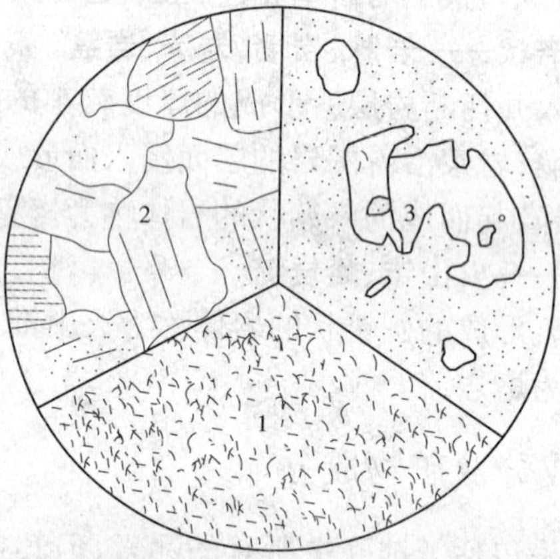

图1-14 根据矿物的结晶程度划分的三种结构

1—非晶质(玻璃质)结构;2—全晶质结构;3—半晶质结构

(1)全晶质结构　全晶质结构是指岩石全部由结晶矿物组成的结构。全晶质结构是岩浆在温度缓慢降低的情况下形成的,通常是侵入岩特有的结构。

(2)半晶质结构　半晶质结构是指岩石由结晶矿物和非晶质矿物组成的结构。半晶质结构主要是浅成岩具有的结构,有时在喷出岩中也能见到。

(3)非晶质结构　非晶质结构是指岩石全部由非晶质矿物组成的结构,又称玻璃质结构。非晶质结构是在岩浆喷出地表迅速冷凝来不及结晶的情况下形成的,为喷出岩特有的结构。

2. 根据矿物的晶粒大小分类

根据矿物的晶粒大小,岩石可分为如下几类:

(1)显晶质结构　显晶质结构是指岩石全部由结晶较大的矿物组成的结构。显晶质结构用肉眼或放大镜即可辨认。

(2)隐晶质结构　隐晶质结构是指岩石全部由结晶微小的矿物组成的结构。隐晶质结构用肉眼和放大镜均看不见晶粒,只有在显微镜下才可识别。

(3)玻璃质结构　玻璃质结构是指岩石全部由非晶质矿物组成的均匀致密似玻璃的结构。

3. 根据矿物颗粒的相对大小分类

根据矿物颗粒的相对大小,岩石可分为如下几类(如图 1-15 所示):

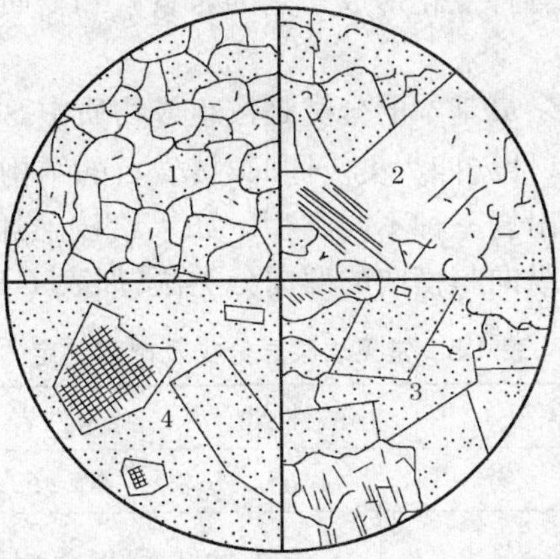

图 1-15　根据矿物颗粒的相对大小划分的结构类型

1—等粒结构;2—不等粒结构;3—斑状结构;4—似斑状结构

(1)等粒结构　等粒结构是指岩石中的矿物全部是显晶质粒状,同种主要矿物结晶颗粒大小大致相等的结构。等粒结构是深成岩特有的结构。按矿物结晶颗粒大小,等粒结构可进一步划分为粗粒结构(矿物结晶颗粒平均直径大于 5 mm)、中粒结构(矿物结晶颗粒平均直径 1~5 mm)、细粒结构(矿物结晶颗粒平均直径小于 1 mm)三类。

(2)不等粒结构　不等粒结构是指岩石中同种主要矿物结晶颗粒大小不等、相差悬殊的结构。不等粒结构中较大的晶体矿物叫斑晶,细粒的微小晶粒或隐晶质、玻璃质叫石基。不等粒结构按其颗粒相对大小又可分为斑状结构和似斑状结构两类。斑状结构是石基为隐晶质或玻璃质的结构。斑状结构是浅成岩或喷出岩的重要特征。似斑状结构是石基为显晶质的结构。似斑状结构多见于深成岩体的边缘或浅成岩中。

一般侵入岩多为全晶质等粒结构。喷出岩多为隐晶质致密结构或玻璃质结构,有时为斑状结构。

(二)岩浆岩的构造

岩浆岩常见的构造有以下几种:

(1)块状构造　岩石中矿物分布比较均匀,无定向排列的构造,称为块状构造。块状构造在侵入岩中最为常见。

(2)流纹状构造　流纹状构造是因岩浆边流动边冷凝，而在岩石中形成不同颜色和拉长的气孔且呈定向排列的构造。这种构造多出现在喷出岩中，如流纹岩就具有典型的流纹状构造。

(3)气孔状构造　气孔状构造是指岩石中有很多气孔的构造。气孔状构造中的气孔由岩浆中的气体成分挥发而成。气孔状构造多出现在玄武岩等喷出岩中。

(4)杏仁状构造　杏仁状构造是指岩石中的气孔被后来的物质，如方解石、石英、蛋白石等所充填，形成形似杏仁状的构造。某些玄武岩和安山岩的构造即为杏仁状构造。

四、岩浆岩的分类及鉴定方法

岩浆岩是构成地壳的主要岩石。按体积计，岩浆岩约占地壳的95%。但在地表，岩浆岩出露不多(出露后遭到各种变化形成了别的岩石)，和变质岩加在一起，约占地壳表面积的25%。

岩浆岩的分类方法甚多，最基本的分类是按组成物质中 SiO_2 的含量多少将其分为酸性岩、中性岩、基性岩和超基性岩四大类。同时，按岩石的结构、构造和产状可将每类岩石划分为深成岩、浅成岩和喷出岩三种不同类型。如果给按上述方法分类的不同岩浆岩赋予相应的名称，则形成一种纵向与横向的双向分类法，如表1-5所示。

表1-5　常见岩浆岩分类及肉眼鉴定

<table>
<tr><td colspan="4">岩石类型</td><td>酸性岩</td><td colspan="2">中性岩</td><td>基性岩</td><td>超基性岩</td></tr>
<tr><td colspan="4">SiO_2 含量(%)</td><td>＞65</td><td colspan="2">65～52</td><td>52～45</td><td>＜45</td></tr>
<tr><td colspan="4">颜色</td><td colspan="3">浅色(浅红、浅灰、灰绿等)</td><td colspan="2">深色(深灰、黑色、暗绿等)</td></tr>
<tr><td rowspan="2">矿物成分</td><td colspan="3">主要矿物成分</td><td>正长石
石英</td><td>正长石</td><td>斜长石
角闪石</td><td>斜长石
辉石</td><td>辉石
橄榄石</td></tr>
<tr><td colspan="3">次要矿物成分</td><td>黑云母
角闪石</td><td>角闪石
黑云母</td><td>辉　石
黑云母</td><td>角闪石
橄榄石</td><td>角闪石</td></tr>
<tr><td rowspan="4">岩石的成因及结构和构造</td><td rowspan="2">喷出岩</td><td rowspan="2">流纹状、气孔状、杏仁状或块状构造</td><td>玻璃质结构</td><td colspan="5">玻璃质火山岩(浮岩、黑曜岩等)</td></tr>
<tr><td>隐晶质、细粒结构或斑状结构</td><td>流纹岩</td><td>粗面岩</td><td>安山岩</td><td>玄武岩</td><td>少见</td></tr>
<tr><td>浅成岩</td><td>块状构造(少数气孔状构造)</td><td>斑状、显晶质细粒或隐晶质细粒结构</td><td>花岗斑岩</td><td>正长斑岩</td><td>闪长玢岩</td><td>辉绿岩</td><td>少见</td></tr>
<tr><td>深成岩</td><td>块状构造</td><td>全晶质、均粒状结构或似斑状结构</td><td>花岗岩</td><td>正长岩</td><td>闪长岩</td><td>辉长岩</td><td>辉岩
橄榄岩</td></tr>
</table>

注：斑岩和玢岩都是具斑状结构的浅成侵入岩或部分喷出岩，长石类斑晶以斜长石为主叫玢岩，以正长石为主叫斑岩。

利用表1-5进行岩浆岩的肉眼鉴定时，首先观察新鲜岩石的颜色，估计所含暗色矿物的体积百分比，以确定岩石的化学类别；其次，观察岩石的结构和构造，确定岩石的成因类别；最后，根据岩石的矿物成分定出岩石名称。应该注意的是，在确定颜色时，应把岩石放在一定的距离处，观察它大致（平均）的颜色；观察矿物成分时，只需鉴定其中显晶质或斑状结构中的斑晶成分即可，而对隐晶质和玻璃质则肉眼不易鉴定。

例如有一岩石标本，可按如下方法观察鉴定：岩石颜色较浅，为浅灰白色，应为酸性或中性岩；岩石为粗粒结构，全晶质，块状构造，据此应为深成岩；矿物成分以石英和正长石为主，斜长石次之，暗色矿物为黑云母，含量超过5%；根据岩石中含大量石英，正长石多于斜长石，对照分类表的纵行和横行，应是花岗岩，又可据暗色矿物黑云母的含量超过5%，故可定名为黑云母花岗岩。

五、常见的岩浆岩

(一)花岗岩——流纹岩类

(1)花岗岩　花岗岩为酸性深成岩，分布非常广泛，常为肉红色或灰白色，全晶质细粒、中粒或粗粒结构，块状构造。花岗岩含有大量石英（体积约占30%），正长石多于斜长石，暗色矿物以黑云母为主，并有少量的角闪石（总计不超过10%）。花岗岩的产状常呈巨大的岩基或岩株。花岗岩性质均一、坚硬，岩块抗压强度可达120～200 MPa，是良好的建筑物地基和天然建筑材料。但花岗岩易风化，风化深度可达50～100 m。

(2)花岗斑岩　花岗斑岩的成分与花岗岩相同，为酸性浅成岩，斑状结构，斑晶由长石、石英组成，石基多由细小的长石、石英及其他矿物构成，块状构造。若斑晶以石英为主，称为石英斑岩。

(3)流纹岩　流纹岩是酸性喷出岩，呈岩流状产出，颜色一般较浅，大多是灰、灰白、浅红、浅黄褐等色。流纹岩常具有流纹构造，斑状结构，细小的斑晶由长石和石英等矿物组成，石基多由隐晶质和玻璃质的矿物组成。流纹岩坚硬，强度高，可作为良好的建筑材料，但当作为建筑物地基时需要注意下伏岩层和接触带的性质。

(二)正长岩——粗面岩类

(1)正长岩　正长岩多为微红色、浅黄或灰白色，中粒、等粒结构，块状构造，主要矿物成分为正长石，其次为黑云母、角闪石等；有时含少量的斜长石和辉石，一般石英含量极少。其物理力学性质与花岗岩类似，但不如花岗岩坚硬，且易风化，常呈岩株产出。

(2)粗面岩　粗面岩呈浅红、浅褐黄或浅灰等色，斑状结构，斑晶为正长石，一般石英含量极少，石基很细，为隐晶质，具有细小孔隙，表面粗糙。若岩石中有石英斑晶，可称为石英粗面岩。

(三)闪长岩——安山岩类

(1)闪长岩　闪长岩是中性深成岩体，呈浅灰至深灰色，有时也呈黑灰色，主要矿物成分为斜长石、角闪石，其次有辉石、云母等，暗色矿物在岩石中占35%。闪长岩含石英时称为石英闪长岩,常呈细粒的等粒状结构。分布广泛,多为小型侵入体产出。岩石坚硬,不易风化,岩块抗压强度可达130~200 MPa,可作为各种建筑物的地基和建筑材料。

(2)安山岩　安山岩为中性喷出岩,矿物成分与闪长岩相当,常呈深灰、黄绿、紫红等色,斑状结构,斑晶以斜长石和角闪石为主,有时为黑云母,无石英斑晶,基质为隐晶质或玻璃质,块状构造,有时具杏仁状构造,常以熔岩流产出。

(四)辉长岩——玄武岩类

(1)辉长岩　辉长岩为基性深成岩体,多呈黑色或灰黑色,矿物成分以斜长石、辉石为主,也含有少量的黑云母、角闪石。辉长岩具有中粒或粗粒结构,块状构造,常呈岩盘或岩基产出,岩石坚硬,抗风化能力强,具有很高的强度,岩块抗压强度可达200~250 MPa。

(2)辉绿岩　辉绿岩多为暗绿色、黑绿色或暗紫色。其矿物成分与辉长岩相当,常含一些次生矿物,如方解石、绿泥石、绿帘石及蛇纹石等。辉绿岩为隐晶质致密结构,常具有杏仁状构造,多呈岩床或岩脉产出。辉绿岩具有良好的物理力学性质,抗压强度也很高,但因节理往往较发育,易风化破碎,使强度大为降低。

(3)玄武岩　玄武岩是岩浆岩中分布较广泛的基性喷出岩,呈黑色、褐色或深灰色。玄武岩的主要矿物成分与辉长岩相同,但常含有橄榄石颗粒,呈隐晶质细粒或斑状结构,具有气孔状构造,当气孔中为方解石、绿泥石等所充填时,即构成杏仁状构造,岩石致密坚硬、性脆。玄武岩岩块抗压强度为200~290 MPa,具有抗磨损、耐酸性强的特点。

(五)火山碎屑岩类

在火山活动时,除溢出熔岩流形成前述各类喷出岩外,还喷出大量的火山弹、火山砾、火山砂及火山灰等碎屑物质。这些物质堆积在火山口周围,固结成各种成分复杂的火山碎屑岩,如火山凝灰岩、火山角砾岩、火山集块岩等,其中火山凝灰岩最常见,分布最广泛。火山凝灰岩为具有火山碎屑结构、块状构造的岩石,一般由粒径小于2 mm的火山灰和碎屑堆积而成,碎屑物质由岩屑、晶屑、玻璃质碎屑等组成,胶结物由火山灰等物质组成。火山凝灰岩岩石孔隙率大,容重小,易风化,风化后会形成斑脱土,抗压强度一般为8~75 MPa。由于火山凝灰岩含有玻璃质矿物较多,常用来作为水泥原料。

主要岩浆岩光学特征见表1-6。

表1-6　主要岩浆岩光学特征

岩屑名称	单偏光镜下的特征	正交偏光镜下的特征	与其他岩屑的区别	岩屑素描图
花岗岩	岩屑外形不规则,以长石、石英为主,可含黑云母、角闪石等暗色矿物。颗粒近等轴状,紧密接触。长石常风化成土状	典型的花岗结构,钾长石和斜长石常见明显的双晶	花岗岩岩屑中矿物颗粒较粗,易被认作单个矿物颗粒。它与矿物碎屑不同之处是颗粒边缘极不规则(无磨圆痕迹),且晶粒间接触紧密,无胶结物包围	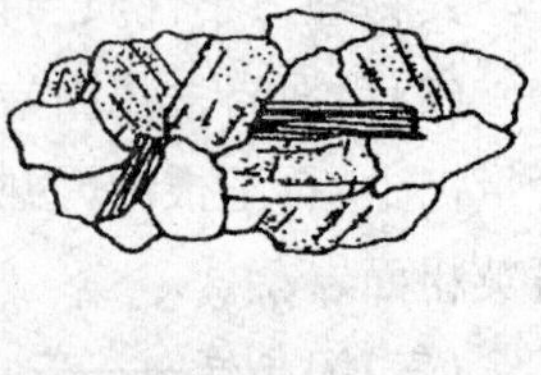

续表 1-6

岩屑名称	单偏光镜下的特征	正交偏光镜下的特征	与其他岩屑的区别	岩屑素描图
碱性喷出岩（粗面岩）	色较浅，基质由大量板条形长石微晶及部分玻璃质组成，偶见斑晶	具粗面结构，长石微晶呈流纹状定向排列，可见黑云母、绿色角闪石等暗色矿物，但常被绿泥石、方解石交代	与安山岩相似，区别在于粗面岩中的长石是以正长石为主，因此高岭石化明显，基质为典型的粗面结构	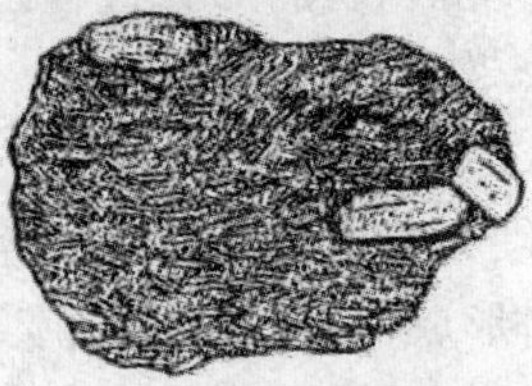
凝灰岩	岩屑透明，但表面常有红褐色云雾状物，常见表面光洁的棱角状晶屑及弯弓形、角状玻屑	晶屑多为长石，流纹质凝灰岩可见石英晶屑	凝灰岩岩屑易与酸性喷出岩岩屑相混淆，要注意结构、构造观察，凝灰岩具凝灰结构，流纹岩具流纹构造	
中性喷出岩（安山岩）	基质为玻璃质，因含铁被染成红褐色甚至变得不透明，其中分布有透明针状长石微晶。有时见板状斜长石斑晶	玻基交织结构，长条形或针状斜长石微晶呈平行或半平行排列，长石双晶隐约可见。当有斜长石斑晶时，其钠氏双晶常清晰可见	当岩屑中无斑晶时，要注意观察暗色基质中的长石微晶，以便将中性喷出岩岩屑与磁铁矿区别开	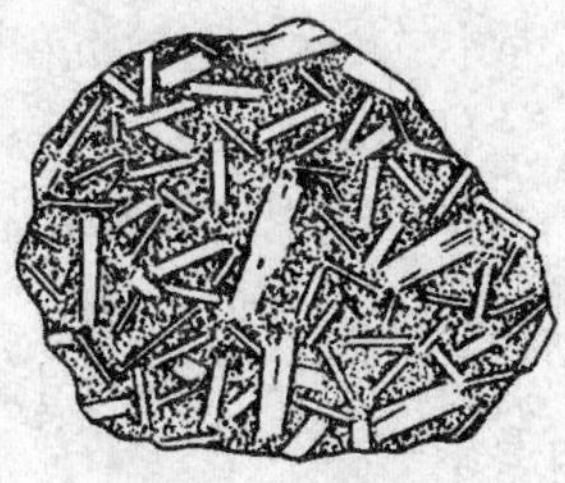
基性喷出岩（玄武岩）	基质特征与中性喷出岩相似，但玻璃质较少，而板条状或小柱状长石微晶出现较多	具明显的粗玄结构，在长石微晶构成的三角形空隙中充填着暗色矿物及磁铁矿颗粒	与安山岩岩屑相区别，主要根据结构	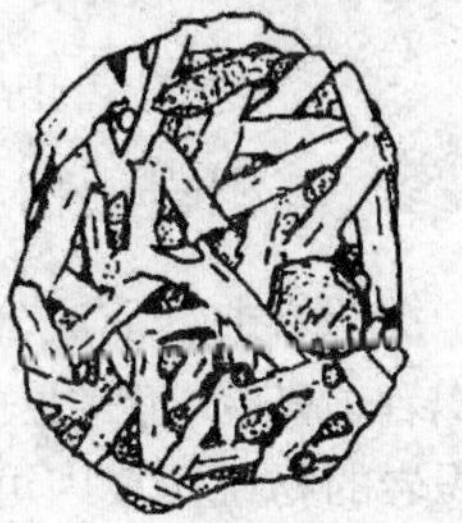

第四节　沉积岩

沉积岩是在地表或接近于地表的岩石遭受风化剥蚀破坏的产物经搬运、沉积和固结成岩作用而形成的岩石。

沉积岩在地表分布极广，出露面积约占陆地表面积的75%，分布的厚度各处不一，且深度有限，一般不过几百米，仅在局部地区才有巨厚的沉积（数千米甚至上万米）。尽管沉积岩在地壳中的总量并不多，但各种工程建筑如道路、桥梁、水坝、矿山等几乎都以沉积岩为地基，同时沉积岩本身也是建筑材料的重要来源。因此，研究沉积岩的形成条件、组成成分、结构和构造特征，有很大的实际意义。

一、沉积岩的形成

沉积岩的形成过程是一个长期而复杂的外力地质作用过程，一般可分为4个阶段。

（一）风化破坏阶段

地表或接近于地表的各种先成岩石，在温度变化、大气、水及生物长期的作用下，原来坚硬完整的岩石逐步破碎成大小不同的碎屑，甚至改变了原来岩石的矿物成分和化学成分，形成一种新的风化产物。

（二）搬运作用阶段

岩石经风化作用的产物，除少数部分残留原地堆积外，大部分被剥离原地，经流水、风及重力等作用搬运到低地。在搬运过程中，岩石的不稳定成分继续受到风化破碎，破碎物质经受磨蚀，棱角不断磨圆，颗粒逐渐变细。

（三）沉积作用阶段

当搬运力逐渐减弱时，被挟带的物质便陆续沉积下来。在沉积过程中，大的、重的颗粒先沉积，小的、轻的颗粒后沉积。因此，沉积物具有明显的分选性。最初沉积的物质呈松散状态，称为松散沉积物。

（四）固结成岩阶段

松散沉积物转变成坚硬沉积岩的阶段即为固结成岩阶段。固结成岩作用主要有3种：

(1)压实　压实即上覆沉积物的重力压固，导致下伏沉积物孔隙减小、水分挤出而变得紧密坚硬。

(2)胶结　胶结是指其他物质充填到碎屑沉积物的粒间孔隙中，使其胶结变硬。

(3)重结晶　重结晶是指新成长的矿物产生结晶质间的联结。

二、沉积岩的物质组成

沉积岩的物质成分主要来源于先成的各种岩石的碎屑、造岩矿物和溶解物质。组成沉积岩的矿物，最常见的有20种左右，而每种沉积岩一般由1～3种主要矿物组成。组成沉积岩的物质按成因可分为4类。

（一）碎屑物质

碎屑物质是指原岩经风化破碎而生成的呈碎屑状态的物质，主要有矿物碎屑（如石英、长石、白云母等抵抗风化能力较强、较稳定的矿物颗粒）、岩石碎块、火山碎屑等。在岩浆岩中常见的橄榄石、辉石、角闪石、黑云母、基性斜长石等矿物形成于高温高压环境中，在常温常压表生条件下是不稳定的。岩浆岩中的石英大部分形成于岩浆结晶的晚期，在表生条件下稳定性较强，一般以碎屑物形式出现于沉积岩中。

（二）粘土矿物

粘土矿物主要是一些原生矿物经化学风化作用分解后所产生的次生矿物。这些矿物是在常温常压下且富含二氧化碳和水的表生环境条件下形成的，如高岭石、蒙脱石、水云母等。粘土矿物粒径小于0.005 mm，具有很强的亲水性、可塑性及膨胀性。

(三)化学沉积矿物

化学沉积矿物是从真溶液或胶体溶液中沉淀出来的或经生物化学沉积作用形成的矿物,如方解石、白云石、石膏、岩盐、铁和锰的氧化物或氢氧化物等。

(四)有机质及生物残骸

有机质及生物残骸是由生物残骸经有机化学变化而形成的矿物,如贝壳、珊瑚礁、硅藻土、泥炭、石油等。

在沉积岩的组成物质中还有胶结物,这些胶结物通过矿化水的运动被带到沉积物中,它们是来自原始沉积物矿物组分的溶解和再沉淀的生物。常见的胶结物有以下几种:

(1)硅质　胶结物成分为 SiO_2,颜色浅,岩性坚固,强度高,抗水性及抗风化性强。

(2)铁质　胶结物成分为铁的氧化物和氢氧化物,颜色深,呈红色,强度仅次于硅质胶结物。

(3)钙质　胶结物成分为钙、镁的碳酸盐,颜色浅,强度比较低,具有可溶性。

(4)泥质　胶结物成分为粘土,多呈黄褐色,胶结松散,强度低,易湿软、风化。

(5)石膏质　胶结物成分为 $CaSO_4$,硬度小,胶结不紧密。

三、沉积岩的结构

沉积岩的结构随其成因类型的不同而各具特点,沉积岩的结构主要有以下几种。

(一)碎屑结构

碎屑结构即岩石由粗粒的碎屑和细粒的胶结物胶结而成的一种结构,其特征有以下3点:

(1)按碎屑颗粒大小分为砾状结构(粒径大于2 mm)、砂状结构(粒径为0.5~2 mm,其中粗砂结构的粒径为0.05~2 mm,中砂结构的粒径为0.25~0.50 mm,细砂结构的粒径为0.05~0.25 mm)和粉砂状结构(粒径为0.005~0.05 mm)。

(2)根据颗粒外形分为棱角状结构、次棱角状结构、次圆状结构和滚圆状结构(见图1-16)。碎屑颗粒磨圆程度受颗粒硬度、相对密度及搬运距离等因素的影响。

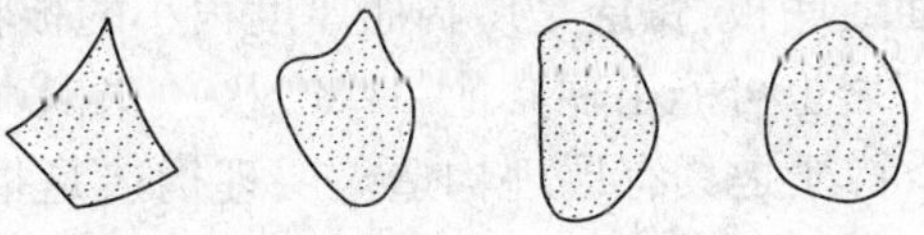

图1-16　碎屑颗粒磨圆分级

(a)棱角状;(b)次棱角状;(c)次圆状;(d)滚圆状

(3)按胶结类型可分为3种:基底胶结、孔隙胶结和接触胶结(见图1-17)。当胶结物含量较大时,碎屑颗粒孤立地分散于胶结物之中,互不接触,且距离较大,此时碎屑颗粒散布在胶结物的基底之上,故称基底胶结。当胶结物含量不大时,碎屑颗粒互相接触,胶结物充填在颗粒之间的孔隙中,则称为孔隙胶结。当只在颗粒接触处才有胶结物,并且颗粒间的孔隙大都是空洞时,则称为接触胶结。

碎屑岩胶结物的种类和胶结类型与岩石的工程性质密切相关。硅质胶结的岩石坚

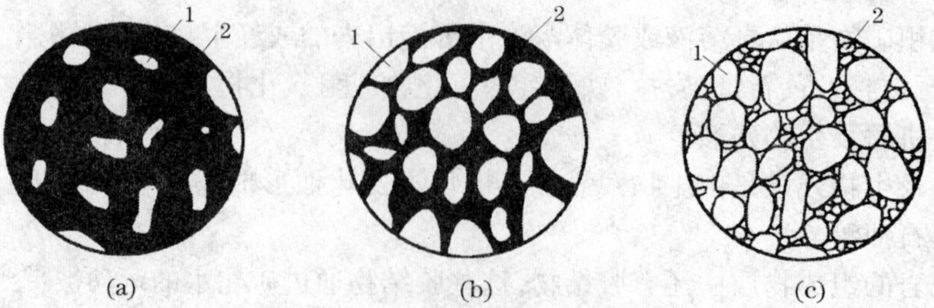

图 1-17　碎屑岩的胶结类型

(a)基底胶结;(b)孔隙胶结;(c)接触胶结

1—碎屑颗粒;2—胶结物质

硬,而泥质胶结的岩石松软;基底胶结牢固,而接触胶结的牢固程度最差。所以,研究时不仅要分析胶结物的成分,还应注意其胶结类型。

(二)泥质结构

泥质结构几乎全部(体积含量大都在 95%以上)是由极细小的粘土颗粒(粒径小于 0.005 mm)所组成的。它是粘土岩的主要特征。

(三)晶粒结构

晶粒结构是由岩石中的颗粒在水溶液中结晶(如方解石、白云石等)或呈胶体形态凝结沉淀(如燧石等)而形成的,可分为鲕状、结核状、纤维状、致密块状和晶粒结构等。

(四)生物结构

生物结构几乎全部是由生物遗体与碎片所组成的,如生物碎屑结构、贝壳结构、珊瑚结构等。

四、沉积岩的构造和特征

(一)层理构造

沉积岩的原始产状一般呈层状分布,其上下为略平且平行的面所分界,上界面称上层面或顶板,下界面称下层面或底板,每层是广阔而厚度很小的板状均匀岩体(岩层)。但是由于沉积环境的变化,沉积岩也可能出现其他一些产状,如图 1-18 所示。

沉积岩很重要的一个特征是具有层理构造。层理构造是指构成沉积岩的物质由于颜色、成分、颗粒粗细或颗粒特征的不同而产生的分层现象。层与层(由于季节和气候变化所形成的厚薄不同的成层单位称为层)之间的接触面称为层理面。但层与层之间结合得十分紧密,实际上并不真正存在分界面。层理面与层面不同,层面是由于岩石在原始形成过程中发生了沉积间断而造成的。层根据其厚度可分为巨厚层(厚度大于 1 m)、厚层(厚度为 0.5~1 m)、中厚层(厚度为 0.1~0.5 m)、薄层(厚度小于 0.1 m)。

层理面与层面的方向不一定一致,据此根据层理的形态和成因可分为下列 3 种类型(见图 1-19)。

1. 平行层理

平行层理的层理面与层面相互平行。这种层理主要见于细粒岩石(粘土岩、粉细砂岩等)中。平行层理是在沉积环境比较稳定的条件下,如广阔的海洋和湖底、河流的堤岸带

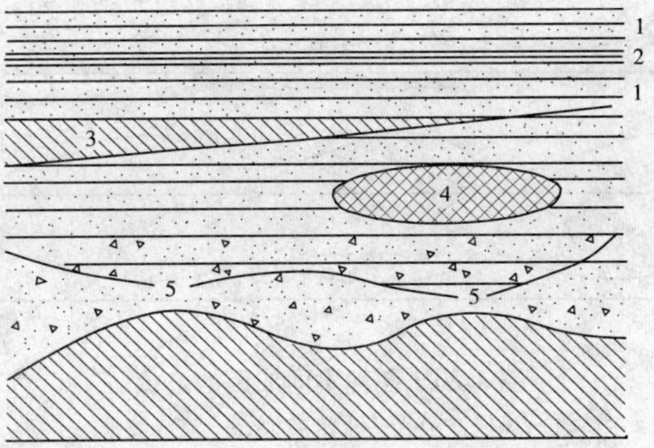

图 1-18　沉积岩的产状

1—层状岩层；2—夹层；3—尖灭层；4—透镜体；5—狭缩

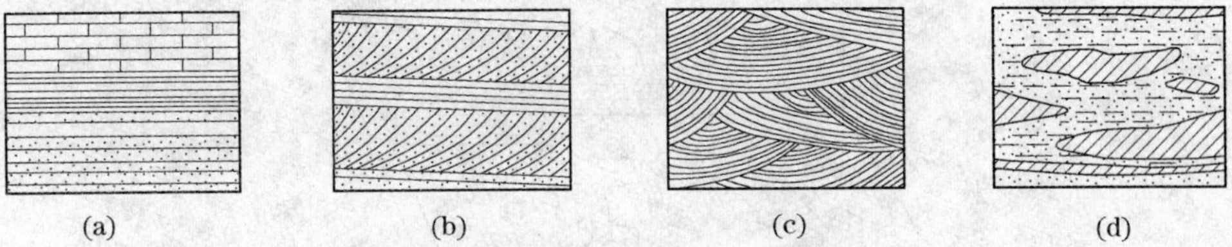

图 1-19　沉积岩层理形态示意图

(a)平行层理；(b)斜交层理；(c)交错层理；(d)透镜体及尖灭层

等，从悬浮物或溶液中缓慢沉积而形成的。

2. 斜交层理

斜交层理的层理面向一个方向与层面斜交。这种层理在河流及滨海三角洲的沉积物中均可见到，主要是由单向水流所造成的。

3. 交错层理

交错层理的层理面以多组不同方向与层面斜交。交错层理经常出现在风成沉积物(如沙丘)或浅海沉积物中，是由于风向或水流动方向变化而形成的。

有些岩层一端厚，另一端逐渐变薄以至消失，这种现象称为尖灭层。若岩层中间厚，在向两端不远处的距离内尖灭，则称为透镜体。

(二)层面构造

层面构造是指在岩层层面上由于水流、风、生物活动等作用留下的痕迹，如波痕(见图 1-20)、泥裂(见图 1-21)、雨痕等。

(1)波痕　波痕是指沉积物在沉积过程中，由于风力、流水或海浪等的作用，在沉积岩层面上保留下来的波浪痕迹。

(2)泥裂　粘土沉积物表面由于失水收缩而开裂成不规则的多边形裂隙，称为泥裂。泥裂的裂缝上宽下合，常被泥沙等物质充填。

(3)雨痕　雨痕是指在沉积物表面经受雨滴打击遗留下来的痕迹。

(三)结核

在沉积岩中，含有一些在成分上与围岩有明显差别的物质团块，称为结核。结核由某

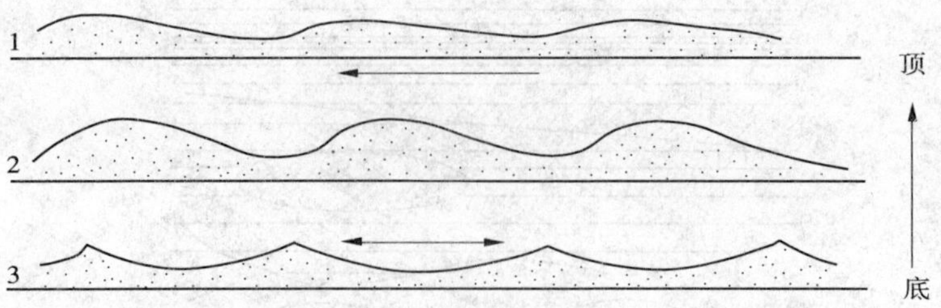

图 1-20　各种不同成因的波痕

1—风成波痕；2—水流波痕；3—浪成波痕

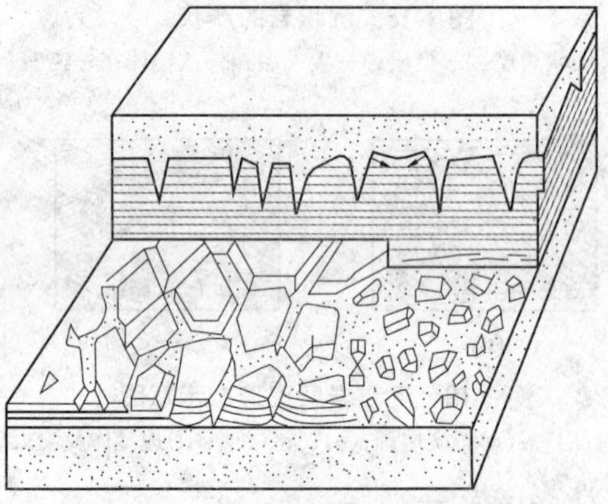

图 1-21　泥裂生成、掩埋示意图

些物质集中凝聚而成，外形常呈球形、扁豆状及不规则形状。如石灰岩中的燧石结核，主要是 SiO_2 在沉积物沉积的同时以胶体凝聚方式形成的；黄土中的钙质结核，是地下水从沉积物中溶解 $CaCO_3$ 后在适当地点再结晶凝聚形成的。

（四）生物成因构造

由于生物的生命活动和生态特征而在沉积物中形成的构造称生物成因构造，如生物礁体、叠层构造、虫迹、虫孔等。

在沉积过程中，若有各种生物遗体或遗迹（如动物的骨骼、甲壳、蛋卵、粪便、足迹及植物的根、茎、叶等）埋藏于沉积物中，后经石化交代作用保留在岩石中，则称为化石（见图 1-22）。根据化石种类可以确定岩石形成的环境和地质年代。

此外，缝合线等也是沉积岩形成条件的反映。化石、缝合线等不仅对研究沉积岩很重要，而且对研究地史和古地理也有重要意义。

五、沉积岩的分类及主要沉积岩

由于沉积岩的形成过程比较复杂，目前对沉积岩的分类方法尚不统一。通常主要是依据沉积岩的组成成分、结构、构造和形成条件，将沉积岩分为碎屑岩、粘土岩、化学岩及生物化学岩类，如表 1-7 所示。

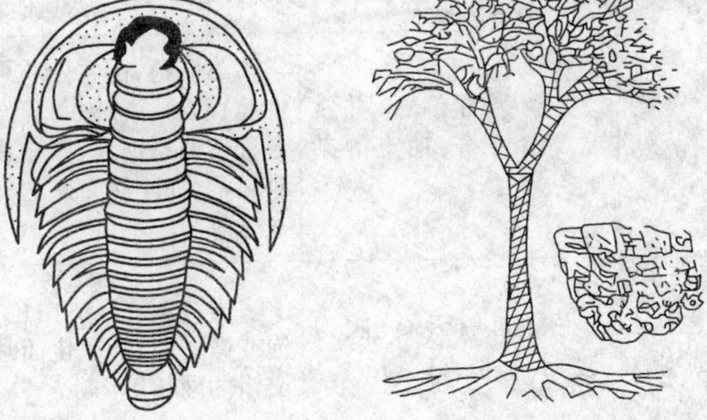

(a)　　(b)

图 1-22　几种典型化石

(a)雷氏三叶虫;(b)鳞木

表 1-7　沉积岩分类

类型	岩石名称	构造	主要成分	其他特征
(沉积)碎屑岩	砾岩	砾状(粒径 > 2 mm)	多为较坚硬岩石(如石英岩、部分火成岩)和硬度较高矿物(如石英)的碎屑	直径大于 2 mm 的砾石占 50% 以上,砾石多为球状、次球状,成分较复杂,岩石的颜色变化大(与胶结物有关),岩石中层理多不清楚
	角砾岩	角砾状(粒径 >2 mm)	成分复杂,变化较大	砾石多为棱角状,大小不等,形状各异;岩石厚度一般不大,且多不成层状
	砂岩	砂状(粒径 2 ~ 0.05 mm)	多为耐风化的矿物如石英、长石、白云母及部分岩石碎屑	岩石外表为灰白、红等浅色,由 50% 以上直径为 2 ~ 0.05 mm 的砂粒组成,按颗粒大小还可分为粗砂岩(2 ~ 0.5 mm)、中砂岩(0.5 ~ 0.25 mm)和细砂岩(0.25 ~ 0.05 mm);按岩石成分则可分为石英砂岩(含石英颗粒 90% 以上)、长石砂岩(含长石 25% 以上,并含石英颗粒)和硬砂岩(含 50% 左右的石英和长石颗粒,并含其他岩石碎屑)
	粉砂岩	砂状(粒径 0.05 ~ 0.005 mm)	多为石英,次为长石、白云母,很少岩石碎屑	由 50% 以上粒径 0.05 ~ 0.005 mm 的粉砂组成,常呈棱角状,胶结物以钙、铁质为主
粘土岩	泥岩(粘土岩)	泥质(粒径 < 0.005 mm)	主要为粒径 < 0.005 mm 的粘土矿物(肉眼不易确定),并常含有其他矿物碎屑	厚层块状,固结程度较高,无清楚的层理,也可称为粘土岩
	页岩			具页片状层理或薄层状构造,颜色多变,因含杂质可具不同名称,如钙质页岩、炭质页岩、铁质页岩等

续表 1-7

类型	岩石名称	构造	主要成分	其他特征
化学岩及生物化学岩	石灰岩	隐晶质或结晶粒状	主要为方解石，并常混入白云石、粘土等杂质	多为浅色，因含杂质可有红、褐、灰、黑等色；性脆，遇冷稀盐酸可剧烈起泡；易被溶蚀形成各种喀斯特形态；按成因、结构的不同可有各种名称，如生物石灰岩、竹叶状石灰岩、鲕状石灰岩等
	白云岩	结晶粒状或隐晶质	主要为白云石，次为方解石和粘土矿物	多为淡黄、淡褐、白色等浅色，遇稀盐酸不起泡或微弱起泡；风化面常有白云石粉末及纵横交错的网状溶沟
	泥灰岩	微粒状或泥质	除方解石、白云石外，粘土矿物含量达 25%～50%	浅黄、浅绿、浅灰等浅色，岩石致密，遇冷稀盐酸起泡，且有泥质残余物出现。为石灰岩和粘土岩间的过渡型岩石

在各种沉积岩中，分布最广、最常见的只有 3 种，即页岩、砂岩和石灰岩。这三种岩石约占全部沉积岩总量的 99%。此外，在地表常可见到砂、砾石、卵石和粘土等松散沉积物。

(一)碎屑岩类

(1)砾岩和角砾岩　碎屑岩中粒径大于 2 mm 的碎屑颗粒，称为砾石或角砾。圆状和次圆状且砾石含量大于 50%的岩石，称为砾岩。如果砾石为棱角状或次棱角状，则称为角砾岩。砾岩和角砾岩主要由岩屑组成，矿物成分多为石英、燧石，胶结物有硅质(成分为 SiO_2)、泥质(成分为粘土矿物)、钙质(成分为 Ca、Mg 的碳酸盐)或其他化学沉淀物。胶结物的成分与胶结类型对砾岩的物理力学性质有很大影响，若为基底胶结类型，且胶结物为硅质或铁质的砾岩，抗压强度可达 200 MPa 以上，是良好的建筑物地基。

(2)砂岩　砂岩是由 50%以上的砂粒胶结而成的岩石。根据颗粒大小、含量不同，砂岩可分为粗粒砂岩、中粒砂岩、细粒砂岩及粉粒砂岩。按颗粒的主要矿物成分不同，砂岩又可分为石英砂岩、长石砂岩、硬砂岩和粉砂岩等。石英砂岩(石英含量大于 95%)一般为硅质胶结，呈白色，质地坚硬。长石砂岩(长石含量大于 25%)呈浅红色或浅灰色，颗粒圆度、分选性都较差，中粗粒居多。硬砂岩成分复杂，色暗，表面粗糙，颗粒的圆度及分选性较差。粉砂岩中颗粒粒径在 0.05～0.005 mm 之间的颗粒含量大于 50%，成分以石英为主，常含有云母，颗粒圆度差，泥质含量高，常有水平层理。砂岩中胶结物成分和胶结类型不同，抗压强度也不同。硅质砂岩抗压强度为 80～200 MPa；泥质砂岩抗压强度较低，为 40～50 MPa 或更低。

火山碎屑岩在成因上是喷出岩和碎屑岩的过渡类型，分为火山集块岩、火山角砾岩、凝灰岩(结构疏松，强度低，极易风化成蒙脱石，遇水易膨胀、软化)。

(二)粘土岩类

粘土岩主要是指由粒径小于 0.005 mm 的颗粒组成的、含大量粘土矿物的岩石。此外，粘土岩还含有少量的石英、长石、云母。粘土岩一般都具有可塑性、吸水性、耐火性，有重要的工程意义。主要的粘土岩有两种，即泥岩和页岩。

(1)泥岩　泥岩是固结程度较高的一种粘土岩，以层厚和页状构造不发育为特征。泥岩一般为土黄色，常因混入钙质、铁质等而使颜色发生变化。

(2)页岩　页岩以具页片状构造为特征，很容易沿页片剥开，岩性致密均一，强度小，不透水，有滑感，颜色多为土黄色或黄绿色，如含较多的炭质或铁质，则岩石相应呈黑色或褐红色。页岩由于基本不透水，通常被作为隔水层。但页岩性质软弱，抗压强度一般为20～70 MPa或更低，浸水后强度显著降低，抗滑稳定性差。

(三)化学岩和生物化学岩类

(1)石灰岩　石灰岩简称灰岩，主要化学成分为碳酸钙，矿物成分以结晶的细粒方解石为主，其次含少量白云石等矿物，颜色多为深灰、浅灰，质纯灰岩呈白色，具有致密状、鲕状、竹叶状等结构。石灰岩一般遇酸起泡剧烈，而硅质石灰岩、泥质石灰岩遇酸反应较差。含硅质、白云质的石灰岩和纯石灰岩强度高，含泥质、炭质的石灰岩和贝壳状石灰岩强度低。石灰岩一般抗压强度为40～80 MPa。石灰岩具有可溶性，易被地下水溶蚀，形成宽大的裂隙和溶洞，是地下水的良好通道。

(2)白云岩　白云岩主要由白云石组成，常含有少量的方解石、石膏、燧石、粘土等矿物，颜色多为灰白、浅灰色，含泥质时呈浅黄色，隐晶质或细晶粒状结构。白云岩与石灰岩的外貌很相似，但白云岩加冷稀盐酸不起泡或微弱起泡，在野外露头上常以许多纵横交叉似刀砍状的溶沟为其特征。

(3)泥灰岩　石灰岩中均含有一定数量的粘土矿物，若含量达30%～50%，则称为泥灰岩。泥灰岩颜色有灰色、黄色、褐色、红色等，区别它与石灰岩时，泥灰岩滴盐酸起泡后留有泥质斑点。泥灰岩结构致密，易风化，抗压强度低，一般为6～30 MPa。较好的泥灰岩可作水泥原料。在化学岩和生物化学岩类中，泥灰岩包括富含铝、锰、铁、磷的铝质岩、铁质岩、锰质岩、磷质岩、石膏、岩盐等。煤和油页岩等可燃性有机岩也属于泥灰岩。

主要沉积岩光学特征如表1-8所示。

表1-8　主要沉积岩光学特征

岩屑名称	单偏光镜下的特征	正交偏光镜下的特征	与其他岩屑的区别	岩屑素描图
泥岩、页岩	表面污浊，呈土褐色，常有黑色碳质混入物	由鳞片状绢云母及粘土矿物组成，干涉色低。页岩具微细层理构造	泥岩岩屑常与彻底高岭石化的长石相混淆，但后者常有一级灰干涉色的背景	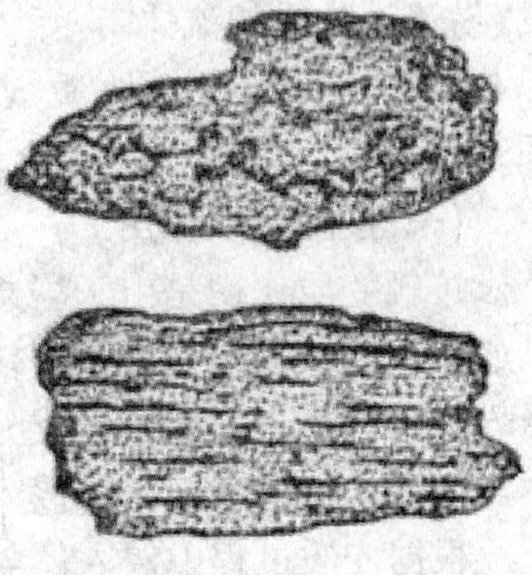

续表 1-8

岩屑名称	单偏光镜下的特征	正交偏光镜下的特征	与其他岩屑的区别	岩屑素描图
石英砂岩	无色，碎屑结构，有颗粒与胶结物之别。岩屑边缘常具氧化薄膜，胶结物可为硅质、泥质或钙质，硅质胶结者可具自生加大现象	自生加大胶结的石英砂岩，加大部分与原晶粒光性方位一致	砂岩岩屑的典型特征是具有碎屑结构	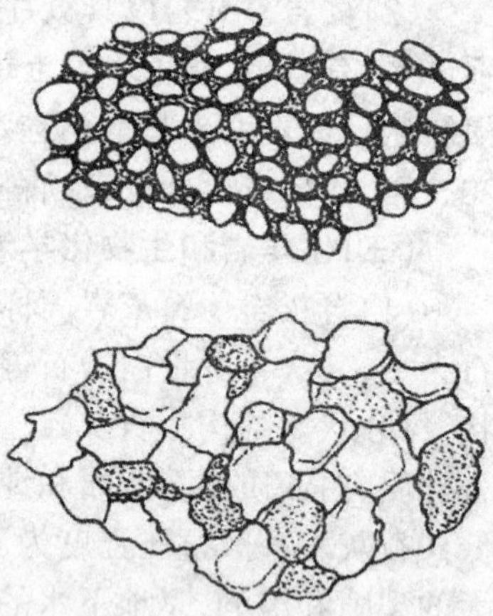

第五节　变质岩

地壳中的先成岩石，由于构造运动和岩浆活动等原因所造成的物理、化学条件的变化，使原来岩石的成分、结构、构造等发生一系列改变而形成的新岩石，称为变质岩。这种使岩石发生质的变化的过程，称为变质作用。

一、变质作用的因素及类型

引起变质作用的因素有温度、压力及化学活动性流体。变质温度的基本来源包括地壳深处的高温、岩浆及地壳岩石断裂错动产生的高温等。引起岩石变质的压力包括上覆岩石重量引起的静压力、侵入于岩体空隙中的流体所形成的压力以及地壳运动或岩浆活动产生的定向压力。化学活动性流体则是以岩浆、H_2O、CO_2 为主，还包含其他一些易挥发、易流动物质的流体。

根据变质作用的地质成因和变质作用因素，将变质作用分为以下几种类型（见图 1-23）。

（一）接触变质作用

接触变质作用是由于岩浆活动的侵入，在岩浆高温的影响下，接触带的围岩发生重结晶或产生新矿物的作用。当地壳深处的岩浆上升侵入围岩时，围岩受岩浆高温的影响，或受岩浆中分异出来的挥发成分及热液的影响，产生变质，所以这种变质作用仅局限在侵入体与围岩的接触带内。距侵入体越远，围岩变质程度越浅。

根据变质过程中侵入体与围岩间有无化学成分的相互交代，接触变质作用可分为热接触变质作用和接触交代变质作用两种类型。

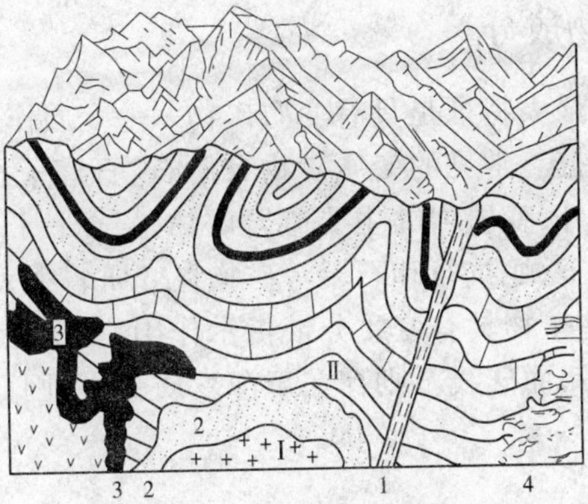

图 1-23　变质作用类型示意图

Ⅰ—岩浆岩；Ⅱ—沉积岩

1—动力变质作用；2—热接触变质作用；3—接触交代变质作用；4—区域变质作用

(1)热接触变质作用　热接触变质作用也称热力变质作用，是由于岩浆侵入体释放的热能使接触带附近围岩的矿物成分和结构、构造等发生变化的一种变质作用。这种作用主要表现为原岩成分的重结晶，产生新的矿物组合和新的结构、构造，而化学成分基本上没有发生变化，如石灰岩变为大理岩、砂岩变为石英砂岩等。

(2)接触交代变质作用　接触交代变质作用是由于岩浆成分结晶晚期析出的大量挥发成分和热液，通过交代作用，使接触带附近的侵入体与围岩在岩性和化学成分上均发生变化的一种变质作用。这种作用与热接触变质作用的区别在于围岩温度升高的同时还有化学成分的进入和带出。接触交代变质作用主要发生在酸性、中性侵入体与石灰岩的接触带，而且往往产生矽卡岩。

(二)动力变质作用

动力变质作用也称碎裂变质作用，是在构造运动产生的强应力作用下，使原岩及其组成矿物发生变形、机械破碎及轻微的重结晶现象的一种变质作用。由于应力性质和强度的不同，这种作用可形成断层角砾岩、糜棱岩等，同时有蛇纹石、叶蜡石、绿帘石等变质矿物产生。动力变质作用主要发生在岩层的强烈褶皱带或沿断裂带呈条带状分布(岩石因构造应力作用而产生的变质作用)。

(三)区域变质作用

区域变质作用是指由于大规模地壳运动和岩浆活动引起的高温高压作用，地下深处广大地区岩石发生的变质作用，如粘土质岩石可变为片岩或片麻岩。在山东泰山、山西五台山、河南嵩山等地的古老变质岩都是由区域变质作用形成的。区域变质岩的岩性在很大范围内比较均一，其强度决定于岩石本身的结构、构造和矿物成分。

变质作用一般不改变原生岩石的产状，因此产状不能作为变质岩的特征。但是由于受到强烈的挤压，原生岩石的产状也可能发生某些变化，例如原生岩体在压力作用方向上受到强烈的压缩等。

二、变质岩的矿物成分

变质岩矿物成分的最大特征是具有变质矿物——变质作用中形成的矿物。变质矿物是鉴定变质岩的可靠依据。常见的变质矿物有滑石、石榴子石、十字石、蓝晶石、硅线石、红柱石等。除变质矿物外,变质岩的主要造岩矿物是长石、石英、云母、辉石和角闪石等。有时绿泥石、绢云母、刚玉、蛇纹石和石墨等矿物在变质岩中大量出现,这也是变质岩的一个鉴定特征。同时,这些矿物具有变质分带指示作用,如绿泥石、绢云母多出现在浅变质带,蓝晶石代表中变质带,而硅线石则存在于深变质带中,因此把这类矿物称为标准变质矿物。

三、变质岩的结构

变质岩的结构按成因可分为变晶结构、变余结构和碎裂结构。

(一)变晶结构

变晶结构是指原岩在固态条件下,岩石中的各种矿物同时发生重结晶和变质结晶所形成的结构。因变质岩的变晶结构与岩浆岩的结构相似,为了区别起见,一般在岩浆岩结构名称上加“变晶”两字。

(1)按变晶矿物的粒度分　按变晶矿物颗粒的相对大小可分为等粒变晶结构(见图 1-24)、不等粒变晶结构及斑状变晶结构;按变晶矿物颗粒的绝对大小可分为粗粒变晶结构(粒径大于 3 mm)、中粒变晶结构(粒径为 1～3 mm)和细粒变晶结构(粒径小于 1 mm)。

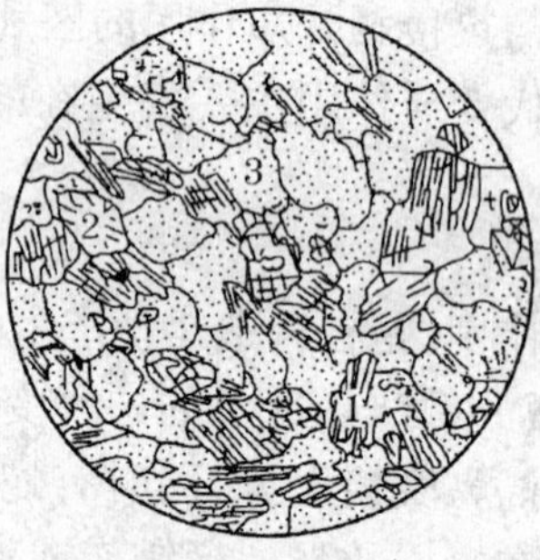

图 1-24　等粒粒状变晶结构

(黑云母斜长角闪岩,$d=2.5$ mm)

1—黑云母;2—角闪石;3—斜长石

(2)按变晶矿物颗粒的形状分　按变晶矿物颗粒的形状可分为粒状变晶结构、纤维状变晶结构和磷片状变晶结构等。

(二)变余结构

当岩石变质轻微时,重结晶作用不完全,变质岩还保留有母岩的结构特点,则称为变余结构。如泥质砂岩变质时,泥质胶结物变成绢云母和绿泥石,而其中碎屑物质(如石英)不发生变化,便形成变余砂状结构。还有其他的变余结构,如与岩浆岩有关的变余斑状结构、变余花岗结构等。

(三)碎裂结构

局部岩石在定向压力作用下,矿物及岩石本身发生弯曲、破碎,而后又被粘结起来而形成的新结构,称为碎裂结构。这种结构常具条带和片理,是动力变质中常见的结构,根据破碎程度可分为碎裂结构、碎斑结构和糜棱结构。

四、变质岩的构造

变质岩的构造与岩浆岩及沉积岩有着显著的区别,是鉴定变质岩的可靠特征。在大多数情况下,构成变质岩的片状、板状及柱状矿物在定向压力作用下相互平行排列,沿此排列方向易使岩石裂开成薄片,这种特性称为片理。裂开的面称为片理面。片理延伸不远,片理面可能是平的、弯曲的或波状的,并且平滑光亮,据此可与沉积岩的层理及层理面相区别。

根据片理面特征、变质程度等特点,片理构造可进一步分为片麻状构造、片状构造、千枚状构造、板状构造和块状构造。

(1)片麻状构造　片麻状构造又称片麻理。其特征是鳞片状、柱状或针状矿物呈大致平行排列,其间常夹着不规则的粒状矿物(石英、长石等),互相构成深色与浅色条带交互的状态。具有这种构造的岩石叫片麻岩。片麻岩通常矿物结晶程度高,颗粒较粗大。

(2)片状构造　片状构造是指岩石中大量片状或柱状矿物(如云母、绿泥石、滑石、绢云母、石墨等)定向排列所形成的薄层状构造。片理薄而清晰,沿片理面易剥开成不规则的薄片。狭义的片理构造即指片状构造。具片状构造的岩石叫片岩。

(3)千枚状构造　千枚状构造的特点是片理面呈较强的丝绢光泽,有小的皱纹,由极薄的片组成,易沿片理面劈成薄片状。具千枚状构造的岩石叫千枚岩。

(4)板状构造　板状构造又称板理,是指岩石中由显微片状矿物大致平行排列所形成的具有平行板状劈理的构造。岩石一般变质程度较浅,呈厚板状,板面平整,沿板理极易劈成薄板状,板面微具光泽。具板状构造的岩石叫板岩。

(5)块状构造　当变质作用中没有定向、高压这些因素时,形成的变质岩中,矿物排列无一定方向,结构均一,一般称块状构造。部分大理岩和石英岩具此种构造。这种构造与火成岩的块状构造相似,但又不完全一样。

五、变质岩分类及主要变质岩

(一)变质岩分类

按照变质岩的成因,可将变质岩分为接触变质岩、动力变质岩和区域变质岩三类。区域变质岩可首先按构造进行分类命名,然后可根据矿物成分进一步定名,如具片状构造的岩石叫片岩,若片岩中含绿泥石较多,则可进一步定名为绿泥石片岩。凡具有块状构造和变晶结构的岩石,首先按矿物成分命名,如石英岩;也有按地名命名的,如大理岩。动力变质岩则主要根据岩石结构分类定名。变质岩分类归纳于表 1-9。

表 1-9 变质岩分类

岩石名称	构造	矿物成分	其他特征
片麻岩	片麻状	主要为长石和石英,两者含量之和>50%,片状或柱状矿物可有云母、角闪石、辉石等,并可含硅线石、蓝晶石、石榴子石等变质矿物	外表颜色深浅不一,视矿物成分而定;矿物颗粒大小也不一样,但肉眼均能辨认。具明显的片麻状构造为该类岩石的主要特征
片岩	片状	主要为云母、绿泥石、滑石、角闪石等片状或柱状矿物,粒状矿物可有石英	具明显的片状构造,沿片理面易于裂开,岩石表面多具丝绢光泽或珍珠光泽;矿物颗粒呈定向排列,肉眼易于辨识。常为粗粒结晶状,故也称为结晶片岩
千枚岩	千枚状	主要为粘土矿物及绢云母、绿泥石、石英等,但肉眼较难辨认	多为黄绿、灰黑、青褐、红等颜色,岩石致密。一般具细粒鳞片变晶结构,表面具明显的丝绢光泽,千枚状构造明显
板岩	板状	肉眼难辨认。在板理面上可见有绢云母、绿泥石等变质矿物	具明显的板状构造,外表多为深灰至黑色,大多为隐晶质致密结构,可分裂成薄层的石板作屋瓦、铺路等建筑材料。敲击石板有清脆的声音
大理岩	块状	主要为方解石、白云石(碳酸盐矿物含量>50%),有时含少量石墨、蛇纹石、橄榄石、石榴子石或石英、云母等	一般为白色,但因含杂质可有各种不同的颜色和花纹;具粒状变晶结构;组成矿物的硬度较小,遇稀冷盐酸可起泡
石英岩	块状	石英含量>85%,并可含有少量云母、长石、绿泥石、石墨等	纯者为白色,因含杂质可呈灰、黄、红等颜色;多具粒状变晶结构;断口平坦,具油脂光泽;岩性坚硬,抗风化能力强
碎裂岩	块状	主要由较小的岩石碎屑和矿物碎屑组成,其成分视原岩成分而定,有时有少量绢云母、绿泥石等变质矿物	为原岩经强烈挤压破碎形成的动力变质岩,由大小不一的各种棱角状碎屑经胶结而成,具碎裂结构。碎裂岩的分布常与断裂和褶皱作用有关,如断层角砾岩、压碎岩等
糜棱岩	块状	主要为石英、长石及少量变质矿物如绢云母、绿泥石等	为原岩经强烈挤压破碎后形成的一种粒状较细的动力变质岩;外表多为各种绿色,一般具有似流纹的条带,多出现在断层带内

(二)主要变质岩的特征

(1)片麻岩　片麻岩具有明显的片麻状构造,主要矿物为长石、石英,两者含量大于50%,且长石含量一般多于石英。片麻岩中片状或柱状矿物一般是云母、角闪石、辉石等,有时也含有硅线石、石榴子石、蓝晶石等特征变质矿物。片麻岩为中、粗粒鳞片状变晶结构,多呈肉红色、灰色、深灰色,且为变质程度较深的区域变质岩,岩石的物理力学性质视其含有矿物成分的不同而不同,一般抗压强度达 120～200 MPa,当云母含量增多且富集在一起时,则强度大为降低。由于片理发育,故岩石较易风化。

(2)片岩　片岩具有典型的片状构造,主要由云母、石英矿物组成,其次为角闪石、绿泥石、滑石、石墨、石榴子石等,以不含长石区别于片麻岩。片岩依所含矿物成分不同可分为云母片岩、绿泥石片岩、角闪石片岩、滑石片岩等。片岩强度较低,且易风化,由于片理发育,易沿片理裂开。

(3)千枚岩　千枚岩是具典型千枚状构造的浅变质岩,多由粘土矿物、粉砂岩变质而成,主要由细小的绢云母、绿泥石、石英、斜长石等新生矿物组成,一般具细粒鳞片变晶结构,片理面上有明显的丝绢光泽和微细皱纹或小的挠曲构造。千枚岩性质软弱,易风化破碎,在荷载作用下容易产生蠕动变形和滑动破坏。

(4)板岩　板岩是页岩经浅变质而成,多为深灰至黑灰色,有时也呈绿色及紫色,主要成分为硅质和泥质矿物,肉眼不易辨别,结构致密均匀,具有板状构造,沿板状构造易于裂开成薄板状。通过击打板岩会发出清脆声,可据此与页岩区别。板岩能加工成各种尺寸的石板,作为建筑材料。板岩透水性弱,可作隔水层,但在水的长期作用下会软化、泥化,形成软弱夹层。

(5)石英岩　石英岩由石英砂岩和硅质岩变质而成,矿物以石英为主,其次为云母、磁铁矿、角闪石,一般呈白色,油脂光泽,具有变余粒状结构,块状构造,是一种极坚硬、抗风化能力很强的岩石,岩块抗压强度可达 300 MPa 以上,可作为良好的建筑物地基。但因性脆,石英岩较易产生密集性裂隙,形成渗漏通道,所以应采取必要的防渗措施。

(6)大理岩　大理岩为石灰岩重结晶而成,具有细粒、中粒和粗粒结构,主要矿物为方解石和白云石。纯大理岩呈白色(故又称为"汉白玉"),含有杂质时带有灰色、黄色、蔷薇色,具有美丽花纹,是贵重的雕刻和建筑石料。大理岩硬度小,与盐酸作用起泡,所以很容易鉴别,具有可溶性,强度随其颗粒胶结性质及颗粒大小而异,抗压强度一般为 50～120 MPa。

主要变质岩光学特征见表 1-10。

岩浆岩、沉积岩和变质岩三大类岩石的肉眼鉴定,应结合岩石标本在实验课中进行。

综上所述,地壳是由各种各样的岩石组成的,而岩石是在地壳发展过程中内、外动力地质作用的必然产物。由于各类岩石形成条件不同,它们在产状、矿物组成、结构、构造等方面也各具特点。因此,可对三大类岩石进行属性比较和分类鉴定。图 1-25 基本上标明了三大类岩石之间的关系。

表 1-10　主要变质岩光学特征

岩屑名称	单偏光镜下的特征	正交偏光镜下的特征	与其他岩屑的区别	岩屑素描图
脉石英	无色透明，折光率大于树胶，很像是一块外形规则的石英颗粒	为多晶石英颗粒，不规则的石英晶粒镶嵌成梳状，呈镶嵌型波状消光	与变质石英岩相似，但它们在结构及包裹体成分上有差别	
片岩、千枚岩	褐色、灰色，可呈土状，有时有明显的突起	片理明显，石英、鳞片状绢云母、白云母、绿泥石等作定向排列，转动载物台时见定向片状矿物近于同时消光	千枚岩与泥岩、页岩相像，在正交偏光镜下利用片状矿物定向排列这一特征可将它们区别开	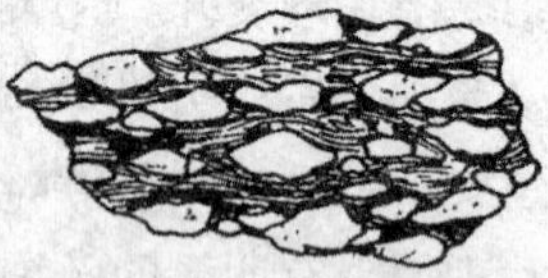 

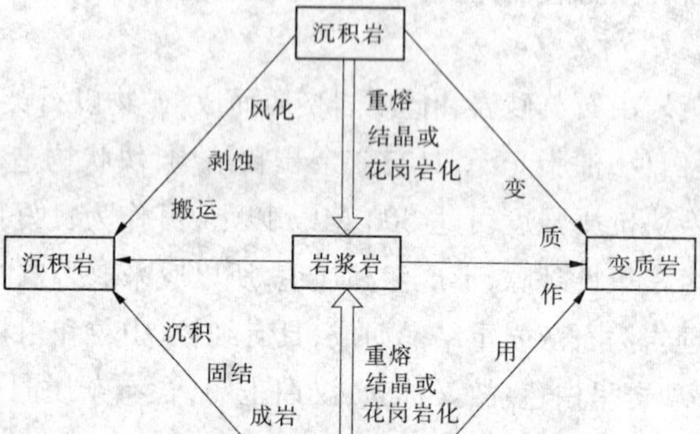

图 1-25　三大类岩石之间的关系

第六节　岩石的工程地质性质评述

岩石是地质作用的产物，因此各类岩石的工程地质性质首先取决于岩石的成因类型（包括岩石产状、矿物组成、结构、构造等），其次是各种地质作用对岩石的影响，特别是岩石的风化作用对岩石性质的影响（这部分内容将在第四章中介绍）。下面按照岩石的成因类型，分别评述各类岩石的工程地质及水文地质特征。

一、岩浆岩的工程地质性质评述

岩浆岩的特征主要取决于岩浆岩的形成环境和岩浆岩的成分。特别是形成环境,它控制着岩浆岩的结构、构造及矿物之间的联结能力,也决定了岩石的工程地质性质。一般来说,岩浆岩具有较高的力学强度,可作为各种建筑物良好的地基及天然建筑石料。但也应注意各类岩石的工程地质性质有所差异。

(1)深成岩　深成岩具结晶联结,晶粒粗大均匀,孔隙率小,裂隙较不发育,透水性小,力学强度高。另外,深成岩岩体大,整体稳定性好,是良好的建筑物地基,也是常用的建筑材料。但应注意这类岩石由多种矿物结晶组成,晶粒粗大,抗风化能力较差,特别是含Fe、Mg质较多的基性岩,更易风化破碎,故应注意研究其风化程度及深度。

(2)浅成岩　浅成岩和脉岩常呈斑状结构,有时也呈伟晶、细晶和隐晶质结构,所以这一类岩石的力学强度各不相同。一般情况下,中、细晶质和隐晶质结构的岩石透水性小,力学强度较高,抗风化性能较深成岩强。但斑状结构岩石的透水性和力学强度变化较大,特别是脉岩类,岩体小,且穿插于不同的岩石中,易风化,使得力学强度降低,透水性增大。

(3)喷出岩　喷出岩由于结构构造多种多样,产状不规则,厚度变化大,岩性很不均一,所以其强度和透水性相差悬殊。致密状玄武岩的容重、密度都较大,力学强度高,抗风化能力较强,是良好的地基和建筑材料。但玄武岩常具有气孔构造和原生柱状节理,因此使得岩石强度降低,透水性增大。第四纪多期性喷发的玄武岩常覆盖在松散堆积物或软弱岩石上,研究时就需要考虑该层玄武岩岩体本身能否稳定、下伏岩层是否会产生沉降、接触带是否漏水等问题。玄武岩柱状节理发育,可形成陡坡,常产生崩塌现象。流纹岩的"斑晶"较细,"基质"多为玻璃质,常具流纹构造,岩性各向异性,强度变化也较大。

二、沉积岩的工程地质性质及水文地质性质评述

在评述沉积岩的工程地质性质时,应着重考虑沉积岩的两个重要特点:一是各类沉积岩都具有成层分布规律,存在着各向异性特征,且层的厚度各不相同;二是沉积岩从成分上分为碎屑岩、粘土岩、化学岩及生物化学岩,它们的工程地质性质存在着很大的差异。

(1)碎屑岩　碎屑岩包括砾岩、砂岩、粉砂岩,工程地质性质一般较好,其特征主要取决于胶结物成分、胶结类型和碎屑颗粒成分。如硅质胶结的岩石,强度高、孔隙率小,透水性低;钙质、石膏质和泥质胶结的岩石,强度低,抗水性弱,在水的作用下,可溶解或软化。此外,基底式胶结的岩石比较坚固且强度高,但透水性较弱;接触式胶结的岩石则强度较低,透水性较强;而孔隙式胶结的岩石,其强度和透水性介于两者之间。一般情况下,粉砂岩较砂砾岩的工程地质性质差。硅质胶结的石英砂岩,其强度比其他砂岩要高;而钙质、石膏质和泥质胶结的砂砾岩,尤其粉砂岩,强度极低,抗风化能力弱,遇水容易溶解或软化。我国南方各省的红色岩层多为钙质、泥质胶结的砂砾岩、粉砂岩和粘土岩互层,在这类红色岩层地区筑坝,应注意地基是否会沿泥化夹层产生滑动。

多数凝灰岩及凝灰质砂岩结构疏松,强度低,极易风化成蒙脱石等粘土矿物,遇水后易吸水膨胀、软化,在水工建筑上应特别予以注意。

(2)粘土岩　粘土岩和页岩的性质相近,抗压强度和抗剪强度低,受力后变形大,浸水

后易软化和泥化，若含蒙脱石成分，还具有较大的膨胀性。这两种岩石对建筑物地基和建筑场地边坡的稳定都极为不利，但因其透水性小，可作为隔水层和防渗层。

(3)化学岩及生物化学岩　化学岩和生物化学岩抗水性弱，常具有不同形态的可溶性。碳酸盐类岩石具中等强度，一般能满足工程设计要求，但存在于其中的各种不同形态的岩溶，易成为集中渗漏的通道。易溶的石膏、岩盐等化学岩，往往以夹层形式存在于其他沉积岩中，质软且浸水易溶解，常常导致地基和边坡的失稳。

此外，上述砂岩、砾岩、石灰岩的空隙率较大，往往储存有较丰富的地下水资源。

三、变质岩的工程地质性质及水文地质性质评述

一般情况下，由于原岩矿物成分在高温高压下发生了重结晶，变质岩的力学强度较变质前相对增高。但是，如果岩石在变质过程中形成某些变质矿物，如滑石、绿泥石、绢云母等，则其力学强度会相对降低，抗风化能力变差。

(1)动力变质岩　动力变质作用形成的变质岩，其岩石性质取决于碎屑矿物的成分、粒径大小和压密胶结程度。但通常胶结得不好，孔隙、裂隙发育，强度变低，抗水性差。

(2)接触变质岩　接触变质岩因经过重结晶，岩石的力学强度较变质前相对增高，但变质程度各处不一，距侵入体越近，越易变质，在很小的范围内变质程度就相差悬殊，岩性很不均一。接触变质的岩石，常因受地壳构造运动的影响而裂隙发育，加上其中有小岩脉穿插，岩性显得复杂多样，其工程地质性质变化较大。

(3)区域变质岩　区域变质的岩石分布范围广，厚度大，变质程度和岩性较均一，但因多数岩石具片理构造，岩石具有各向异性特征。随着片理的发育，滑石、绿泥石、云母等含量的增加，岩石强度显著降低。一般来说，板岩、千枚岩、滑石片岩、绿泥石片岩、云母片岩等岩石的工程地质性质较差，片麻岩、石英岩及大理岩等岩石，致密坚硬，岩性比较均一，强度高，是建筑物的良好地基；但当裂隙发育或有较大断裂带时，常常会形成裂隙含水带和地下水渗漏的通道，成为岩体滑动的较弱带，而使其工程地质性质变差。

综上所述，不同种类的岩石，由于其成因、成分、结构和构造不同，岩石的工程地质性质差异是很大的，分析其工程地质性质时，还应结合具体工程的要求来进行评价。

小　结

地球具有圈层构造，地壳是固体地球最外部的圈层。塑造地壳面貌的自然作用称地质作用。元素、矿物、岩石是组成地壳的基本单位。岩浆岩是岩浆作用的产物，变质岩是变质作用的产物，沉积岩是沉积作用的产物，它们都有各不相同的矿物成分、结构构造特征和代表性岩石。

一、地球的圈层构造

地球的圈层构造 { 外部：大气圈、水圈和生物圈
　　　　　　　　　 内部：地壳、地幔及地核

二、地质作用

- 地质作用
  - 内力地质作用
    - 能量来源：地球自转产生的动能和放射性元素蜕变产生的热能
    - 表现形式：地壳运动、岩浆活动、变质作用和地震等
    - 作用结果：塑造山岭与凹地，是地形变化的主导因素
  - 外力地质作用
    - 能量来源：太阳辐射热能以及重力位能、日月及天体引力
    - 表现形式：风化、剥蚀、搬运、沉积和硬结成岩作用等
    - 作用结果：削平高山，填平凹地

三、地壳物质的组成

- 地壳物质的组成
  - 基本物质：各种化学元素，如氧、硅、铝、铁等
  - 基本单位：岩石（岩浆岩、沉积岩、变质岩）和地层

四、造岩矿物的物理性质

造岩矿物的物理性质主要有形态、颜色、条痕、光泽、解理、断口、透明度、硬度以及特性等，它们是肉眼鉴定矿物的重要标志。通过学习，要认识常见的10多种造岩矿物（见表1-4）。

五、岩石

岩石是矿物的天然集合体。岩浆岩多为结晶结构，矿物颗粒紧密镶嵌，形成一种刚性的、主要是均质各向同性的岩石材料。沉积岩主要是由岩矿碎屑的机械沉积物和溶液的化学沉积物胶结、固结而成的，强度不高，尤其是未固结的松散沉积物，强度及坚固性较小，而且沉积物层理构造发育，使得其力学性质各向异性显著。变质岩多为重结晶结构，强度一般较高，但受构造运动影响从而片理构造发育，其岩性各向异性。

六、地层岩性

地层岩性是最基本的工程地质条件之一，它对评价工程岩体的稳定性和渗漏性具有重要的意义。从岩性上讲，它包括了岩浆岩、沉积岩和变质岩三大类岩石。通过研究建筑物场地的地层岩性，可以了解岩石的形成时代、成因、产状、颜色、结构、构造和成分等自然属性特征，对岩石的工程地质性质作出定性评价；而岩石的物理性质、力学性质和水理性质指标，则是定量评价岩石工程地质性质的可靠依据。岩石的工程地质分类，通常是以力学强度指标为基础，如根据湿抗压强度 R_b 将岩石分为坚硬的岩石（$R_b>30$ MPa）和软弱的岩石（$R_b<30$ MPa）。

思考题

1.什么是矿物？矿物有哪些主要物理性质？常见的造岩矿物有哪几种？

2. 试述原生矿物、次生矿物和变质矿物的本质区别。

3. 依次熟记“摩氏硬度计”的代表矿物，并掌握在野外鉴别矿物硬度的方法。

4. 对比下列矿物，指出它们之间的异同点：

A. 正长石　　斜长石　　石英

B. 角闪石　　辉石　　黑云母

C. 方解石　　白云石　　石英

5. 由石膏、黑云母、绿泥石、黄铁矿及粘土矿物组成的岩石，对工程建筑物有哪些影响？

6. 什么叫岩石？岩石都是由矿物组成的吗？建材上称呼的花岗石、石灰石、大理石是岩石还是矿物？如果是岩，为什么叫石？岩与石有什么区别？

7. 简述岩浆岩的颜色、矿物成分和化学性质之间的内在规律。

8. 酸性、中性、基性、超基性的岩浆岩矿物成分有何不同？

9. 试从深成岩、浅成岩、喷出岩的不同结构、构造来说明，为什么岩浆岩的结构、构造特征是其生成环境的综合反映？

10. 试比较下列岩石间异同点：

A. 花岗岩　　辉长岩

B. 流纹岩　　玄武岩

C. 闪长岩　　安山岩

11. 试从颜色、盐酸反应、坚固程度三方面比较硅质、铁质、钙质和泥质胶结物的性质。

12. 简述沉积岩的形成过程。

13. 沉积岩区别于岩浆岩和变质岩的重要特征有哪些？为什么？

14. 试述解理、层理、片理之间的主要区别。

15. 分析变质岩在其矿物成分和结构上有何特性。

16. 对比区分下列名词：

A. 解理　　断口　　硬度

B. 斑状结构　　半晶质结构

C. 流纹状构造　　层理构造　　片理构造

D. 结晶质　　非晶质　　隐晶质　　玻璃质

17. 下列岩石之间有何区别及联系？

A. 花岗岩　　花岗片麻岩

B. 页岩　　千枚岩

C. 石英砂岩　　石英岩

D. 石灰岩　　大理岩

E. 片岩与粘土岩

18. 试述花岗岩、玄武岩、石灰岩、砂岩、页岩、片岩、片麻岩、大理岩的成因类型，主要矿物成分，结构，构造特征，主要工程地质性质及工程建筑中应查明的主要地质问题。

19. 分析三大类岩石在成因上的关系。

20. 试述三大类岩石的主要工程性质。

第二章　地质构造

学习目标

1. 掌握地壳运动、地质构造的概念。

2. 掌握岩层产状及产状要素的含义，了解岩层产状的测定和表示方法。

3. 熟悉各种常见地质构造的含义、组成要素、分类及其特征，正确认识研究和学习这些地质构造对工程建设的重要意义。

4. 理解活断层的含义及特征。

5. 了解相对地质年代及绝对地质年代的含义。

6. 了解岩层间各种接触关系的类型及特征。

7. 熟悉地质年代表。

8. 了解地质图的含义及类型。

9. 了解褶皱、断层、地层接触关系等在地质图上的表示方法及特征，能阅读和分析一般地质图。

本章重点

岩层产状及产状要素的含义；各种常见地质构造的含义及特征；地质图阅读和分析。

本章难点

岩层产状要素测量；常见地质构造的特征；地质图阅读。

由地壳运动导致组成地壳的岩层或岩体发生变形或变位的现象，以及残留于地壳中的空间展布和形态特征，称为地质构造或构造形迹。地质构造不仅包括岩层的倾斜构造、褶皱构造和断裂构造三种基本形态，还包括隆起和拗陷等形态。这些形态都是地壳运动的产物，并与地震有着密切的关系。地质构造大大改变了岩层或岩体原来的工程地质性质。如褶皱和断裂使岩层产生弯曲、破裂和错动，破坏了岩层或岩体的完整性，降低了岩层或岩体的稳定性，并增大了其渗透性，使建筑地区工程地质条件复杂化。因此，研究地质构造不但对阐明和探讨地壳运动发生、发展规律具有理论意义，而且对公路线路的布置、设计和施工工作以及指导工程地质、水文地质、地震预测预报工作等都具有重要的实际意义。

第一节　地壳运动

地壳运动是指由内力地质作用引起的地壳结构改变和地壳内部物质变位的运动。

地球自形成以来,一直处于运动状态。随着现代科学技术的发展,通过对地质资料的分析和仪器的测定,已经证实地壳运动的主要形式有升降运动和水平运动两种。

一、升降运动(垂直运动)

组成地壳的物质沿着地球半径方向发生上升或下降的交替性运动,称为升降运动。升降运动主要表现为大面积的地壳上升或下降形成大规模的隆起或拗陷,从而引起地势的高低起伏和海陆变迁。如喜马拉雅山地区在4 000万年前还是一片汪洋,近2 500万年以来开始从海底升起,直至200万年前才初具山脉的规模,到目前为止,总的上升幅度已超过10 000 m,成为“世界屋脊”,并且仍以平均每年1 cm以上的速度继续上升;而即使是“稳如泰山”的泰山,100万年来也已上升了数百米。可见,地壳升降运动的速度虽然缓慢,但因经历的时间很长,造成地势的高低起伏是十分显著的。又如华北平原的部分沿海地区,近100万年以来下沉了1 000 m以上,只是因为下沉的同时,由黄河、海河、滦河等带来的大量沉积物不断沉积,补偿着失去的高度,从而形成了现在的华北平原。地壳垂直运动的概念在我国古籍上早有记载,如北宋的沈括(1031~1095年)在《梦溪笔谈》中写到:“予奉使河北,山崖之间,往往衔螺蚌壳及石子如鸟卵者,横亘石壁如带。此乃昔之海滨,今东距海已近千里。所谓大陆者,皆浊泥所湮耳。”这说明我国古代科学家对“沧海桑田”、“海陆变迁”等自然现象早有唯物辩证的认识。

二、水平运动

组成地壳的物质沿着地球表面的切线方向发生相互推挤和拉伸的运动,称为水平运动。水平运动主要表现为地壳岩层的水平位移,它会造成各种形态的褶皱和断裂构造,从而加剧地表的起伏。

例如昆仑山、祁连山、秦岭以及其他世界上的许多山脉,都是由地壳的水平运动形成的褶皱山系。根据板块理论,美洲大陆和非洲大陆在2亿年前为一个大陆,后来由于地壳的水平运动,该大陆沿着一条南北方向的海底深沟发生破裂,一部分沿着地表向西移动,形成了今天的美洲大陆,另一部分成为今天的非洲大陆,两块大陆中间成了广阔的大西洋。研究资料表明,目前沿着非洲的东非裂谷,一个新的巨大的地壳变化过程正在发展中,裂谷北端的两个地块——阿拉伯和非洲已在分离,且以每年2 cm的速度向两面移动,裂谷本身也以每年1 mm的速度向两面裂开。美国西部的圣安得烈斯断层,从下中新世以来水平位移距离为260 km,而1906年旧金山一次大地震就使这条断层错开6.4 m,断层带增长430多km。可见,地壳水平运动对地壳形变的影响也是十分显著的,它更加剧了地球表面地势的高低起伏。

三、地壳运动的基本特征

(一)地壳运动的普遍性和长期性

地壳中的任何地方都会发生不同形式的地壳运动。地壳中的任何一块岩石,最古老的岩石和现代正在形成的岩石,都不同程度地受到地壳运动的影响,这些岩石记录着地壳运动的痕迹和图像,所以说地壳运动是普遍的,地壳总是处于不断的运动之中。

(二)地壳运动速度和幅度的不均一性

地壳运动的速度不是始终如一的,有时表现为短暂快速的激烈运动,如火山活动和地震等,短暂快速的激烈地壳运动常常引起岩浆喷发、山崩、地陷和海啸等,是人们能够直接觉察到的地壳运动。1970 年云南通海地震使一条 NWW 方向为 60 km 的大断裂带水平位移达 2.2 m。地壳运动有时又表现为长期缓慢的和缓运动。即使是同一地区,在快速激烈运动之后,也可能长期平静下来,转变为慢速的和缓运动。另外,地壳运动的幅度也有大有小,在不同的时间和空间,其幅度也不尽相同。

(三)地壳运动的方向性

地壳运动的方向常常是相互交替转换的,如有的地区为上升运动,有的地区为下降运动,而另一些地区则表现为水平运动。同一地区的地壳,也可能在某个地质历史时期为上升运动,而在另一个地质历史时期又变成为下降或水平运动,从而表现出有节奏的而不是简单重复的周期性特征。在一定地区或一定地质历史时期,地壳运动可以是以水平运动为主,也可以是以垂直运动为主。但是,从地壳的发展历史分析,地壳运动总是以水平运动为主,垂直运动往往是由水平运动派生出来的,这也已被愈来愈多的研究资料所证实。

地壳运动会导致地壳岩石产生变形和变位,并形成各种地质构造,如水平构造、倾斜构造、褶皱构造、断裂构造、隆起和拗陷等。因此,地壳运动又称为构造运动或构造变动。其中,构造运动按其发生的地质历史时期、特点和研究方法,又分为以下两类:

(1)古构造运动　古构造运动是指发生在晚第三纪末以前各个地质历史时期的构造运动。

(2)新构造运动　新构造运动是指发生在晚第三纪末和第四纪以来的构造运动。其中,发生在人类有史以来的构造运动,称为现代构造运动。新构造运动对于现代地形、地表水系的改造、海陆分布、沉积物性质起着主导作用,对工程建筑影响较大,对防震抗震的研究也有一定的指导意义。

第二节　地质年代

地壳自形成以来经历了 30 亿～46 亿年的历史,在这漫长的地质历史发展过程中,地壳经历了多个发展阶段并产生了巨大的变化。

地壳发展演变的历史,简称地史;研究地壳的发展和变化历史的科学,叫地史学。地史学研究的主要内容,包括地壳的岩石生成顺序及年代、古生物的演化及发展、古地理的演变及海陆变迁、地壳的构造发展历史等。

一、地层年代的确定方法

地层是在地壳发展过程中于一定时期并在特定的地质环境条件下,由地质作用形成的一套岩石的总称。它具有时代的新老概念。地层的上下或新老关系称为地层层序。要研究地层层序,就要确定地层年代。地层年代包括两方面的含义:一是指地质事件发生后距今的实际年数,称为绝对年代;二是指地质事件发生的先后顺序,称为相对年代。

(一)地层绝对年代的确定

根据岩层中放射性元素蜕变产物的含量,通过计算可求得地层的绝对年代,如铀铅法、钾氩法、铷锶法等。以铀铅法为例,岩石中的放射性元素铀,在自然条件下按一定速度蜕变,最后形成铅和氦两种终结元素。若用专门的仪器测定出岩石放射性元素和终结元素的含量,可按式(2-1)计算岩层的绝对年代

$$N_0 = N_t e^{\lambda t} \tag{2-1}$$

式中 N_0——放射性物质形成时原子的原始数量;

N_t——放射性物质经过时间 t 后未蜕变的原子数量;

λ——放射性物质的蜕变常数(单位时间内有多少原子发生蜕变);

e——自然对数的基数,e=2.718 281 82…。

式(2-1)经改写并取对数,则

$$t = 1/\lambda\{2.3g[1 + (N_0 - N_t)/N_t]\} \tag{2-2}$$

已知 U^{235} 的蜕变常数 λ,如能测出岩石中 Pb^{207} 的含量(即 $N_0 - N_t$)和 U^{235} 的保留含量(即 N_t),即可按式(2-2)求得岩石的绝对年龄 t。

(二)地层相对年代的确定

确定地层相对年代即判别地层的相对新老关系。一般可根据以下几种方法确定。

1.古生物化石法

古生物化石法即利用地层中所含化石来确定地层的年代。

生物是由低级到高级、由简单到复杂而不断地进化的。不同年代的地层含有不同的化石,而相同年代的地层保存有相同或相近的化石,据此可以确定地层的顺序和年代。如在温暖的浅海环境中,可以形成由珊瑚组成的石灰岩;在湿热的森林地区,可以形成富含植物化石的含煤地层。

根据地球上生物演化的阶段性和不可逆性,可认为一定种属的生物生活在一定的地质年代,即同一地质年代的地层必然保存有相同或相近种属的生物化石。因此,可以认为在同一地区含有相同生物化石的地层属于同一年代,用古生物标准化石(分布年代短、特征显著、数量众多而地理分布广泛的化石)便可确定该地层形成的地质年代。如南京蜓(Nankinella)为我国南方二叠纪的标准化石,在南方若发现某一地层中有南京蜓化石,则可确定该地层属于二叠系。目前,我国已经出版了有各个地质年代地层标准化石的手册,对确定地层年代十分方便。

2.地层层序法

根据沉积岩形成的原理,在沉积岩形成之后,若未经剧烈的构造变动使之倒转,则位于下面的地层年代较老,位于上面的地层年代相对较新,即下老上新。复杂情况下,按沉积韵律(颗粒下粗上细)确定地层相对年代。

3.岩性对比法

一般在同一地质时期且在同一环境下形成的岩石,它们的矿物成分、结构和构造、岩性组合等特征都应该是相似的。如我国江苏省南部的宁镇山脉一带,泥盆系广泛分布着厚层浅色石英砂岩,在此地区内确定地层年代时,凡是石英砂岩均可定为泥盆系。又如华

北奥陶纪中期，普遍沉积的是质纯的石灰岩和白云质灰岩，这在很多地方都发现了化石。据此，可以将未知地质年代的地层岩性特征与已知地质年代的地层岩性特征进行对比，从而可以确定未知地层的地质年代。在进行对比时，既要对比本层的岩性特征，又要对比与之相邻的上下岩层组合的岩性特征，则结果更加可靠。

4．地层接触关系法

由于地壳运动性质和特点的不同，反映在上下岩层之间的接触形式也不一样，大致有如下几种接触形式：

(1)整合　上下地层连续沉积，互相平行，没有明显的沉积间断，代表沉积时地壳比较稳定或地壳连续下降。

(2)假整合　假整合又称平行不整合，上下地层虽然平行，但中间有一明显的高低不平的侵蚀面(常夹一层砾岩)，并缺失地层，表明上下两地层之间有一个沉积间断，如图 2-1(a)所示。

例如，华北奥陶系与中石炭统之间缺失志留系、泥盆系和下石炭统地层而显示平行不整合现象。这是因为奥陶纪之后华北地区上升为陆地，没有接受沉积，反而遭受剥蚀，形成了侵蚀面；直到中石炭世时，地壳才再度下降，在侵蚀面上接受新的沉积。而这个假整合面则成为划分华北奥陶系与中石炭统的分界线。

(3)不整合　不整合又称角度不整合，上下地层之间有明显沉积间断，并以一定角度相接触，如图 2-1(b)所示，接触面起伏不平，往往保存着底砾岩和古风化痕迹。例如，我国南方在志留纪之后，地壳发生剧烈运动，使寒武系、奥陶系、志留系地层发生褶皱，并上升遭受剥蚀，到泥盆纪时再次下降，重新接受沉积，因而造成泥盆系与下伏地层(寒武系、奥陶系、志留系)之间的角度不整合。而这个不整合面则成为划分我国南方一些地区泥盆系与下伏地层的分界线。

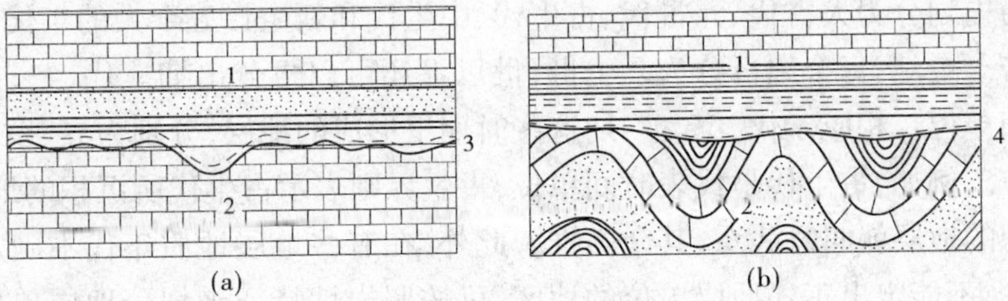

图 2-1　地层假整合和不整合

(a)假整合；(b)不整合

1—上覆地层；2—下伏地层；3—假整合面；4—不整合面

5．岩浆岩年代的确定

岩浆岩年代的确定一般利用其与上下沉积岩的接触关系进行。对于喷出岩，如果喷出岩夹于沉积岩之间，只要把喷出岩上下沉积岩的年代确定出来，喷出岩的年代就可判定。对于侵入岩体和脉状岩体的相对年代的确定，主要是依据它们与相邻沉积岩系的接触关系而定(见图 2-2)。如果岩浆岩在沉积岩形成之后侵入，则在侵入岩与沉积岩的接触带上，沉积岩会出现烘烤现象甚至蚀变变质现象，有时还被该侵入岩派生的岩脉所穿插，而侵入岩体则往往残留有围岩的捕虏体，这种接触关系称为侵入接触。侵入接触表示该侵入岩的年代较沉积岩为新。如果侵入岩冷却凝固，并上升至地表遭受侵蚀，在其上又形成新的上覆沉积岩层，则沉积岩底部还往往会有该侵入岩体的碎块，这种接触关系称为沉积接触。沉积接触说明该侵入岩体的年代较上覆沉积岩为老。如果有多次侵入，侵入体往往相互穿插，此时，穿插其他岩体的侵入岩的年代较新，被穿插的侵入岩的年代较老。

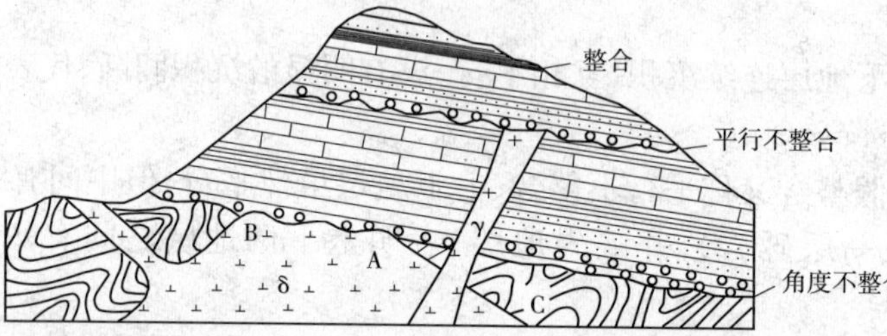

图 2-2　地层接触关系示意图

AB—沉积接触面；AC—侵入接触面；δ—侵入岩体；γ—岩脉

6. 变质岩年代的确定

如果变质不深，变质岩年代的确定可分别采用上述确定沉积岩和岩浆岩相对年代的方法进行划分和对比；如果变质太深，则主要靠测定岩石中同位素年龄的方法来确定。

二、地质年代和地层划分

根据地壳运动及生物演化阶段等特征，可以把地质历史划分为许多大小不同的年代单位，地质年代是指一个地层单位的形成时代或年代。最大的地质年代单位是(宙)代，通常把地质历史划分为太古代、元古代、古生代、中生代和新生代五个大的年代，在每个代中又划分出若干个纪，每个纪再分为几个世，世以下还可以再分出期。代、纪、世、期是地质历史的时间单位。相应于代、纪、世、期这些时期里形成的地层，分别为界、系、统、阶，它们是地层单位。例如，古生代是代表时间单位，古生界则表示古生代所沉积的地层；同样，寒武纪所沉积的地层就叫寒武系，其余类推。此外，在有些地层地质年代不确定、不含化石或化石稀少、不能定出正式地层单位的地区，可按照岩性特征来划分地层单位，称为岩石地层单位，按照级别由大到小分为群、组、段，一般限于区域性或地方性地层。

代、纪、世和与其相对应的界、系、统是国际性单位，全世界是统一的；期和与其相对应的阶是全国性或大区域的地质年代单位与地层单位。把地质年代单位和地层单位从老到新按顺序排列，就形成了目前国际上大致通用的地质年代表(见表 2-1)。

在地质年代表中，还可列入地壳运动的几个主要构造期，即吕梁运动、加里东运动、海西运动、燕山运动、喜马拉雅运动。地壳运动是划分地层年代的分界标志，而次一级的地壳运动则往往作为纪的分界标志。

另外，在地质年代表中，还简要地列出了不同历史发展阶段的生物演化及各地质时期盛行的动物和植物。

表 2-1　地质年代表

宙(宇)	代(界)		纪(系)	世(统)	纪起始时间（百万年）	主要生物及地质演化
显生宙	新生代 Kz		第四纪 Q	全新世 Q_4	24	哺乳动物仍占主导地位，人类出现，北半球多次冰川活动
				更新世 Q_3 Q_2 Q_1		
			新第三纪 N	上新世 N_2	23	陆地上以哺乳动物为主，昆虫和鸟类都大大发展；被子植物兴盛
				中新世 N_1		
			老第三纪 E	渐新世 E_3	65	印度板块于始新世碰撞到亚洲大陆上，非洲板块也靠向欧洲板块；渐新世开始全球造山运动，逐渐形成现代山系
				始新世 E_2		
				古新世 E_1		
	中生代 Mz		白垩纪 K	晚白垩世 K_2	135	脊椎动物鱼类、两栖类和爬行类得到大发展；晚三叠世出现哺乳类，侏罗纪出现始祖鸟；白垩纪末恐龙灭绝 裸子植物以松柏、苏铁和银杏为主；被子植物出现 晚三叠世，统一大陆分裂；古特提斯洋、古大西洋和古印度洋开始发育；印度大陆从南半球漂向亚洲大陆
				早白垩世 K_1		
			侏罗纪 J	晚侏罗世 J_3	205	
				中侏罗世 J_2		
				早侏罗世 J_1		
			三叠纪 T	晚三叠世 T_3	250	
				中三叠世 T_2		
				早三叠世 T_1		
	古生代 Pz	晚古生代 Pz_2	二叠纪 P	晚二叠世 P_2	290	脊椎动物在泥盆纪开始迅速发展；石炭纪开始出现两栖类和爬行类；陆上植物迅速发展，裸蕨类极度繁荣，还有少量石松类、楔叶类及原始的真蕨类植物；昆虫出现 二叠纪末期发生了生物大量灭绝事件 古生代末，南半球冈瓦纳大陆和北半球各大陆联合而成的劳亚大陆连接，形成称为潘加亚的统一大陆
				早二叠世 P_1		
			石炭纪 C	晚石炭世 C_3	350	
				中石炭世 C_2		
				早石炭世 C_1		
			泥盆纪 D	晚泥盆世 D_3	405	
				中泥盆世 D_2		
				早泥盆世 D_1		

续表 2-1

宙(宇)	代(界)		纪(系)	世(统)	纪起始时间(百万年)	主要生物及地质演化
显生宙	古生代 Pz	早古生代 Pz_1	志留纪 S	晚志留世 S_3	435	寒武纪开始出现带骨骼的生物:三叶虫、笔石和腕足类等;中奥陶纪出现珊瑚;志留纪出现原始的鱼类——棘鱼。植物主要是海洋中的藻类,志留纪末期陆地上出现裸蕨类。南半球各大陆加上印度半岛联合形成冈瓦纳大陆,北半球几个分开的大陆板块发生着碰撞和合并。北美板块与欧洲板块合并;古西伯利亚和古中国之间逐渐接近。奥陶纪晚期,又出现一次大冰期
				中志留世 S_2		
				早志留世 S_1		
			奥陶纪 O	晚奥陶世 O_3	480	
				中奥陶世 O_2		
				早奥陶世 O_1		
			寒武纪 ∈	晚寒武世 $\in_3$	570	
				中寒武世 $\in_2$		
				早寒武世 $\in_1$		
元古宙	新元古代 Pt_3		震旦纪 Z		1 000	藻类大量发育,生物更多样化。震旦纪出现放射虫、海绵、水母、环节动物、节肢动物等 古元古代后,所有的陆壳聚集在一起形成的大陆开始解体。震旦纪发生全球性冰期
			青白口纪 Pt_{3q}			
	中元古代 Pt_2		蓟县纪 Pt_{2j}		1 700	
			长城纪 Pt_{2ch}			
	古元古代 Pt_1				2 600	
太古宙	新太古代 Ar_2				>3 800	出现藻类和菌类,最古老的生物遗迹为32亿年
	古太古代 Ar_1					

在地质年代表中,很多名字看起来稀奇古怪,究其来历有的是标准地点的地名(如寒武、泥盆、侏罗),有的是曾经居住在那里的古代民族的名称(如奥陶、志留),有的却是反映某一时代的地层本身具有的显著特征(如石炭、二叠、三叠、白垩)。其中,震旦纪是根据古代印度人称中国为震旦而命名的,它的代表性地层剖面是1924年李四光在我国长江三峡

建立的，距今6亿~8亿年。下古生界地层的研究以英国威尔士地区最早，1833年英国地质学家薛知微用威尔士的一个古代地名Cambrian（音译寒武）来命名这套地层；稍晚英国地质学家莫企逊跟薛知微合作研究这套地层，后因两人发生意见分歧，1835年莫企逊提出用曾经居住在威尔士的一个古代部族的名称志留来命名这套地层。后来的化石研究证明，薛知微命名的寒武系上部相当于莫企逊命名的志留系下部，造成有一部分地层由两个研究者给了不同命名的混乱局面。直到1876年由英国另一地质学家拉普华斯提出把两系重复的一部分地层另立新名为奥陶，问题才得以解决，而奥陶是曾经居住在威尔士的另一个古代部族的名称。上古生界地层泥盆、石炭也是从英国的地层研究中建立的，泥盆是Devon的音译，即英国西南部的一个郡名，是1837年薛知微、莫企逊建立的；石炭是因为这一地层普遍含有煤层而得名的，建立年代为1882年。二叠标准剖面地点在苏联乌拉尔山西坡的彼尔姆州，由莫企逊于1841年确立，在国际上也叫彼尔姆系，而在我国和少数国家称做二叠系，这是因为德国的这一地层明显分成红色砂岩与镁灰岩上下两层，而德文Dyad音译二叠，即二分的意思。中生代的三叠标准剖面地点在德国，是因地层可分做上中下三个部分而得名的。侏罗名称来自法国、瑞士间的侏罗山。白垩是因欧洲这一时期的地层主要是由白垩沉积而得名的。新生代，顾名思义是新的生命的时代。

地壳的演变简史如下。

(1)太古代　距今25亿年，海洋面积大，没有宽广的大陆；岩浆活动和火山喷发剧烈；海水中初步形成原始的生命体；为铁矿形成的重要时代。

(2)元古代（原始生物的时代）　距今6亿~25亿年，海水里已有藻类、海绵等低等的多细胞生物出现。

(3)古生代　距今2.5亿~6亿年，海生无脊椎动物空前繁盛的时代，如三叶虫、珊瑚等，亚欧、北美和我国华北抬生为陆地；中期时出现了脊椎动物——鱼类；后期时鱼类演化成两栖类，动物从海洋向陆地发展，北半球气候炎热、潮湿，蕨类植物茂盛；为重要的造煤时期。

(4)中生代　距今0.7亿~2.5亿年，我国大陆轮廓已基本形成；环太平洋地带地壳运动激烈，形成高大山系，带来丰富金属矿；爬行动物大发展，如恐龙等；空中出现了始祖鸟；裸子植物大发展；为重要的造煤时期。

(5)新生代　距今0.7亿年，第三纪时发生了规模巨大的造山运动——喜马拉雅运动，哺乳动物和被子植物大发展，出现灵长类；第四纪冰期距今200万~300万年，气候变冷，陆地上冰川覆盖面积大，海面下降100多m，出现了人类。

第三节　岩层产状

一、水平构造

在地壳运动影响轻微、大面积均匀隆起或拗陷的地区，地层保持接近于成岩时水平状态的地质构造称为水平构造。

水平构造的地层经风化剥蚀，可形成一些独特的地貌景观：层理面平直、厚度稳定的岩层，往往形成阶梯状陡崖；交互沉积的软硬相间水平岩层，经风化后可形成塔状、柱状、城堡状地形；若水平岩层的顶部为坚硬的厚岩层所覆盖，由于上部岩层抗风化侵蚀能力强，则可形成方山和桌状山地形。

二、倾斜构造

原来呈水平状态的岩层经构造变动，成为与水平面成一定角度的倾斜岩层时，称为倾斜构造。在一定范围内，岩层倾斜方向和倾斜角度大体一致的单斜岩层，可称为单斜构造。单斜构造的岩层，倾角较小（$<35°$）时在地貌上往往形成单面山；倾角较大（$>35°$）时在地貌上则往往形成猪背岭。

三、岩层产状

（一）岩层产状要素

岩层在地壳中的空间方位和产出状态称为岩层产状（见图 2-3）。岩层产状以岩层面在空间的延伸方向和倾斜程度来确定，用走向、倾向和倾角表示，这三者称为岩层产状要素。在野外可用地质罗盘来测量岩层的产状要素。

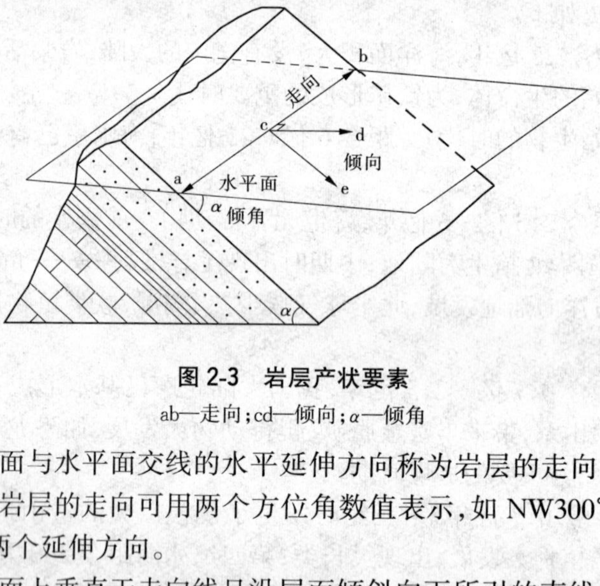

图 2-3　岩层产状要素

ab—走向；cd—倾向；α—倾角

（1）走向　岩层面与水平面交线的水平延伸方向称为岩层的走向。岩层走向用方位角表示。因此，同一岩层的走向可用两个方位角数值表示，如 NW300°和 SE120°，指示该岩层在水平面上的两个延伸方向。

（2）倾向　岩层面上垂直于走向线且沿层面倾斜向下所引的直线，叫做倾斜线（如图 2-3 中垂直于走向线 acb 的 ce）。倾斜线在水平面上的投影线所指的层面倾斜方向为岩层的倾向（如图 2-3 中的 cd）。因此，岩层的倾向只有一个方位角数值，并与同一岩层的走向方位角数值相差 90°。

（3）倾角　岩层面上的倾斜线与它在水平面上的投影线之间的夹角，即倾斜岩层面与水平面之间的二面角（如图 2-3 中的 α），称为岩层的倾角。

（二）岩层产状要素的测量方法

测量岩层的产状要素一般用地质罗盘。地质罗盘有矩形和八边形（圆形）两种，其主要组成部分有磁针、上刻度盘、下刻度盘、倾角指示针（摆锤）、水准泡等。

上刻度盘多按方位角分划，以北为 0°，按逆时针方向分划为 360°；按象限角分划时，则北和南均为 0°，东和西均为 90°。在刻度盘上用 4 个符号代表地理方位，即 N 代表北，S 代表南，E 代表东，W 代表西。当刻度盘上的南北方向和地面上的南北方向一致时，刻度盘上的东西方向和地面实际方向相反，这是因为磁针永远指向南北，在转动罗盘测量方向时，只有刻度盘转动而磁针不动，即当刻度盘向东转动时，磁针则相对地向西转动，所以只有将刻度盘上刻的东、西方向与实际地面东、西方向相反处理时，测得的方向才与实际相一致。

下刻度盘和倾角指示针是测倾角用的。下刻度盘的角度左右各分划为 90°，它没有方向，通常只刻在 W 边(即 E 边下刻度盘没有刻度)。

测走向时，将罗盘的长边(NS 边)与岩层层面贴紧、放平(水准泡居中)后，北针或南针所指上刻度盘的读数就是走向。

测倾向时，用罗盘的 N 极指着层面的倾斜方向，使罗盘的短边(EW 边)与层面贴紧、放平，北针所指的度数即为倾向。

测倾角时，将罗盘侧立，以其长边贴紧层面，并与走向线垂直，这时摆锤指示针所指下刻度盘的读数就是倾角，如图 2-4 所示。有的罗盘倾角指示针是用水准泡来调正的，测倾角时要用手调背面的旋柄，使水准泡居中间位置，然后再进行读数。

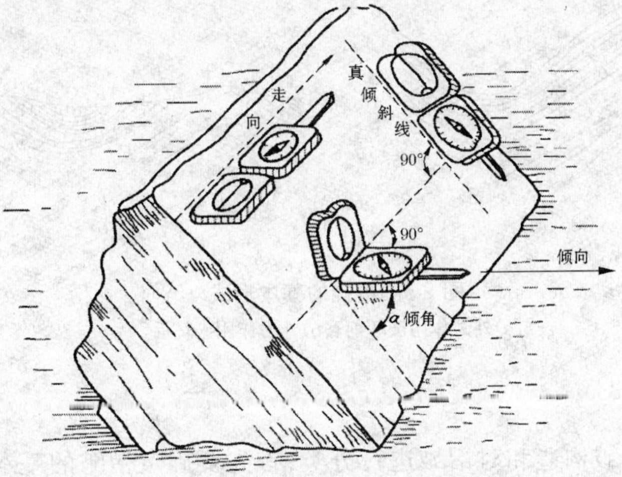

图 2-4　测量岩层产状要素

(三)岩层产状记录方法

岩层产状的记录有两种方法。

1. 象限角表示法

以北或南的方向(0°)为准，一般记走向、倾向、倾角。如 N65°W，SW∠25°，即走向北偏西 65°、向南西倾斜、倾角 25°；又如某岩层的产状为 N30°E，SE∠27°，即表示该岩层走向北偏东 30°、倾向南东、倾角 27°。

2. 方位角表示法

一般只记录倾向和倾角。如 205°∠25°，前者是倾向的方位角，后者是倾角，即倾向 205°，倾角 25°。已知倾向和倾角后，可用加或减 90°的方法计算出走向。

岩层的产状三要素在地质图上可用符号├25°来表示,其中长线表示走向,短线表示倾向,数字代表倾角。

第四节　褶皱构造

岩层在构造运动作用下,产生的一系列连续波状弯曲,称为褶皱。绝大多数褶皱是在水平挤压力作用下形成的;有的褶皱是在垂直作用力下形成的;还有一些褶皱是在力偶的作用下形成的,此类褶皱多发育在夹于两个坚硬岩层间的较弱岩层中或断层带附近。褶皱是地壳中最常见的地质构造之一,它的规模大小相差十分悬殊,巨大的褶皱可延伸达数十至数百公里,而微小的褶皱则可在手标本上见到。褶皱的形态也是多种多样的,但其基本形式只有两种,如图 2-5(a)所示。其中岩层向上弯曲,核心部分岩层较老的称为背斜;反之,岩层向下弯曲,核心部分岩层较新的称为向斜。

褶皱形成后,由于地表长期受风化剥蚀作用的破坏,其外形也可改变,如图 2-5(b)所示,"高山为谷,深谷为陵"就是这个道理。褶皱揭示了一个地区的地质构造规律,不同程度地影响着水文地质及工程地质条件。因此,研究褶皱的产状、形态、类型、成因及分布特点,对于查明区域地质构造和工程地质及水文地质条件,具有重要意义。

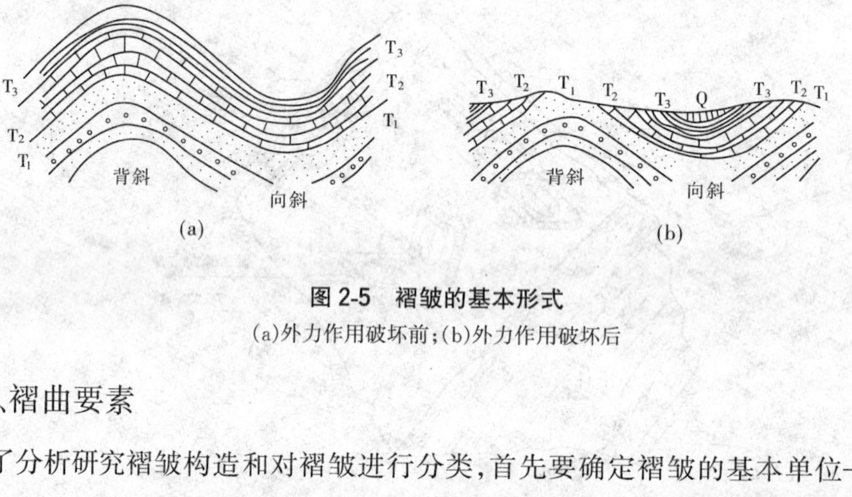

图 2-5　褶皱的基本形式

(a)外力作用破坏前;(b)外力作用破坏后

一、褶曲要素

为了分析研究褶皱构造和对褶皱进行分类,首先要确定褶皱的基本单位——褶曲。

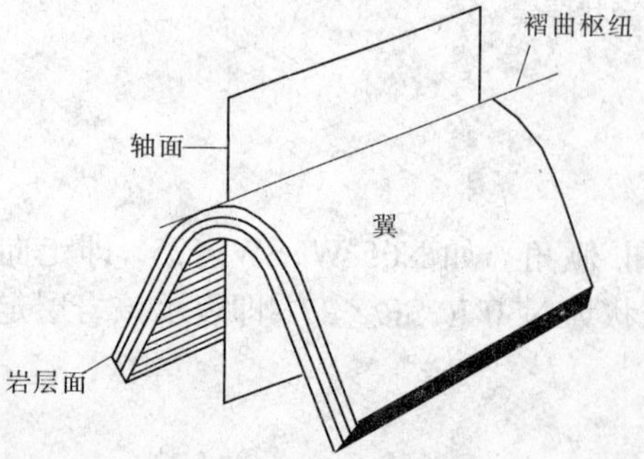

图 2-6　褶曲要素

褶曲是岩层的一个弯曲。两个或两个以上褶曲的组合叫褶皱。褶皱的各个组成部分称为褶曲要素,任何褶曲都具有以下基本要素(见图 2-6):

(1)核部　核部是褶曲弯曲的中心部分,如背斜核部是较老岩层,而向斜核部则为较新岩层。

(2)翼　翼是指褶曲核部两侧的岩层。

(3)轴面　轴面为大致平分褶曲两翼的假想面,可为平面或曲面,它的空间位置和岩层一样可用产状表示，有直立的、倾斜的或水平的状态。

(4)轴线　轴线是指轴面与水平面的交线，可以是水平的直线或曲线。轴线的方向表示褶曲的延长方向，轴线的长度反映褶皱在轴向上的规模大小。

(5)枢纽　褶曲岩层的层面与轴面相交的线，叫枢纽。枢纽可以是水平的、倾斜的或波状起伏的，能反映褶曲在轴面延伸方向上产状的变化。背斜的枢纽称为脊线；向斜的枢纽称为槽线。

二、褶曲的基本类型及特征

褶皱构造由背斜和向斜两种基本形态组成，如表 2-2 所示。

表 2-2　褶曲的基本类型及特征

基本类型	岩层形态	岩层的新老关系	地形表现
背斜	一般是岩层向上拱起，岩层自中心向外倾斜	中心部分岩层较老，两翼岩层较新	有时背斜成为山岭（年轻、顺地貌，外力侵蚀小于褶皱构造作用速度），（长期外力侵蚀）常被侵蚀成谷地（逆地貌，倒置地形。再长期剥蚀破坏，恢复一致，再顺地貌）
向斜	岩层向下弯曲，岩层自两翼向中心倾斜	核心部分岩层较新，两翼岩层较老	有时向斜成为谷地，也有时成为山岭

三、褶曲的形态分类

(一)按轴面和两翼岩层的产状分类

(1)直立褶曲　轴面近于垂直，两翼岩层向两侧倾斜，倾角近于相等，如图 2-7(a)所示。

(2)倾斜褶曲　轴面倾斜，两翼岩层向两侧倾斜，倾角不等，如图 2-7(b)所示。

(3)倒转褶曲　轴面倾斜，两翼岩层向同一方向倾斜，其中一翼层位倒转，如图 2-7(c)。

(4)平卧褶曲　轴面水平或近于水平，一翼岩层层位正常，另一翼层位倒转，如图 2-7(d)所示。

(5)翻卷褶曲　轴面翻转向下弯曲，通常是由平卧褶皱转折端部分翻卷而成。

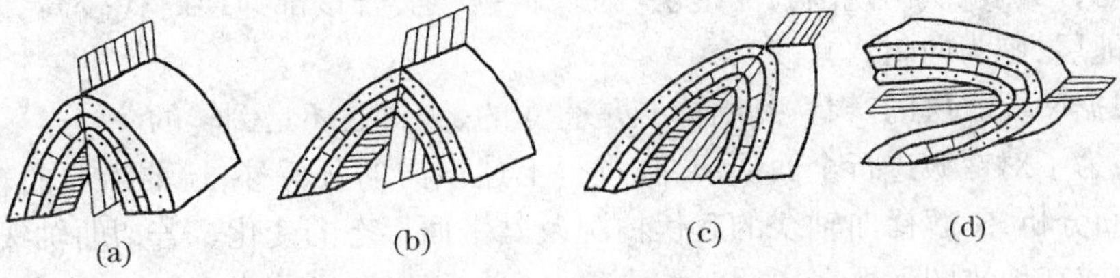

图 2-7　褶曲按轴面产状分类示意图

(a)直立褶曲；(b)倾斜褶曲；(c)倒转褶曲；(d)平卧褶曲

(二)按褶曲在平面上的形态分类

(1)线状褶曲　同一岩层在平面上的纵向长度和宽度之比大于 10∶1 的狭长形褶曲。

(2)短轴褶曲　同一岩层在平面上的纵向长度与横向宽度之比在 3∶1～10∶1 之间的褶曲。

(3)穹窿和构造盆地　同一岩层在平面上的纵向长度与横向宽度之比小于 3∶1 的圆形或似圆形褶曲。背斜称为"穹窿",向斜称为"构造盆地"。

(三)按褶曲枢纽的产状分类

(1)水平褶曲　枢纽水平,两翼同一岩层的走向基本平行。

(2)倾伏褶曲　枢纽倾斜,两翼同一岩层的走向不平行而呈弧形变化。

四、褶皱的识别

在野外进行地质调查及地质图分析时,为了识别褶皱(见图 2-8),首先可沿垂直于岩层走向的方向进行观察,查明地层的层序、确定地层的时代并测量岩层的产状要素,然后根据以下三点分析判断是否有褶皱存在,并确定是向斜还是背斜。

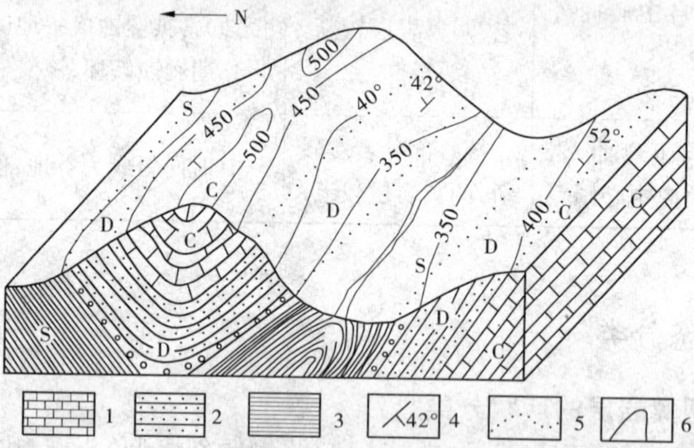

图 2-8　褶皱构造立体图

1—石炭系;2—泥盆系;3—志留系;4—岩层产状;5—岩层界线;6—地形等高线

(1)根据岩层是否有对称重复的出露,可判断是否有褶皱存在。若在某一时代的岩层两侧有其他时代的岩层对称重复出现,则可确定有褶皱存在。若岩层虽有重复出露现象,但并不对称分布,则可能是断层,不能误认为是褶皱。

(2)对比褶皱核部和两翼岩层的时代新老关系,判断褶皱是背斜还是向斜。若核部地层时代较老,两侧依次出现渐新的地层,为背斜;反之,若核部地层时代较新,两侧依次出现渐老的地层,则为向斜。

(3)根据两翼岩层的产状,判断褶皱是直立的、倾斜的还是倒转的。

此外,为了对褶皱进行全面认识,除进行上述横向的分析外,还要沿褶曲轴线延伸方向进行平面分析,了解褶曲轴线的起伏情况及其平面形态的变化。若褶曲轴线是水平的,呈直线状,或在地质图上两翼岩层对称重复,并平行延伸,则称为水平褶皱;若在地质图上两翼岩层对称重复,但彼此不平行,且逐渐折转会合,呈"S"形,则称为倾伏褶皱。

五、褶曲构造对工程建设的影响

(一)褶曲构造影响着建筑物地基岩体的稳定性及渗透性

选择坝址时,应尽量考虑避开褶曲轴部地段。因为轴部张应力集中,节理发育,岩石破碎,易受风化,岩体强度低,渗透性强,所以工程地质条件较差。当坝址选在褶曲翼部时,若坝轴线平行于岩层走向,则坝基岩性较均一。再从岩层产状考虑,岩层倾向上游,倾角较陡时,对坝基岩体的抗滑稳定最有利,但当倾角平缓时,坝基岩体易于滑动;岩层倾向下游,倾角又缓时,岩层的抗滑稳定性最差。

当坝轴线与褶曲岩层走向垂直时,坝基往往置于不同性质的岩层上。在这种情况下,如果岩层软硬相差较大,坝基就可能产生不均匀沉降;如果岩层倾向河谷的一侧,岩体就可能产生顺层滑动。

(二)岩层产状对隧道的影响

在强烈褶皱区或岩层产状变化复杂的地区,往往在很小范围内岩性及地下水会有极大的变化,这常常给施工带来很多困难。在水平岩层地区修筑地下隧道是有利的,因为可以选择在同一较好的岩层中通过,不但施工简单,而且易于保证安全。如果是在倾斜岩层地区修建隧道,洞轴线与岩层走向的交角应该大一些比较好,岩层倾角也是越大越好。如果洞轴线与岩层走向交角较小或平行,洞顶将产生偏压。

第五节　断裂构造与活断层

岩体受构造应力作用超过其强度时会发生破裂或产生位移,从而使岩体的完整性和连续性遭到破坏,这种构造称为断裂构造。根据断裂两侧岩石的相对位移情况,断裂构造的变位可分为裂隙(节理)和断层两种类型。

断裂构造是主要的地质构造类型,在地壳中广泛分布,对建筑地区岩体的稳定性影响很大,且常对建筑物地基的工程地质评价和规划选址、设计施工方案的选择起控制作用。

一、裂隙(节理)

(一)节理的成因类型

断裂两侧岩石仅因开裂而分离,并未发生明显相对位移的断裂构造称裂隙(或节理)。裂隙往往是褶皱和断层的伴生产物,然而自然界中岩石的裂隙并非都是地质构造运动造成的。根据裂隙的成因,可将其分为原生(成岩)裂隙、次生裂隙和构造裂隙三种基本类型。

1. 原生(成岩)裂隙

原生(成岩)裂隙即岩石在成岩过程中形成的裂隙。如玄武岩中的柱状节理,是其在形成时岩浆喷发至地表后冷却收缩而产生的六棱柱状、五棱柱状或其他不同形状的节理。在南京六合县桂子山发现的世界罕见的石林,就是由玄武岩的柱状裂隙形成的。此外,沉积岩中的龟裂现象是沉积岩失去水分后干缩而成的,也是一种成岩节理。

2. 次生裂隙

次生裂隙即由于岩石风化、岩坡变形破坏、河谷边坡卸荷作用及人工爆破等外力作用而形成的裂隙(或节理)。次生裂隙一般仅局限于地表,规模不大,分布也不规则。如卸荷裂隙是河流的下切侵蚀使河谷及其两侧的部分岩石被搬运,致使下部岩石所受的压力减小(称减压卸荷作用),岩石中应力得以释放而产生的平行于岸坡和谷底的裂隙。

3. 构造裂隙

构造裂隙即由地壳运动产生的构造应力作用而形成的裂隙。构造裂隙在岩石中分布广泛,延伸较深,方向较稳定,可切穿不同的岩层,按其力学性质可将其分为张节理和剪节理两种(见图 2-9)。

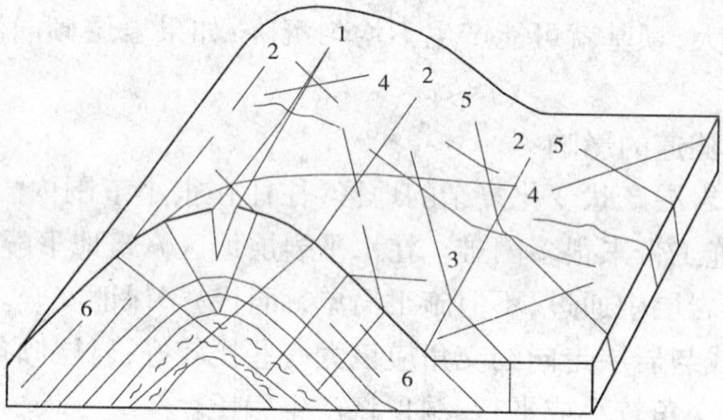

图 2-9　节理的形态分类

1、2—走向节理或纵向节理;3—倾斜节理或横节理;4、5—斜向节理或斜节理;6—顺层节理

(1)张节理　张节理是岩石所受张应力超过其抗拉强度后岩石破裂而产生的裂隙。张节理多见于脆性岩石中,尤其是褶皱转折端等张应力集中的部位,其特点是具有张开的裂口,裂隙面粗糙不平,沿走向方向和沿倾向方向延伸均不远。砂岩和砾岩中的张节理,裂隙面往往绕过砾石或砂粒,呈现凹凸不平状。

(2)剪节理　剪节理是岩石所受剪应力超过其抗剪强度后岩石破裂而产生的裂隙,一般发生在与最大压应力方向成 45°左右夹角的平面上,在岩石中常成对出现,呈"X"形交叉,因而也可称为"X"形裂隙(或节理)。剪节理的特征是细密而闭合,裂隙面平直光滑,延伸较远,有时会出现擦痕。共轭砾岩或砂岩中的剪节理,裂隙面往往切穿砾石或砂粒。张节理和剪节理比较如表 2-3 所示。

表 2-3　张节理和剪节理比较

类型	作用力	裂隙张开充填情况	裂隙面特征	裂隙间距	延伸情况	发育情况
张节理	张应力	裂隙张开,常被石英、方解石脉充填	弯曲粗糙不平,呈锯齿状,无擦痕	较大	走向变化大,延伸不远,常绕过砾石或砂粒	褶皱轴部成组出现,平行或垂直褶皱轴
剪节理	剪应力	裂隙紧闭或稍张开	平直光滑,有擦痕及镜面两侧岩层相对位移	较小	走向稳定,延深较长,常切岩石中的砾石或砂粒	一般同时出现两组成"X"形,较密集

(二)节理统计及节理玫瑰图

在拟建建筑物地区,进行节理的野外调查与统计,对研究拟建建筑物地区的地质构造、发育规律和分布特征以及评价地基岩体完整性与稳定性,具有很重要的实际意义。

为了反映节理的发育程度和分布规律,分析其对拟建建筑物地区岩体的稳定性的影响,常采用图表的方法表示节理。

1. 节理观测与统计

根据工程要求,在主要建筑物地段,需选择节理比较发育、有代表性的岩体面积 1~4m^2,按节理观测记录所列内容进行观测、统计并作好记录。

根据节理统计记录,将节理走向、倾向和倾角,每隔 10°或 5°为一区间进行分组,并统计每组节理的条数和走向、倾向、倾角的区间中值(或平均值),找出最发育的节理组。

2. 节理玫瑰图的绘制

应按下列步骤进行节理玫瑰图的绘制:

(1)取适当值为半径作半圆,沿半圆周标出东、西、北三个方向;

(2)将半圆周 18 等分,代表节理走向;

(3)以最发育一组的节理条数等分半径,每个单位线段代表一条节理;

(4)把每组节理走向区间中值点绘在玫瑰图的相应位置上;

(5)连接各点成一闭合折线,即为节理走向玫瑰图,如图 2-10(a)所示。

绘制节理倾向玫瑰图时,先将测得的节理按倾向每隔 10°或 5°为一区间进行分组,并统计每组节理的条数和区间中值(或平均值),用绘制节理走向玫瑰图的方法,在注有方位的圆周上,根据平均倾向和节理条数,定出各组相应的端点,然后用折线将这些点连接起来,即为节理倾向玫瑰图,如图 2-10(b)所示。如果用平均倾角表示半径方向的长度,则用同样方法可以绘制节理倾角玫瑰图。

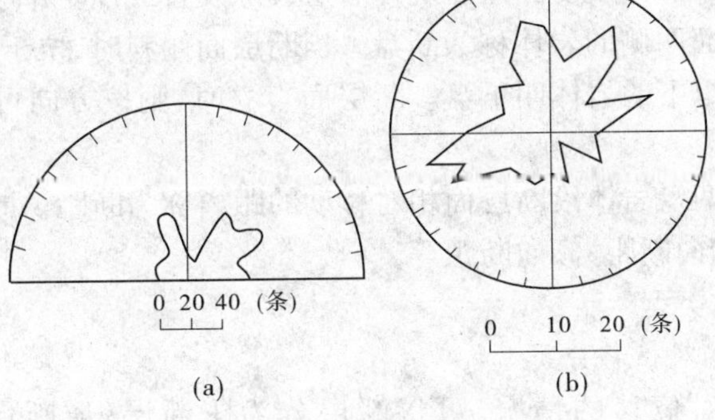

图 2-10　节理玫瑰图

(a)节理走向玫瑰图;(b)节理倾向玫瑰图

二、断层

在构造应力作用下,岩层所受应力超过其本身的强度,使其连续性、完整性遭到破坏,并且沿断裂面两侧岩体产生明显位移时,称为断层。由于构造应力大小和性质的不同,断层规模差别很大，小的可见于一块小的手标本上，大的可延伸数百甚至上千公里，如我国的郯—庐大断裂，在1/1 000 000的卫星图像上都显示得很清楚。

（一）断层要素

断层的基本组成部分称为断层要素，它包括断层面、断层线、断层带、断盘、断距等，如图2-11所示。

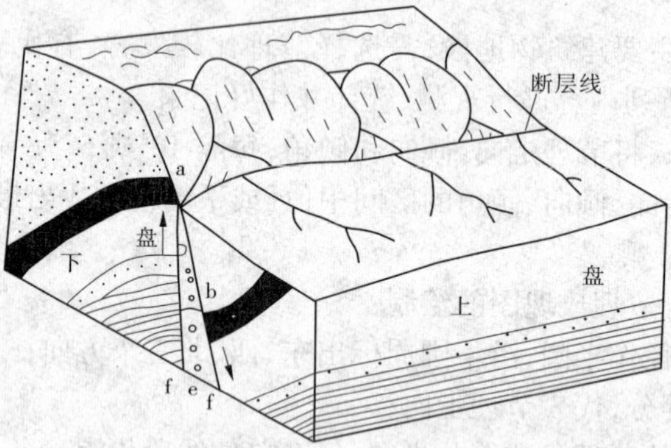

图2-11 断层要素

ab—总断距；e—断层破碎带；f—断层影响带

（1）断层面　岩层断裂错开，其中发生相对位移的破裂面称为断层面。断层面可以是直立的或倾斜的平面，也可以是波状起伏的曲面。断层面的空间位置用产状要素来表示。

（2）断层线　断层面与地面的交线称为断层线。断层线表示断层延伸的方向，其形状取决于断层面及地表形态，可以是直线，也可以是各种曲线。

（3）断层带　断层带包括断层破碎带和断层影响带，是指断层面之间的岩石发生错动破坏后形成的破碎部分，以及受断层影响使岩层裂隙发育或产生牵引弯曲的部分。

（4）断盘　断层面两侧的岩体称为断盘。当断层面倾斜时，位于断层面以上的岩体叫上盘位，位于断层面以下的岩体叫下盘。断层面直立时，则按方向可称为东盘、西盘或南盘、北盘。

（5）断距　断层两盘岩体沿断层面相对移动的距离称为断距。断距可分为总断距、铅直断距、水平断距、走向断距、倾向断距等。

（二）断层的基本类型

1. *按断层两盘相对位移分类*

按断层两盘相对位移的情况，可将断层分为正断层、逆断层和平移断层等（见图2-12）。

（1）正断层　由于张应力作用使岩层产生断裂，进而在重力作用下，引起上盘沿断层面相对下降、下盘沿断层面相对上升的断层，称为正断层。断层破碎带较宽时，常为断层角砾或断层泥。

（2）逆断层　逆断层的上盘沿断层面相对上升，下盘沿断层面相对下降，主要是水平挤压作用的结果，所以也称为压性断层。逆断层断裂带较紧密，断层面呈舒缓波状，常出现擦痕。逆断层按断层面倾角的不同又可分为以下3类：

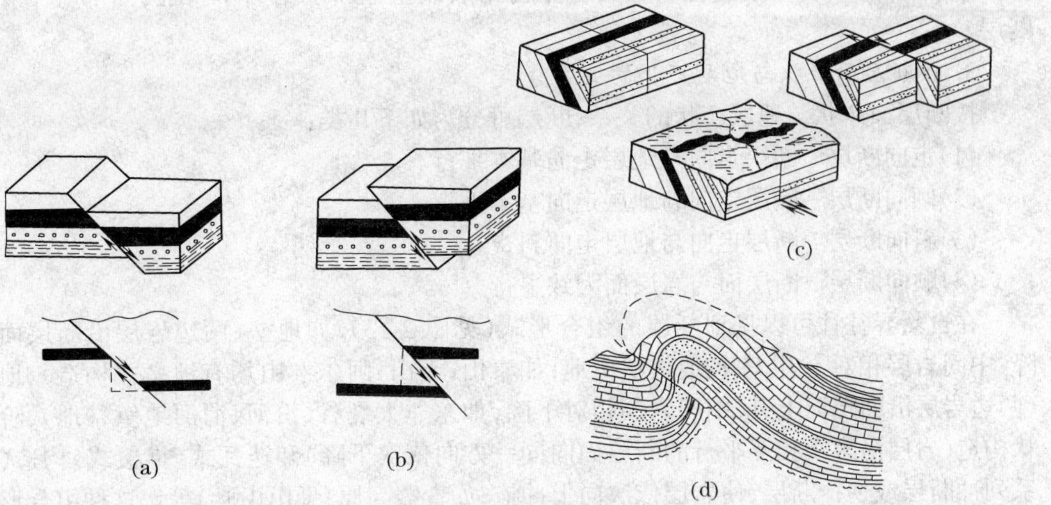

图 2-12　断层的类型

(b)正断层;(b)逆断层;(c)平移断层;(d)逆掩断层

①冲断层　断层面倾角大于 45°的高度角逆断层,称为冲断层。

②逆掩断层　断层面倾角为 25°～45°的逆断层称为逆掩断层。逆掩断层往往是由倒转褶皱发展形成的,它的走向与褶皱轴大致平行,规模一般都较大。

③辗掩断层　断层面倾角小于 25°的逆断层称为辗掩断层。辗掩断层常是区域性的巨型断层,断层中一盘较老地层沿着平缓的断层面推覆在另一盘较新岩层之上,断距可达数公里,破碎带的宽度也可达几十米。

(3)平移断层　两盘沿断层面走向的水平方向发生相对位移的断层称为平移断层。平移断层一般是在剪切应力作用下,沿平面剪切裂隙发育形成的,其断层面较为平直、光滑。根据断层走向与岩层走向的关系,平移断层可分为走向断层(与岩层的走向平行)、倾向断层(与岩层的走向垂直)及斜交断层(与岩层的走向斜交);又根据断层走向与褶皱轴向的关系,平移断层也可分为纵断层(与褶皱轴向一致)、横断层(与褶皱轴向正交)、斜断层(与褶皱轴向斜交)。

2. 按断层的力学性质分类

根据断层的力学性质,可将断层分为如下几类:

(1)压性断层　压性断层由压应力作用形成,其走向垂直于主压应力方向,多呈逆断层形式,断层面为舒缓波状,断裂带宽大,常有断层角砾岩。

(2)张性断层　张性断层在张应力作用下形成,其走向垂直于张应力方向,多呈正断层形式,断层面粗糙,多呈锯齿状。

(3)扭性断层　扭性断层在剪应力作用下形成,与主压应力方向的交角小于 45°,并常成对出现,断层平直光滑,常出现大量擦痕。

(4)压扭性断层　压扭性断层具有压性断层兼扭性断层的力学特征,如部分平移逆断层。

(5)张扭性断层　张扭性断层具有张性断层兼扭性断层的力学特征，如部分平移正断层。

3. 按断层面产状与地层产状的关系分类

按断层面产状与地层产状的关系，断层可分为如下几类：

(1)走向断层　断层走向与地层走向基本平行。

(2)倾向断层　断层走向与地层走向基本垂直。

(3)斜向断层　断层走向与地层走向斜交。

(4)顺向断层　断层面与岩层面大致平行。

在自然界往往可以见到断层的组合形式(见图 2-13)，如地垒(两边岩层沿断层面下降，中间岩层相对上升，多构成块状山地，如泰山、天山、阿尔泰山均有地垒式构造)、地堑(两边岩层沿断层面上升，中间岩层相对下降，如东非大裂谷，汾河、渭河地堑谷地)、阶梯状构造(岩层沿多个相互平行的断层面向同一方向依次下降)和迭瓦式(推覆式)构造(一系列冲断层或逆掩断层，使岩层依次向上冲掩，如青藏高原、天山山脉)等。这种组合形态的断层，在江西庐山一带表现得极为典型，庐山两侧为阶梯状断层，庐山上升为地垒。长江河谷两侧也是阶梯状断层，而长江河谷则是下陷的地堑。

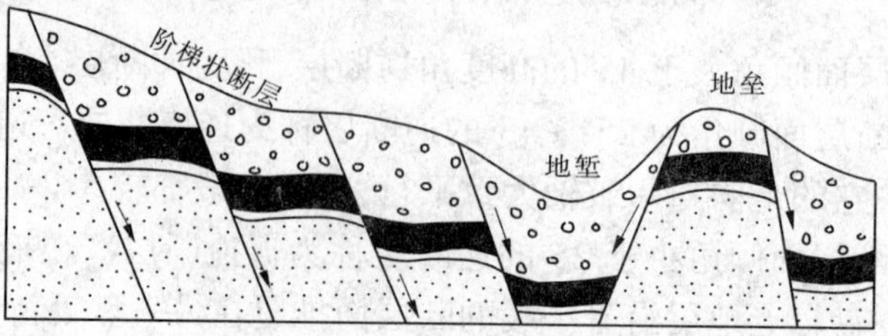

图 2-13　地垒、地堑、阶梯状断层

(三)野外识别断层的方法

断层的形态类型很多，规模大小不一，加之各种地质因素的影响，给在野外判断是否存在断层以及属于什么性质的断层带来一定困难。但由于断层面两侧岩体产生了相对位移，在地表形态和地层构造上反映出一定的特征和规律性，这就给在野外识别断层提供了依据(见图 2-14)。

1. 构造上的特征

构造上的特征主要有擦痕、破碎带、构造上的不连续和牵引褶曲等。

(1)擦痕　断层面上下盘错动摩擦而留下的痕迹，称为断层擦痕。

(2)破碎带　破碎带是指断层两盘岩体相对运动而使断层面附近的岩石破坏成碎石和粉末的部分，其中碎石经胶结成断层角砾岩、糜棱岩，粉末为断层泥。

(3)构造上的不连续　断层常常将岩层、岩墙或岩脉错断，造成构造上的不连续。同时，构造上的不连续会造成岩层产状的突然变化。

(4)牵引褶曲　断层两盘相对位移时，断层面两侧的岩石发生塑性变形，常形成小型牵引褶曲。利用牵引褶曲的方向，可以判断上下盘移动的方向及断层的性质。

2. 岩层的特征

岩层的特征主要有沿走向方向岩层中断、岩层重复和缺失等。

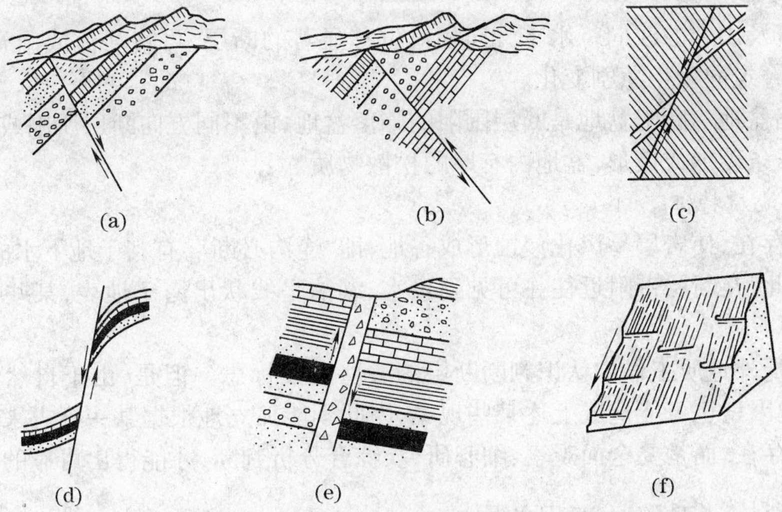

图 2-14　断层现象

(a)岩层重复;(b)岩层缺失;(c)岩脉错断;(d)牵引弯曲;(e)断层角砾;(f)断层擦痕

(1)沿走向方向岩层中断　在单斜岩层地区,沿岩层走向观察,若岩层突然中断,呈交错的不连续状态,则往往是断层的标志。

(2)岩层的重复和缺失　由于断盘的相对位移改变了岩层的正常层序,岩层产生不对称的重复或缺失。必须注意断层所产生的岩层重复是不对称的,岩层缺失不具有侵蚀面,这要与褶皱造成的岩层对称重复以及不整合形成的具有侵蚀面的岩层缺失加以区别。

3. 地形地貌上的特征

地形地貌上的特征主要有断层崖、断层三角面、河流纵坡的突变、河流及山脊的改向等。

(1)断层崖　断层上升盘突露于地表形成的悬崖,称为断层崖。

(2)断层三角面　一些比较平直的断层崖,经过流水的侵蚀作用,形成一系列横穿崖壁的"V"形谷,谷与谷之间的三角面称为断层三角面(见图 2-15)。

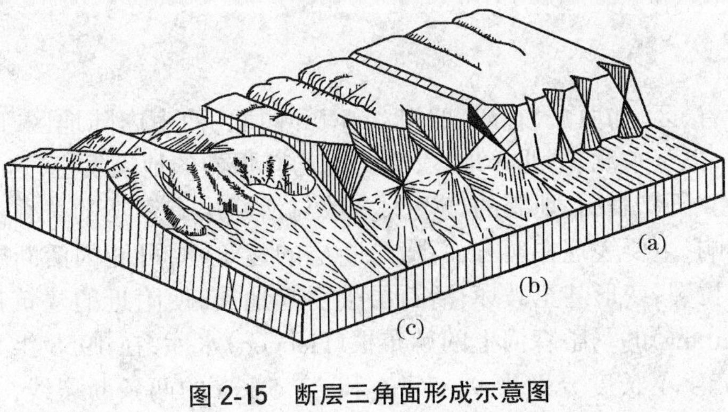

图 2-15　断层三角面形成示意图

(a)断层崖剥蚀成冲沟;(b)冲沟扩大形成三角面;(c)继续侵蚀,三角面消失

(3)河流纵坡的突变　当断层横穿河谷时,可能使河流纵坡发生突变,造成河流纵坡的不连续现象。但河流纵坡的突变不一定都是由于断层形成的,也可能是河床底部岩石

抗侵蚀能力不同所致。

(4)河流及山脊的改向　水平方向相对位移显著的断层,可将河流或山脊错开,使河流流向或山脊走向发生急剧变化。

(5)断陷盆地　断陷盆地是断层围限的陷落盆地,由不同方向断层所围或一边以断层为界,多呈长条菱形或楔形,盆地内有厚的松散物质。

4. 水文地质特征

断层的存在,使岩层易风化侵蚀形成谷地,即"逢沟必断",有利于地下水的富集、埋藏和运动。因此,在断层带附近往往可见到泉水、湖泊呈线状出露于地表,某些喜湿性植物呈带状分布。

以上是野外地质工作中认识判断断层的一些主要标志。但是,由于自然界的事物是复杂的,其他因素也可能造成上述某些现象,因此不能孤立地根据某一标志来进行分析并确定断层的存在,而是要全面观察、细心研究、综合分析判断,才能得出可靠的结论。

三、断裂构造对路桥工程的影响

断裂构造对工程建筑的影响是很大的。断裂构造的存在破坏了岩体的连续完整性,降低了岩石的强度,增大了岩体的透水性,将导致工程建筑物发生不均匀沉陷、滑动和渗漏,影响工程建筑物的安全稳定、经济效益及施工方法等一系列问题,对工程极为不利。因此,在选择工程建筑物地址时,应查清断层的类型、分布,断层面产状,破碎带宽度,充填物的物理力学性质、透水性和溶解性等。另外,沿断层破碎带易形成风化深槽,特别是在断层节理密集交会处,更易风化侵蚀形成很深的囊状风化带。为了防止断裂构造对工程的不利影响,要尽量避开大的断层破碎带和节理密集地段;若确实无法避开,则必须采取有效处理措施。在工程建设中,对断裂构造的处理方法一般有以下几点:

(1)开挖清除　将断层破碎带的松散碎屑物质挖掉,然后回填混凝土或粘土。

(2)灌浆　多采用水泥灌浆,以提高破碎带的强度并降低其渗透性。

(3)做阻滑截渗墙　修筑混凝土或钢筋混凝土墙,将破碎带截断,以提高地基的抗滑能力并降低其渗透性。

四、活断层

我国有许多省、区,如西藏、青海、四川、云南等西北、西南内陆地区,广东、福建、台湾等东南沿海地区,以至东北、华北等地区,历史上均有强烈的地震发生,这会直接影响建筑物的稳定与安全。研究表明,地震的产生大多数与活断层有密切的关系。活断层对工程建筑有较大的影响,主要表现在两方面:横跨断层的建筑物,可能因活断层的水平位移或垂直位移而产生拉裂、变形甚至破坏;活断层会引起地震,使附近的建筑物遭到破坏。如美国蒙太那(Montana)的马蒂森河上的赫布根(Hebgen)水库,在1958年8月西黄石地震时,在库区附近产生了长度分别为9.65 km和22.5 km的两条断裂线,总共有16.1 km的长度发生了很大的垂直错动,最大错距达6.1 m。赫布根水库也在新构造断裂地震的作用下发生了变形,水库南岸突然上升了2.44 m,而另一岸却下沉了数十厘米,水库水位在地震后降低了0.15 m,水库下游9.6 km处还形成了一个巨大的滑坡体,估计塌方量达

5 000 万～8 000 万 m^3，塌方土石在河床中的堆筑高度达 53.4 m。因此，在选择建筑物场地时，应注意避开活断层。

所谓活断层，一般理解为目前还在持续活动的断层，或在历史时期或近期地质时期活动过、极可能在不远的将来重新活动的断层，后一种情况也可称为潜在活断层。10 000 年以来活动过的断层称全新活断层。

(一)活断层的特性

活断层的特性包括活断层的类型和活动方式、活断层的规模、活断层的错动速率及其分级、活断层的重复活动周期，以及作为活断层活动记录的古地震事件等。

1. 活断层的类型和活动方式

按构造应力状态及两盘相对位移，可将活断层划分为地质上熟悉的三种类型，即走向滑动型(平移断层)、逆断层和正断层，其中以走向滑动型最为常见。三类活断层由于几何特征和运动特性不同，对工程场地的影响也不同。

2. 活断层的长度和断距

活断层的长度和断距是表征活断层规模的重要数据。通常用强震导致的地面破裂(地震断层或地表错断)的长度 L 或伴随地震产生的一次突然错断的最大位移 D 表示。一般地震地表错断长度从数百米至数百公里，最大位移自几十厘米至十余米。地震震级愈大，震源愈浅，则地表错断长度就愈大。我国表征震级与错断长度关系的经验公式为

$$M = 1.19\lg L + 5.25 \tag{2-3}$$

或

$$L = 0.56M - 2.25 \tag{2-4}$$

式中 M 为震级。然而，错断长度与震级之间的关系并非如此简单，它还受许多因素的影响，如断裂面的形状、剪切模量、断层性质、大地构造环境等，因此统计分析方法也是一种常用的研究方法。但若采用地震面波震级 M_S 与 $\lg L$(或 $\lg D$)进行相关分析，则能较好地表示出错断长度与震级的关系。另外，分支断裂的错断长度则会随主断层的距离加大而减小。

通过对地表错断的研究，不仅可以了解地震破裂的方式和过程，进而判定地震断层的动力学特征，而且可以了解地震时的地面效应，进而判定地震危险性和震害程度，为在活断层区修建建筑物的抗震设计提供参数依据。

3. 活断层的错动速率和错动周期

错动速率与地震重现周期是地震预报的重要数据。一般活断层错动的速率愈大，则两次错断的时间间隔就愈短。

根据断层速率，日本将断层分为 5 级(见表 2-4)，我国将其分为 5 级(见表 2-5)。

表 2-4　日本活断层分级

级别	错动速率(mm/年)	级别	错动速率(mm/年)
AA	>10	C	0.01～0.1
A	1～10	D	<0.01
B	0.1～1		

活断层的错动速率，一般是通过重复精密测量地形或研究第四纪沉积物年代及其错位量而获得的。重复精密测量地形可以精确地测定活断层不同地段的现今错动速率；而对第四纪沉积物年代及其错位量的研究，则只能确定活断层在最新地质时期内的平均错动速率。活断层的错动速率是不均匀的，临地震前往往加速，地震后又逐渐减缓。

表 2-5　我国活断层分级

活断层分级	A	B	C	D
错动速率(mm/年)	100＞R＞10	10＞R＞1	1＞R＞0.1	R＜0.1
感觉程度	特别强烈	强烈	中等	弱
地震强度(震级)	＞8.0	7~7.9	6~6.9	6 以下

地震断层两次突然错动之间的时间间隔，即为活断层的错动周期。活断层发生大地层错动的重复周期往往长达数百年至数千年，往往会超出地震记录的时间。为此，要加强史前古地震的研究，利用古地震时保存在近代沉积物中的地质证据及地貌记录（地质、地貌分析法），来判定断层错动的次数和年代。古地震事件的地貌证据有走滑型（如冲沟、溪流、阶地、冲积扇和山脊错断）、倾滑型（如断层陡坎、断层三角面、断陷湖）等，此外还有错断第四系、地震崩积楔、地震冲填楔等。

（二）活断层的年龄判据

确定活断层最新一次活动的地质年代和绝对年龄，对工程建设至关重要。

活断层的年龄判据，可以第四纪地质学和地层学研究等为基础，来判定活断层的地质年代或年代范围。此外，还可应用现代测试技术，取样测定绝对年龄。所以，年龄判据方法可分为错断地层年龄法（间接法）和断层物质绝对年龄法（直接法）两大类。

错断地层年龄法适用于错断断层带及其所在地质体上覆盖第四纪沉积物的条件（见图 2-16）。

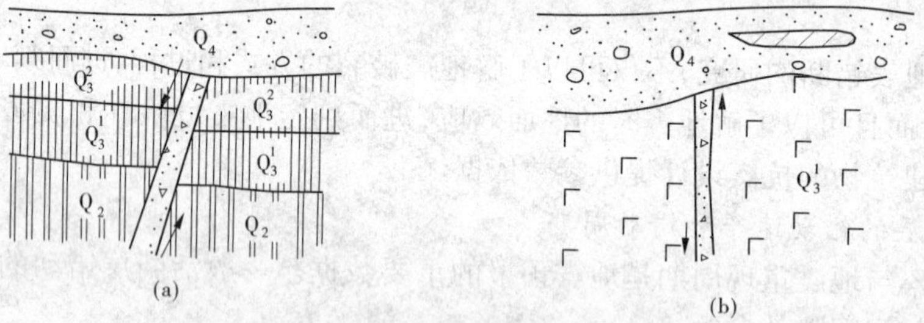

图 2-16　活断层的错断地层年龄判断

断层物质绝对年龄法，即从断层带内采取样品，并用专门仪器测定样品中某些矿物、岩石、化石的物理变化、化学变化和显微结构的变化等，用以确定绝对年龄。目前，有效的方法有^{14}C 法、热释光（TL）法、电子自旋共振（ESR）法、K-Ar 法、铀系法和石英表面显微结构法等。这些方法精度高，结果可靠，但取样有特殊要求。若将上述错断地层年龄法和断层物质绝对年龄法结合起来使用，活断层年龄判据的可信度是很高的。

因此，研究活断层错动速率和重复周期的地质、地貌学方法，总的来说，首先是取得某一断层多次古地震事件错位资料（地震崩积楔、地震充填楔），并获得其年代数据（K-Ar、

^{14}C、TL、ESR),之后据此研究这一断层的平均错动速率及由这一速率得出地震的错位量,再推算下一次地震的重复周期。

(三)活断层的调查与判别

1.活断层的调查

活断层的调查目的是确定断层带的位置、宽度、分支断裂发育情况、错动幅度和变形带宽度以及活断层的活动时间间隔。活断层的调查内容有以下几项:

(1)地质、地貌调查,包括对植被、溪流、山脊错动、微地貌变形、不良地质现象、断层三角面、断陷湖及洼地等的调查。

(2)历史标志,即历史上记录的地震证据和说明。

(3)地震标志,即震中沿一定的断层线分布的状况。

(4)航空摄影,如低阳光角源航空摄影,能增加断层崖、断层三角面等地面起伏的阴影效果;红外摄影,可以了解地下水的分布特征。

(5)大地测量和活断层监测。

(6)断层带研究,如采取开挖措施研究最新沉积物是否被错断及其错动幅度,提取样品做^{14}C、TL、ESR 测试,研究擦痕,研究断层性质及其混入物、充填物(砂脉等)。但应注意区别假象。

2.活断层的判别

判别活断层的主要标志如下:

(1)新生代地层被错断、拉裂或扭动。

(2)地面出现地裂缝,且裂缝呈大面积有规律的分布,其总体延伸方向与地下断裂的方向一致。

(3)地形上发生突然变化,形成断崖、断谷;或河床纵断面发生突然变化,在突变处出现瀑布或湖泊。

(4)古建筑物(如古城堡、庙宇、古坟葬等)被断层错开。

(5)根据仪器观测,沿断层带有新的地形变化或有新的地应力集中现象。

(6)地震活动、火山爆发等。

(四)活断层区规划设计建筑的原则

活断层对建筑物的安全性危害很大,一般不宜在活断层附近选择建筑物场地,特别是重要建筑物场地。当不能避让活断层时,也必须在场地选择、建筑物类型选择、结构设计等方面采取措施,以保证建筑物的安全性。

1.场地选择

选择对抗震有利的地段作为场地。

(1)低级别活断层地带优于高级别活断层地带;活动时期老的活断层地带优于新的活断层地带(尤其是全新世活动地带)。

(2)避开主干断层带,避开有强烈变形的地带以及分支断层发育地带;逆断层和正断层的下盘有利抗震。

(3)避开填土层,避开结构自振周期与土层特征周期相同(或相近)的地带。

(4)避开浅埋大溶洞、地下采空区等地带。

(5)避开有加重震害的突出孤立地形、崩滑斜坡地带。

(6)宜选择基岩或坚硬岩土作为地基持力层。

2. 建筑物类型选择

选择有利于抵抗大变形的建筑物类型，选择有利于抗震的平面设计(方形、矩形、无凹凸等)和立面设计(利用沉降缝分割成规则单元以减轻重量、降低重心)。

第六节　地　震

全球每年大约发生500万次地震，但能感觉到的仅有5万次，约占总次数的1%。其中能造成破坏的约有1 000千次，而7级以上的大地震只有十几次。20世纪初到20世纪80年代中期发生的地震为8级以上9次，7级以上80多次(平均每年1次)，5级以上1 200多次。我国地处欧亚、太平洋及印度洋三大板块交会地带，新构造运动活跃，地震多分布在大陆与大洋板块接触处以及大陆地壳内部不稳定的断裂破碎地带。地震多发区和强震出现概率较高的地区主要有：东南部的台湾以及福建沿海地区；华北太行山沿线和京、津、唐地区；西南青藏高原和与之接近的四川、云南两省西部地区；新疆、甘肃和宁夏等省及自治区。据历史统计，世界最早关于地震的文字记载为夏朝《竹书纪年》(距今3 800多年)。东汉张衡地动仪于公元138年在洛阳监测到陇西大地震。1556年陕西华县8级地震，据明史记载，地震发生时，山崩地裂，河流改道，房屋倒塌，死亡80多万人。1976年7月28日唐山7.8级地震，24万人丧生。据资料记载，我国最大地震震级为8.5级，山东、西藏、宁夏各发生一次；美国阿拉斯加西海岸曾发生9.2级地震；1960年5月22日智利发生8.9级大地震。有记载以来，我国已发生破坏性地震1 009次。而自20世纪以来，我国已发生6级以上破坏性地震650多次，其中7～7.9级地震98次，8级以上地震9次。1949年以来发生7级及以上地震49次，死亡28万人，倒塌房屋700余万间，平均每年经济损失约16亿元。现在全国地震基本烈度7度以上地区占国土总面积的32.5%，有46%的城市和许多重大工业设施、矿区、水利工程位于地震严重危害的地区。另外，水库蓄水、深井注水与抽水、采矿和石油开发、地下核爆炸等能诱发地震。

一、地震的概念

地震是指地表岩层中因弹性波的传播所引起的震动，俗称地动。它来自地球内部应力不断调整、平衡的作用过程。而地震灾害是地震作用于人类社会而产生的一种社会事件。

地震是地壳内部由于地质构造运动、火山活动及喀斯特塌陷等引起的一种波动，其中构造地震占全世界地震次数的比例最大，达90%以上，在我国也是如此。地震也可以是人为活动引起的，如地下核爆炸、爆破工程、机车运行、水库诱发地震。

二、地震波

地壳可视为一个弹性体，地震发生时，震源释放的能量以弹性波的形式向四处传播，这种弹性波就是地震波。地震波在地壳内部传播时称为体积波，简称体波，包括纵波(P波)和横波(S波)；到地表后的传播称为表面波，简称面波，包括瑞利波(R波)、勒夫波(Q

波)。分别如图 2-17 和图 2-18 所示。

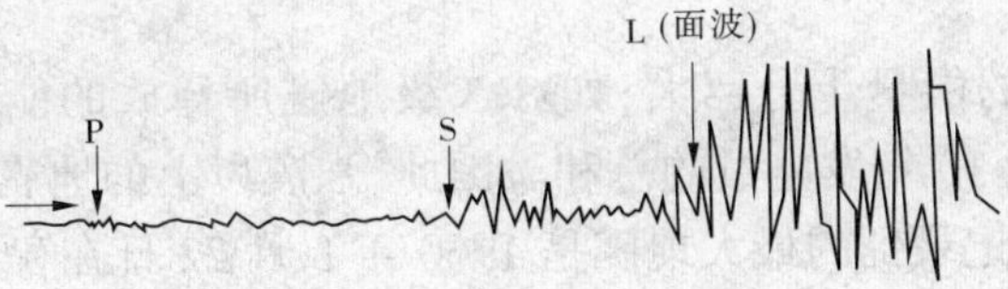

图 2-17　地震波记录图

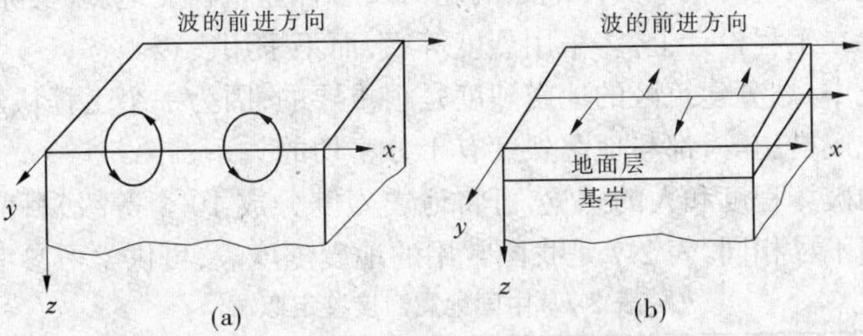

图 2-18　面波质点振动示意图

(a)瑞利波;(b)勒夫波

P 波的质点振动方向与传播方向一致,速度为 5～6 km/s;S 波的振动方向与波的传播方向垂直,速度为 3～4 km/s;面波具有 R 波和 Q 波两种波的性质,到地面后传播速度一般小于 3 km/s。

地震波传播是按序列进行的,即在一定的时间内,发生在同一地质构造带上或震源体上的地震,在同一个地震序列中,地震释放能量最大的称为主震,在主震前,有时会发生前震,在主震发生后,仍继续发生的较小的地震,称为余震。当然,也有地震是一次性的孤立地震,其前震和余震都很小。

三、地震的震级和烈度

(一)震级

震级(M)是指地震发生时,震源释放的能量大小。震级的大小可用地震仪测出。通过整理历史地震资料,美国地震学家里克特(F.Richter)于 1935 年提出里氏震级分类表(见表 2-6)。

表 2-6　震级 M 和震源发出的总能量 E 之间的关系

震级	能量(J)	震级	能量(J)
1	2.0×10^{5}	6	6.3×10^{18}
2	6.3×10^{7}	7	2.0×10^{15}
3	2.0×10^{9}	8	6.3×10^{16}
4	6.3×10^{10}	9	3.55×10^{17}
5	2.0×10^{12}	10	3.4×10^{18}

震级 M 和震源发出的总能量 E 之间的关系为

$$\lg E = 11.8 + 1.5M \tag{2-5}$$

其中：$M<1$，称超微震；$M=1\sim3$，称微震；$M=3\sim5$，称弱震；$M=5\sim7$，称强震；$M>7$，称大震。

一次地震所释放的能量十分巨大，如 8.5 级地震所释放的能量大约相当于 100 万 kW 的大型发电站连续 10 年发电量的总和。因此，强震以上的地震破坏力是巨大的。

迄今为止，世界上记录到的最大地震是 1960 年 5 月 22 日在智利发生的 8.9 级地震。

(二)烈度

烈度是指地震发生时一个具体地点的地面及各种建筑物受地震(实际震动)影响的破坏(强弱)程度。在工程设计上，多采用烈度等级，而不采用震级。

在工程建设中，划分建筑区的地震烈度是很重要的，因为一个工程从建筑场地的选择到工程建筑的抗震措施等，都与地震烈度有十分密切的关系。

根据地震的破坏程度和人的感觉，可将地震烈度分成 10 个等级，目前世界各国的地震烈度分类方法不尽相同，表 2-7 是我国常用的地震烈度表，可供学习参考。

表 2-7 中国地震烈度鉴定标准

烈度	名称	加速度 a(cm/s²)	地震系数 K_c	地震情况
1	无感震	<0.25	<1/4 000	人不能感觉，只有仪器可能记录到
2	微震	0.26~0.5	1/4 000~1/2 000	少数在休息中极宁静的人能感觉，住在楼上者更容易感觉
3	轻震	0.6~1.0	1/2 000~1/1 000	少数人感觉地动(像有轻车从旁边过)，但不能即刻断定是地震；震动来源方向或持续时间有时约略可定
4	弱震	1.1~2.5	1/1 000~1/400	少数在室外的人和绝大多数在室内的人都有感觉，家具等有些摇动，盘、碗和窗户玻璃震动有声，屋梁、天花板等咯咯作响，缸里的水或敞开器皿中的液体有些荡漾；个别情形会惊醒睡觉的人
5	次强震	2.6~5.0	1/400~1/200	差不多人人有感觉，树木摇晃，如有风吹动，房屋及室内物件全部震动，并咯咯作响，悬吊物如帘子、电灯等来回摆动，挂钟停摆或乱打，盛满器皿中的水溅出，窗户玻璃出现裂纹，睡觉的人惊逃户外
6	强震	5.1~10.0	1/200~1/100	人人感觉，大部分惊骇跑到户外，缸里的水剧烈荡漾，墙上挂图、架上书籍掉落，碗碟器皿打碎，家具移动位置或翻倒，墙上灰泥发生裂缝，坚固的庙堂房屋亦不免有些地方掉落一些泥灰，不坚固的房屋有相当的损伤，但较轻
7	损害震	10.1~25.0	1/100~1/40	室内陈设物品及家具损伤甚大，庙里的风铃丁当作响，池塘里腾起波浪并翻起浊泥，河岸砂碛处有崩塌，井、泉水位有改变，房屋有裂缝，灰泥及塑雕装饰大量脱落，烟囱破裂，骨架建筑的隔墙亦有损伤，不坚固的房屋严重损坏

续表 2-7

烈度	名称	加速度 a(cm/s^2)	地震系数 K_c	地震情况
8	破坏震	25.1～50.0	1/40～1/20	树木发生摇摆,有时断折,重的家具物件移动很远或抛翻,纪念碑从座下扭转或倒下,较坚固的房屋如庙宇也被损害,墙壁出现裂缝或部分裂坏,骨架建筑隔墙倾脱,塔或工厂烟囱倒塌,特别坚固的烟囱顶部亦遭损坏,陡坡或潮湿的地方发生小裂缝,有些地方涌出泥水
9	毁坏震	50.1～100.0	1/20～1/10	坚固建筑物如庙宇等损坏颇重;一般砖砌房屋严重破坏,且有相当数量倒塌,不能再住人,骨架建筑根基移动,骨架歪斜,地上裂缝颇多
10	大毁坏震	100.1～250.0	1/10～1/4	大的庙宇、大的砖墙及骨架建筑连基础遭受破坏;坚固砖墙发生危险的裂缝;河堤、坝、桥梁、城垣均严重损伤,个别甚至被破坏;钢轨亦挠曲;地下输送管道破坏;街道及沥青路面起了裂缝与皱纹;松散软湿之地开裂有相当宽而深的长沟,且有局部崩滑;崖顶岩石有部分剥落;水边惊涛拍岸

在工程勘察、设计中,经常采用的地震烈度有基本烈度和设计烈度两种。此外,还要考虑场地因素对地震烈度的影响。

1. 基本烈度

地震基本烈度是指一个地区一定时期内,在一定地点的一般场地条件下可能普遍遭遇到的最大地震烈度。基本烈度所指的地区并非是一个具体的工程建筑物地段,而是指一个较大范围的地区,因此基本烈度也叫区域烈度。一般场地条件是指在上述地区范围内普遍分布的地层岩性条件及一般的地形、地貌、地质构造和地下水条件等。基本烈度主要根据对该地区的实地地震调查、历史记载、仪器记录并结合地质构造情况综合分析研究而得出。

基本烈度的鉴定,一般是对一个大区甚至在全国范围内普遍进行评定,得到大区的或全国的地震基本烈度区划图,作为工程抗震标准。国家地震局 1977 年编制出版了1/3 000 000的《中国地震烈度区域划分图》。其方法是首先在地震区域、地震带在未来100 年内可能发生的各级地震的地点、地段,勾画出各级地震活动危险区,其后,根据地震活动危险区以及我国历史地震的震级与震中烈度的经验关系,将各级地震危险区核算为相应的震中烈度、地震影响烈度及其分布范围,最后编制地震烈度区划图。目前地震区划多采用概率模型。此外,不少省(区)也编制了比例尺更大的地震烈度区划图。一些大型重点工程,如大型公路、铁路干线等,根据工程部门的要求,应结合具体工程建筑区进行专门的研究、鉴定,作出较精确的地震烈度区划,以供选择地址和设计时参考。

2. 设计烈度

根据建筑物的重要性,针对不同建筑物将基本烈度予以调整,作为抗震设防的依据,这种烈度叫设计烈度,也叫计算烈度或设防烈度。永久性的重要建筑物需提高基本烈度作为设计烈度,并尽可能避免设在高烈度区,以确保工程安全。临时性建筑和次要建筑物可比永久性建筑物或重要建筑物低1~2度。一般设计烈度由设计部门自己提出,我国已颁布的《抗震设计规范》(JTJ004—89)可供参考。根据我国经验,7、8、9度区要设防。

3. 场地因素对地震烈度的影响

在同一个基本烈度地区,由于建筑场地的地质地貌条件不同,往往在同一次地震中,地震烈度并不相同。因此,在工程建筑设计中确定地震的影响时,应该考虑场地因素对烈度的影响。

考虑场地因素对烈度的影响,一般是以场地区域范围内的岩石性质、地形、地貌、水文地质条件、地质构造等作为主要依据,对基本烈度作适当的提高或降低。岩石地基较安全时,烈度应比一般工程地基降低0.5~1度;淤泥类土、饱水粉细砂较基岩烈度高2~3度;基岩区地形对烈度影响不大,非岩质区地形中的陡坡、小山包、冲沟等,都会加重地震影响,但不能作为调整烈度的依据,只能作为场地选择的参考;地下水接近地表时烈度可提高0.5度;地质构造条件中,发震断裂的烈度较基本烈度高2~3度,其他断层对烈度影响较小。发震断裂是指地震发生时,能产生破裂或集中释放能量的活动性断裂构造。场地烈度一般由负责勘察的地质部门,结合当地地质条件及基本烈度,并考虑工程结构特性而提出。

目前有不少人认为,地质条件对工程建筑的影响不能用简单的烈度调整来加以概括,因它抹煞了工程结构特性的影响,忽视了不同的建筑结构在不同地基上有不同的反应等因素。比较合理的做法是尽量弄清这些因素的影响,并从工程场地的选择、结构措施和地基处理等方面加以综合考虑。在工程建设中,考虑地质条件的影响,对地震烈度应作如下几点考虑:

(1)基本烈度为6度或6度以上地区的粉细砂或淤泥质软土等地基,应考虑震动液化、不均匀沉降和地基强度降低等地基失稳的可能性,并应采取相应的抗震措施。

(2)在基本烈度为7度或7度以上地区布置建筑物时,应尽量避开发震断裂或现代活动性断裂。

(3)在基本烈度为7度或7度以上地区,对地震时易引起滑坡、坍滑的斜坡地段,建筑物应尽量避开或采取相应的防治措施。

四、地震烈度与震源、震中、震级的关系

震源是指地球深处因岩石破裂引起地壳震动的发源地(见图2-19)。震源在地面的垂直投影称震中。震中至震源的距离称震源深度。按震源深度将地震分为浅源地震(0~70 km)、中源地震(70~300 km)和深源地震(300~700 km)。

地震烈度的大小不仅与震级的大小有关,而且与震源深度、震中距以及地质体的条件等因素有关。对某一次地震来说,震级是固定的,但不同地区的破坏烈度可以不同。这是因为,地震发生后,地震波传播从震源向外扩散,一般首先到达最近点震中(强震时破坏最严重的地区称极震区),然后沿地表向外扩散,震中距加大,烈度逐渐减小。因此,可通过宏观调查,把烈度基本相同的地点连接成封闭曲线,又称等震线(见图2-20)。

图 2-19　地震名词解释示意图

1—震源;2—震中;3—震源深度;4—震中距;5—等震线

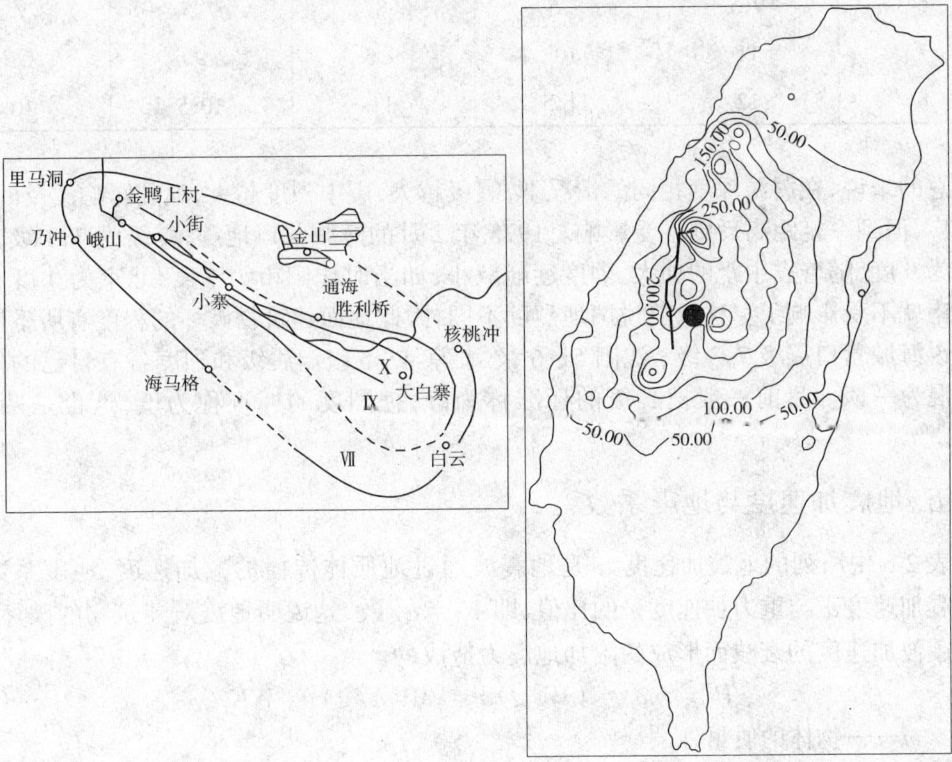

图 2-20　1970 年通海地震等震线图和台湾 UD 分量 PGA 等震线图

相同震级的地震,震源浅的比震源深的对地表的破坏性大。深源地震往往震级很大,波及范围很广,但地表烈度往往较小。震中距相同的地方,由于地质条件的不同,地表的破坏程度也有差别。如在断层带以及松散沉积层地区,烈度相对较大;而在地质基础坚实、地下水埋深较大的地区,烈度相对较小,在这种地区还可形成烈度异常区。通常把高烈度区中的小片低烈度区称为安全岛。例如,1976 年 7 月 28 日的唐山地震,震级 7.8 级,震中烈度 11 度,但距唐山仅几十公里的玉田、丰润一带破坏很轻微,烈度仅有 6 度(其周围都是 7 度区),这是因为该地区是花岗岩侵入体分布区,地层岩性坚硬完整,因此地震破坏较小。此外,地震烈度与建筑物的结构设计及建筑质量有关。如唐山地震时,某工厂有一座 3 层楼房,处于 10 度烈度区,但由于建筑物地基牢固、设计好、施工质量高,在周围建筑物普遍倒塌的情况下仍然保存完好,无大损坏。可见,地基与建筑质量的好坏,也是重灾区中有轻灾、轻灾区中有重灾的重要原因。因此,地震烈度的大小除取决于自然的地质因素外,还有人为的建筑因素,二者必须全面统一考虑。

在一般情况下,震级、烈度与震源深度的关系如表 2-8 所示。

表 2-8　震中烈度与震级、震源深度对应关系

震级	震源深度(km)				
	5	10	15	20	25
5	8	7	6.5	6	5.5
6	9.5	8.5	8	7.5	7
7	11	10	9.5	9	8.5
8	12	11.5	11	10.5	10

总的来说,在震源深度相同的情况下,震级越大,震中烈度越大,地震影响波及的范围也越广,但到一定距离后则不受影响。1975 年 2 月的海城营口地震,震级为 7.3 级,震中烈度为 9 度,随着震中距的加大,烈度逐渐减小,如当时沈阳市为 7 度,北京为 4 度,而长江以南就不受影响了。这只能说两地烈度不同,因此地面建筑物破坏的程度有所不同,而不能说海城营口震级 7.3 级、沈阳 5~6 级、北京 4~5 级。震级和烈度各有自己的标准,不能混为一谈。目前一般把震级的标准称为级,把烈度的标准称为度,这也是两者的区别。

五、地震加速度与地震系数

表 2-6 中所列的地震加速度 a 是地震波通过地质体传播的减加速度,地震系数 K_c 是地震加速度 a 与重力加速度 g 的比值,即 $K_c = a/g$。这说明地震对建筑物的破坏是通过地震波加速度的衰减而形成的附加地震力造成的。

$$P = ma = (W/g)a = W(a/g) = WK_c \tag{2-6}$$

式中　m——物体的质量,kg;

W——物体的重力,kN;

a——地震加速度,m/s^2;

g——重力加速度,m/s^2;

K_c——地震系数。

从表2-6可以看出，在烈度为7～9度时，地震系数为 $K_c=0.01\sim0.1$，对建筑物来说，应考虑增加1%～10%的附加抗震力才能保证建筑物的安全。

在工程设计中，应特别重视水平加速度的大小和方向，因为路桥建筑物多承受水平方向的力；在地震时，因为地震力是惯性力，而它是由与地震波传播方向相反的衰减加速度产生的。

地震波在不同的地质体内传播的速度和加速度也是不同的，在岩基中比在土基中的传播速度要快得多而加速度要小得多。因为地震加速度是一个负值，即衰减加速度，所以地震时土基比岩基的破坏烈度更大一些。同理，山区地震烈度，因基岩出露较多，所以地震烈度相对平原地区为小。但是，在山区的某些地带，如断层及其破碎带、软弱岩、风化岩以及滑坡、崩塌、泥石流、喀斯特发育地带，地震烈度可能相对加大，造成的破坏可能更为严重。所以，要具体分析，不能一概而论。

另外，在分析地震波的波谱时，应注意其卓越周期是否会与建筑物的自振周期产生共振，如有共振现象则应设法避免。

应该指出的是，我们研究地震，除了考虑对建筑物进行相应的抗震设计外，从地质角度说，更重要的是选择地址时，根据地震的发生规律和影响因素，尽量避开强震区或在同一基本烈度的地区选择其中相对比较稳定的地区。水利工程地质工作中的区域稳定分析就是主要进行这方面的工作。

六、地震分布

(一)世界范围内的主要地震带及其大地构造环境

地震并非均匀分布在地球各部分，而是集中于某些特定的地带，称为地震带。世界范围的地震带主要集中在以下三个地带：

(1)环太平洋地震带，沿太平洋板块边界上的岛弧—海沟带分布。全球80%的浅源地震、90%的中源地震以及几乎全部的深源地震都发生在这一地震带。

(2)喜马拉雅—地中海地震带(又称阿尔卑斯—喜马拉雅—印尼地震带)，沿欧亚、非洲、印度洋板块接合带分布。在这一地震带发生的地震以浅源地震为主。

(3)大洋中脊和大陆裂谷地震带，发生的地震以浅源地震为主，且数量少、震级小于6级。

上述三大地震带均处于板块构造的边缘。另外，由于地幔物质的对流，运载着深浮其上的刚性板块，因而造成了板块增生带、板块消减带和转换断层三个发震构造带。

(1)板块增生带　地幔软流图圈在海岭两侧作相反方向流动，使海岭中轴承受拉应力，产生正断层而发生地震。

(2)转换断层　在海岭间形似走滑断层，在转换断层上常发生走滑断层地震。

(3)板块消减带　两大板块相接触，产生两种运动方式即俯冲和碰撞。

例如，太平洋板块向欧亚板块下俯冲时，在洋壳一侧产生正断型地震，在陆壳一侧产生逆断型地震，其中洋壳可俯冲至720 km深度而形成深源地震；印度板块与欧亚板块发生碰撞时，欧亚板块以低角度仰冲起覆于印度板块之上，形成喜马拉雅山强烈隆起并伴随地震，地震以低角度逆断型地震为主。

(二)我国地震的基本特征

我国除台湾东部、西藏南部和吉林东部发生深源地震外,其余地区的地震均属大陆板块内部地震,即位于板内活动断层带及其附近,以浅源为主,震级有大有小。

我国强震空间分布及地震带划分以东经105°为界,西部地震广泛分布,东部地震相对稀少且震级均未达到8级。在上述两地震区域内强震分布也是极不均匀的,东部分布于华北及东南沿海一带,而西部分布面积大,但塔里木盆地、准噶尔盆地和鄂尔多斯盆地等地震分布较为零星。

有的研究者根据地震活动的强度和频率大致将地震区域分为三种情况:

(1)地震活动强烈地区,有台湾、西藏、四川和云南两省西部、新疆、甘肃、青海、宁夏,发生地震次数占地震总数的80%。

(2)地震活动中等地区,有河北、陕西关中、山西、山东、辽宁南部、延吉、安徽中部、福建、广西、广东沿海地区,发生地震震级可达7~8级,发生频率为15%。

(3)地震活动较弱地区,有江苏、浙江、江西、湖南、湖北、河南、贵州、四川东部、黑龙江、吉林、内蒙古的大部分地区,发生地震震级在6级左右。

从西部看,地震以喜马拉雅南缘、青藏高原南部最强,向北减弱,但天山南北地震有所增强。地震发震深度西部为40~70 km,东部为20 km,东南沿海仅为10 km。

第七节 地质图

用规定的符号、线条和色彩来反映一个地区的各种地质现象、地质条件和地质发展历史的图样,叫做地质图。它是依据野外探明和收集的各种地质勘测资料,并按一定比例投影在地形底图上编制而成的,是地质勘察工作的主要成果之一。地质图的基本内容一般通过统一规定的图例符号来表示。工程建设中的规划、设计和施工阶段,都需要以地质勘测资料为依据,而地质图是可直接利用和使用方便的主要图表资料。因此,初步学会编制、分析、阅读地质图的基本方法是很重要的。

一、地质图的基本内容和规格

(一)地质图的种类

地质图的种类繁多,但由于在经济建设中应用目的的不同,其内容也各有侧重。在工程建设中,常用的地质图有以下几种:

(1)普通地质图　以一定比例尺的地形图为底图,反映一个地区的地形、地层岩性、地质构造、地壳运动及地质发展历史的基本图样,称为普通地质图。在普通地质图上,除了编绘一个地区地表出露的不同地质年代的地层分界线和主要地质构造的构造线外,还附有一两个地质剖面图和综合地层柱状图。普通地质图是编绘其他专门性地质图的基本图样。

(2)地貌及第四纪地质图　以一定比例尺的地形图为底图,主要反映一个地区的第四纪沉积层的成因类型、岩性及其形成年代、地貌单元的类型和形态特征的一种专门性地质图(用来表示某一项地质条件或服务于某一专门的国民经济项目的地质图称专门性地质图，如专门表示地下水条件的水文地质图、服务于各种工程建设的工程地质图），称为地貌及第四纪地质图。在建筑物地区的河流两岸及河谷地段，测绘编制地貌及第四纪地质图是必要的。

(3)工程地质图　工程地质图是根据工程地质条件而编制且在相应比例尺的地形图上表示各种工程地质勘察工作成果的图件。

(4)天然建筑材料图　反映天然建筑材料的产地、分布与储量的图样称为天然建筑材料图。

(5)地质剖面图及地层柱状图　地质剖面图及地层柱状图是指在平面地质图的基础上，为了更清楚地反映一个地区地表以下一定深度内的各种地质现象而编制的垂直方向的地质图样。它们常与平面地质图配合使用，路桥工程建设需要的图样有建筑物工程地质剖面图、综合地层柱状图、钻孔柱状图等。

(二)地质图的基本内容和规格

如前所述，地质图是根据工作阶段和应用目的选用一定的比例尺且将地表出露的各种地质现象测绘在拟选的相等或大于地质图比例尺的地形底图上编制而成的。因此，一幅完整的符合标准的地质图，应包括以下基本内容。

(1)平面地质图　平面地质图是地质图的主体部分，包括如下几点内容：

①地理概况，包括图区所在的地理位置（经纬度、坐标线）、主要居民点位置（城镇、乡村所在地）、地形地貌的特征等。

②一般地质现象，包括各种不同地质年代的地层种类、岩性、产状、分布规律及地层界线、各种地质构造类型等。

③特殊的地质现象，包括崩塌、滑坡、泥石流、喀斯特、泉和重要的蚀变现象等。

(2)地质剖面图　在平面地质图上，选择一至数条有代表性方向的图切剖面，以表示岩层、褶皱、断层的空间形态及产状和地貌特征。

(3)综合地层柱状图　综合地层柱状图主要表示平面图区内的地层层序、厚度、岩性变化及接触关系。

(4)图例　图例主要说明地质图中所用线条符号和颜色的含义，按沉积地层层序、岩浆岩、地质构造及其他地质现象顺序排列。

(5)比例尺　比例尺的大小反映了图的精度。比例尺越大，图的精度越高，对地质条件的反映也越详细、越准确。一般地质图比例尺的大小是由工程的类型、规模，设计阶段和地质条件的复杂程度确定的。按工作的详细程度或工作阶段的不同，地质图可分为大比例尺(1∶25 000～1∶1 000)地质图、中比例尺(1∶100 000～1∶50 000)地质图、小比例尺(1∶100 000～1∶1 000 000)地质图。工程建设地区的地质图一般是大比例尺地质图。

(6)责任栏　责任栏说明地质图的编制单位、编审人员、成图日期等。

二、地质现象及地质条件在地质图上的表示方法

地质图所反映的地质内容如地层岩性、岩层产状、岩层接触关系、褶皱、断层及其他地质现象等，是通过不同的线条符号和色彩表示在一幅相应比例尺的地形底图上的。现将主要的几种地质条件在图上的表示方法简述如下。

(一)地层岩性的表示方法

地层岩性在地质图上是通过地层分界线、地层年代代号、岩性符号和颜色配合图例说明来表示的。但地层分界线在地质图上可能呈现各种形状,归纳起来有以下几种。

1. 第四纪松散沉积层和基岩的分界线

这种分界线形状较不规则,但有一定规律,大多位于河谷斜坡、盆地边缘、平原与山区交界处,大致沿着山麓等高线延伸在冲沟发育、厚度较大的松散沉积层分布地区,基岩则常在冲沟的底部出露。

2. 岩浆岩侵入体的分界线

这种分界线形状最不规则,也无规律可循,必须根据情况进行实地测绘。

3. 层状岩层的分界线

这种分界线在地质图上出现最多,其规律性较强,形状主要取决于岩层的产状与地形之间的关系。有以下三种情况:

(1)水平岩层　水平岩层的地层界线与地形等高线平行或重合,呈封闭的曲线,如图 2-21 所示。

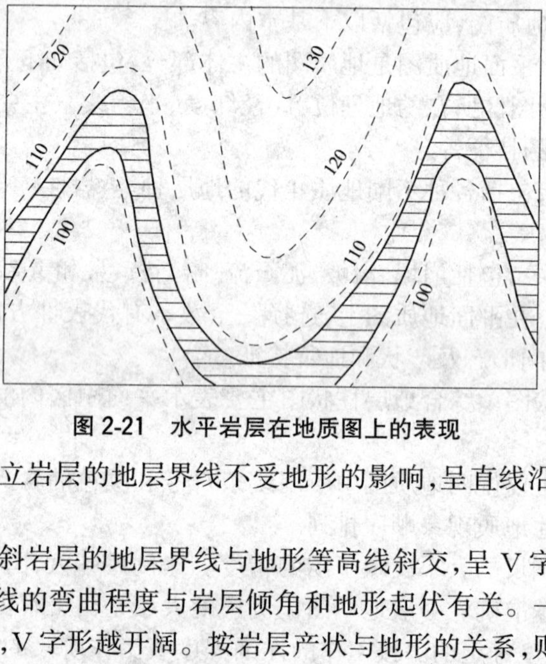

图 2-21　水平岩层在地质图上的表现

(2)直立岩层　直立岩层的地层界线不受地形的影响,呈直线沿岩层的走向延伸,并与地形等高线直交。

(3)倾斜岩层　倾斜岩层的地层界线与地形等高线斜交,呈 V 字形弯曲的曲线状,如图 2-22 所示。地层界线的弯曲程度与岩层倾角和地形起伏有关。一般岩层倾角越小,V 字形越紧闭;倾角越大,V 字形越开阔。按岩层产状与地形的关系,则有以下几条规律,称为 V 字形法则。

①当岩层倾向与地形坡向相反时,地层界线的弯曲方向(即 V 字形的尖端,下同)和地形等高线的弯曲方向相同,但地层界线的弯曲度比地形等高线的弯曲度小(见图 2-22(a))。

②岩层倾向与地形坡向相同且岩层倾角大于地面坡度时,地层分界线的弯曲方向和地形等高线的弯曲方向相反(见图 2-22(b))。

③岩层倾向与地形坡向相同而岩层倾角小于地面坡度时,地层分界线的弯曲方向和地形等高线的弯曲方向相同,但地层界线的弯曲度比地形等高线的弯曲度大(见图 2-22(c))。

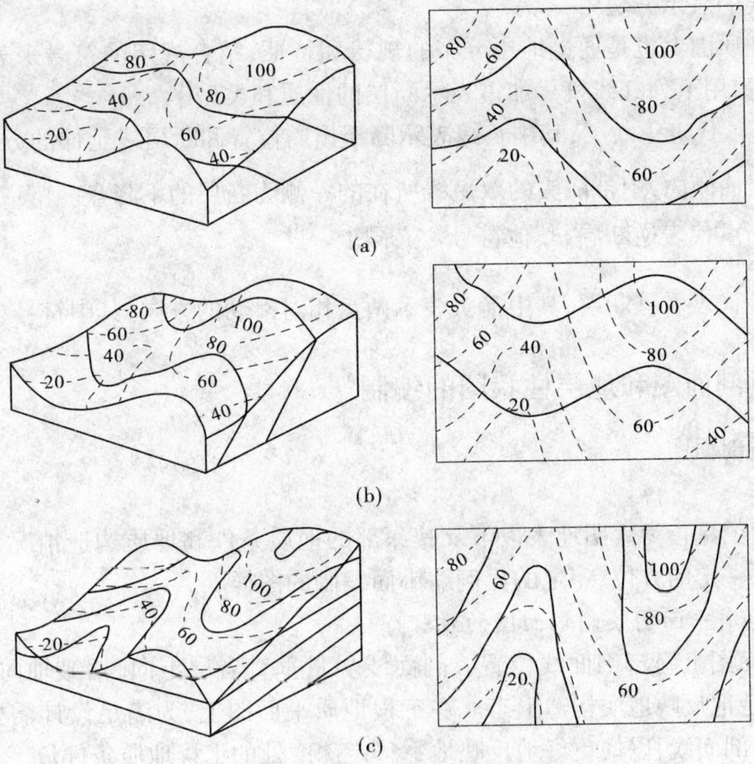

图 2-22 倾斜岩层在地质图上的表现

(二)岩层产状的表示方法

地质图常用下列符号表示岩层产状:“⊥”表示水平岩层;“↓”表示直立岩层,其中箭头指向新岩层;“⊤”表示倾斜岩层;“⌣”表示倒转岩层。

(三)岩层接触关系的表示方法及特征

1. 整合接触

在地质图上整合接触表现为两套地层的界线大体平行,较新地层只与一个较老地层相邻接触,而且地层年代连续,用实线“——”表示。

2. 平行不整合接触

在地质图上平行不整合接触表现为两套地层的界线大体平行,较新地层也只与一个较老地层相邻接触,但地层年代不连续,用虚线“— — —”表示。

3. 角度不整合接触

在地质图上角度不整合接触表现为两套地层的界线不平行且呈角度交截,一种较新地层同多种较老地层相邻接触,产状不同,地层年代不连续,用波浪线“~~~”表示。

褶皱在地质图上主要通过地层的分布规律、年代新老关系和岩层产状综合表示出来。为了突出褶皱轴部的位置及褶皱的形态类型,常在褶皱核部地层的中央用下列符号加重表示:“—↕—”表示背斜;“—⨯—”表示向斜。

(四)断层的表示方法

断层在地质图上也是通过地层分布的规律和特征,结合规定的符号来表示的。在断层出露的位置,用下列红线符号加重表示断层的性质和类型。

“”代表正断层,其中长线表示断层出露位置和断层线延伸的方向,带箭头的短线表示断层面倾向,不带箭头的双短线所在的一侧为断层的下降盘。

“”代表逆断层,其他符号含义同上。

“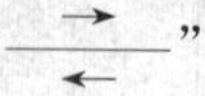”代表平移断层,其中箭头表示两盘相对滑动的方向,其中符号含义同上。

三、地质剖面图和地层柱状图的编制

(一)地质剖面图

1. 概念

地质剖面图是指为表明地表以下及其深部的地质条件和地质构造情况,常用统一规定的符号且按一定的方位、一定的比例缩小而编制的图样。

2. 根据地质平面图绘制剖面图的步骤

(1)在平面图上确定剖面线位置。剖面线尽量垂直岩层走向、褶皱轴向和断层线方向,以便更清楚地反映地质构造形态。在工程地质平面图上,为满足设计需要,常沿建筑物的轴线布置剖面线,以便更好地反映地下一定深度处的工程地质条件。

(2)根据剖面线长度和所通过处的地形,按比例画地形剖面线。剖面图的水平比例尺及垂直比例尺与平面图比例尺要尽量一致,当平面图比例尺太小或地形平缓时,垂直比例尺可适当放大,但剖面图中所用的岩层倾角必须进行换算,而且所反映的构造形态将有一定程度的失真。

(3)将地层界线、断层线等投影在地形剖面线上,并根据岩层的倾向、倾角和断层的倾向、倾角等画上岩性及断层的符号,标注地层年代的代号。

(4)标示剖面线两端方位,写上图名、图例和比例尺等。

(二)综合地层柱状图

综合地层柱状图是将平面图区内出露的各种地层岩性、厚度、接触关系、沉积顺序、岩浆活动等内容,按一定比例、自上而下、由新到老的顺序反映在柱状表格上的地质图样。图中不反映褶皱和断裂构造。对于厚度太小按比例无法表示出来,但对工程却有重要意义的岩层,如软弱夹层、夹泥层、煤层等,可适当放大比例尺或用特定符号加重表示。为工程利用的综合地层柱状图,除一般的描述外,应着重描述岩石的工程地质性质。综合地层柱状图对了解一个地区的地层特征和地质发展史等很有帮助,因此常将它和地质平面图及剖面图放在一起,相互对照补充,共同说明一个地区的地质条件。

四、地质图的阅读分析

掌握了上述地质图的基本知识后,即可进行地质图的阅读和分析,了解工程建筑地区的区域地层岩性分布和地质构造特征,分析其有利与不利的地质条件,这对建筑物的建设设计具有很重要的实际意义。

(一)阅读地质图的方法步骤

(1)先看图和比例尺,以了解地质图所表示的内容、图幅的位置、地点范围及其精度。如当图中比例尺是1:5 000时,图上1 cm相当于实地距离50 m。

(2)阅读图例,了解图中有哪些地质时代的岩层及岩层的新老关系,并熟悉图例的颜色及符号;在附有地层柱状图时,可与图例配合阅读,综合地层柱状图较完整、清楚地表示地层的新老次序、分布程度、岩性特征及接触关系。

(3)分析地形地貌,了解本区的地形起伏、相对高差、山川形势、地貌特征等。

(4)阅读地层的分布、产状及其与地形的关系,分析不同地质年代的分布规律、岩性特征及新老接触关系,了解区域地层的基本特点。

(5)阅读地质构造,了解图上有无褶皱以及褶皱类型,轴部、翼部的位置;有无断层以及断层性质、分布及断层两侧地层的特征,分析本地区地质构造形态的基本特征。

(6)综合分析各种地质现象之间的关系、规律性及其地质发展简史。

(7)在上述阅读分析的基础上,对图幅范围内的区域地层岩性条件和地质构造特征,可结合工程建设的要求,进行初步分析评价。

(二)宁陆河地区地质图的阅读分析

根据上述读图原则,现以宁陆河地区地质图为例,分析读图如下所述(见图2-23和图2-24)。

1. 比例尺

该地质图比例尺为1:25 000,即图上1 cm相当于实际距离250 m。

2. 地形地貌

本区东部为红石岭,西南为扁担峰,高程均在700 m以上;图幅北部为二龙山,南部为白云山,中部地势较低,宁陆河自西北流向东南,全区最高点的二龙山(高程800多m)与最低点的河谷(高程300多m)最大相对高差约500 m。区内地形明显受地层、构造、岩性的控制,山脉延伸与地层走向一致,大体作南北向延伸。石灰岩、石英砂岩及白垩纪细砂岩常形成高山,宁陆河沿断层带发育。

3. 地层岩性

本区出露地层包括志留系(S)、泥盆系上统(D_3)、二叠系(P)、中下三叠系(T_{1-2})、侏罗系(J)、白垩系(K)及第四系(Q)。其中泥盆系主要分布在西部扁担峰一带,侏罗系与白垩系分布在东部红石岭周围,第四系主要沿河谷发育。

区内泥盆系上统与志留系地层产状一致,但其间缺失泥盆系下中统沉积且在泥盆系上统底部有底砾岩存在,二者呈假整合接触。二叠系与泥盆系之间缺失石炭系地层,二者也为假整合接触。图上侏罗系与下伏D_3、T_{1-2}、P三个时代地层相接触,故为不整合接触,第四系与下伏地层也为不整合接触,其余地层均为整合接触。

北部出露的辉绿岩岩体因受F_1断层控制,大体作东西向延伸,侵入于P与T_{1-2}石灰岩中,而伏于侏罗系之下,故其侵入时代应在三叠纪以后、侏罗纪之前。

4. 地质构造

(1)褶皱构造　十里沟至扁担峰一带为一倒转背斜,大致作南北向延伸,轴部出露地

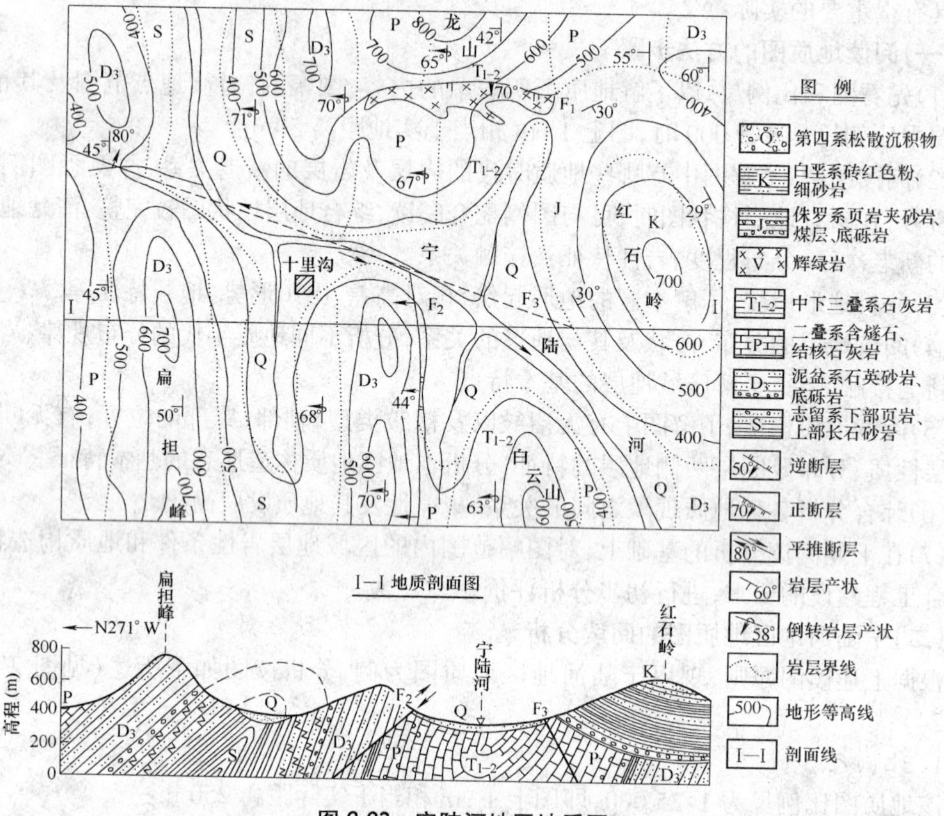

图 2-23　宁陆河地区地质图

层为志留系页岩及长石砂岩，两翼由上泥盆系及二叠系石英砂岩、石灰岩所组成。两翼地层对称分布，均向西倾，西翼倾角约 45°；东翼倒转，倾角较陡（约 70°）。

图幅东南部为白云山倒转向斜，轴向接近南北，轴部由中下三叠系石灰岩组成，两翼为二叠系、上泥盆系地层组成。西翼倒转，倾角稍陡；东翼倾角较缓。

上述倒转向斜之东为红石岭向斜，大体呈北西—南东向延伸，两翼相向倾斜，倾角约 30°，为一直立向斜褶曲，由侏罗系、白垩系地层所组成。

（2）断裂构造　本区较大断层有 3 条，其中 F_1 断层大致呈东西向延伸，断层面倾向为南，倾角约 70°，沿断层有辉绿岩岩体侵入，断层南盘（上盘）相对下降，北盘（下盘）相对上升，故为一正断层。

F_2 断层大致呈南北向延伸，断层面倾向为西，倾角 44°，由断层两盘出露地层时代可以看出，西盘属上升盘，东盘属下降盘，故断层为一逆断层，该断层与倒转背斜轴向基本一致，由于断层影响，下盘地层明显变窄。

F_3 断层大体呈北西—南东向延伸，断层倾角近于直角，又从断层两侧志留系与上泥盆系地层界线可以看出，东北盘地层界线明显向西错动，故为一平移断层。

5. 地质发展简史

本区地质发展历史的分析如下：从区内地层、岩性、地层接触关系及地质构造等地质特征分析，本区经受多次构造运动，其中以发生在 T_{1-2} 之后、J 之前的一次构造运动规模

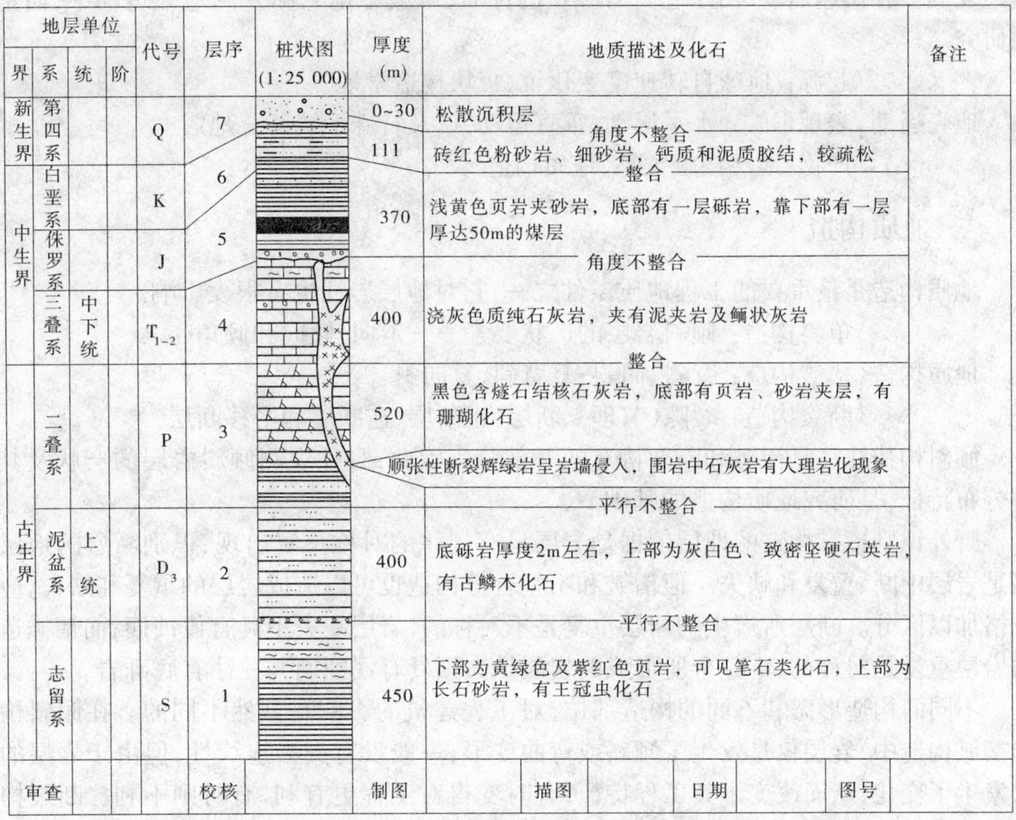

图 2-24　宁陆河地区综合地层柱状图

最大(相当于印支运动),从而使全区褶皱隆起,升出海面。由于受构造运动所产生的水平挤压力的影响,褶皱形态较为复杂,形成了一系列的倒转褶曲及断层,并沿断层有岩浆侵入活动。

从 D_3 与 S 之间、P 与 D_3 之间存在的假整合接触关系来看,本区这个时期地壳运动主要表现为升降运动;T 末期地壳又复下降,沉积了 J 与 K 陆相沉积;K 之后本区受构造运动的影响,J、K 地层形成较为舒缓的褶皱。

小　结

本章主要内容如下。

一、地壳运动

地壳运动是由内力地质作用引起的地壳结构改变和地壳内部物质变位的运动。地壳运动控制着地表海陆分布的轮廓,影响着各种地质作用的发生和发展,同时改变着岩层的原始产状和地层的接触关系,并形成了各种各样的构造形态。岩层的构造变动和构造形态都是地壳运动的结果。从这个意义上讲,地壳运动又称为构造运动或构造变动。地震是地壳的一种快速运动，由于它具有独特的性质，一般不把它归并到地壳运动中，而是单独研究。

地壳运动
- 起源：地球自转速度变化说、板块构造学说
- 表现形式：水平运动、垂直运动，以及特殊形式——地震
- 产物：地层接触关系、地质构造

二、地质构造

地质构造是最重要的工程地质条件之一，它对地层岩性也有很大影响。

地质构造
- 单斜构造：倾斜岩层的产状要素——走向、倾向和倾角
- 褶皱构造：背斜、向斜；复背斜、复向斜
- 断裂构造：裂隙（节理）、断层（正断层、逆断层和平移断层）

倾斜构造往往是褶皱和断裂构造的一部分。因此，野外观测倾斜岩层的产状及其出露分布特征，是研究地质构造的基础。

野外识别褶皱构造的地层依据是岩层呈有规律的对称重复出现，识别断层的地层依据是岩层中断、重复和缺失。但褶皱和不整合等构造也可以造成岩层的重复和缺失，应该严格加以区分。断层所产生的岩层重复是不对称的，岩层缺失不具有侵蚀面；而褶皱造成的岩层重复是对称的，不整合所形成的岩层缺失则具有侵蚀面并往往有底砾岩。

不同的构造形态和不同的构造部位，对工程建筑的影响是截然不同的。在倾斜构造和褶皱构造中，岩层仅是发生了倾斜或弯曲变形，一般没有失去连续性，但由于岩层的产状发生了变化，从而改变了其工程特征，有时变得对工程更有利，有时则不利。断裂构造使岩层发生了破坏变形，岩层的力学强度降低且透水性增大，故对工程建筑是极为不利的。选择坝址时，应尽量避开节理密集带和断层破碎带，避不开时则要调整坝址线，使断层远离坝基受力集中部位。

三、地质图

地质图
- 类型：普通地质图、专门地质图
- 主要反映内容：地形地貌、地层岩性、地质构造
- 基本图件：地质平面图、地质剖面图、地层柱状图

地质图是反映各种地质现象及地质条件的图件。在工程建设中，常需沿建筑物轴线绘制地质剖面图，以了解地下的地层岩性和地质构造条件。

根据地质平面图切绘地质剖面图时，首先要选好剖面线。剖面线应选在地层岩性出露最全且能基本反映建筑区域内主要地质构造和地形地貌的方向上，也可沿建筑物方向绘制。

思考题

1. 什么是地壳运动及地质构造？两者的关系如何？

2. 什么叫岩层的产状要素？请绘图并详述之。

3. 什么是褶皱构造？什么是褶曲？试绘图说明褶曲的基本类型、形态分类及其特征。在野外怎样识别褶皱构造？

4. 褶皱与断层形成的地表地层重复出露现象有何区别？

5. 怎样在野外识别张节理与剪节理？

6. 什么是断层？试绘图说明断层的基本类型及其组合形式的特征。在野外怎样识别断层？为什么重要的建筑物都要避开断层破碎带？

7. 什么是活断层？研究活断层的意义是什么？研究活断层有哪些方法和标志？

8. 地震震级与烈度的关系如何？

9. 简述地层相对年代的确定方法。

10. 岩层的接触关系有几类？是如何判断的？并绘图说明之。

11. 地质年代是根据什么划分的？

12. 地质年代单位和地层单位的含义及相互关系怎样？

13. 简述地质年代表及第四纪地质年代的划分方法。

14. 什么叫地质图？地质图有哪些主要类型？怎样阅读地质图？

15. 如何在地质图上区分向斜构造与背斜构造？

16. 为什么说在地质图上老的岩层包着新的岩层就是向斜构造，反之就是背斜构造？

17. 如何鉴别地质图上的曲线是断层线还是层面？

18. 如何在地质图上确定断层的类型？

19. 各种岩层的接触关系在平面图上是如何反映的？

20. 节理玫瑰图和地质剖面图是怎样绘制的？

第三章　地貌及第四纪地质

学习目标

1. 了解地貌的形成、发展、分类、分级。
2. 掌握第四纪沉积物的主要成因类型及其主要工程地质特征。

本章重点

地貌的分类;沉积物类型及其工程地质特征。

本章难点

地貌的形成;沉积物的工程地质特征。

地貌及第四纪地质条件与工程的建设及运营有着密切的关系。许多工程建筑常穿越不同的地貌及第四纪地质单元,地貌及第四纪地质条件是评价工程地质条件的重要内容之一。各种不同的地貌及第四纪地质都关系到工程勘测设计、位置选择的技术经济问题和养护工程等。为了处理好工程建筑与地貌及第四纪地质条件之间的关系,就必须学习和掌握一定的地貌及第四纪地质知识。

第一节　地　貌

一、地貌概述

地貌是指在各种地质应力作用下形成的地球表面各种形态外貌的总称。地貌形态大小不等、千姿万态、成因复杂。总的来说,地貌形态是内外地质应力相互作用的结果。大如大陆、洋盆、山岳、平原等,其形成主要与地球内力地质作用有关;小如冲沟、洪积扇、溶洞和岩溶漏斗等,主要由外力地质作用塑造而成。现代地表上不同规模、不同成因的地貌,处于不同发展阶段,且按不同规律分布于不同地段,使大地呈现一幅极其复杂的"镶嵌"图案。

地貌学是研究地表起伏形态及其发生、发展与分布规律的一门学科。地貌学的研究是不平衡的,一般说来,陆地地貌(包括沿岸地带)要比海洋地貌研究程度高;外应力地貌要比内应力地貌研究详细;应用地貌则正在兴起。

二、地貌类型

地球的表面是高低不平的,而且差距较大,总的来说可划分为大陆和海洋两部分。

海洋的面积约占地壳总面积的71%，其平均深度为3 700多m。海洋地形的半数为表面平坦且无明显起伏的大洋盆地。海底的山脉称为海岭；而海底长条形的洼地称为海沟，一般深度大于6 km，可谓地球表面最低洼地区，如西太平洋马里亚纳海沟深度11 034 m、菲律宾海沟深度10 540 m。地壳厚度为1.6 km。与陆地连接的浅海平台则称为大陆架。大陆架外缘的斜坡，称为大陆坡。

大陆的平均海拔为800多m，按高程和起伏状况，大陆表面可分为山地(33%)、丘陵(10%)、平原(12%)、高原(26%)和盆地(19%)这几种地貌形态。

(一)地貌的形态分类

可按地貌绝对高度和地形起伏的相对高度大小来划分和命名地貌形态，见表3-1。

表3-1　大陆地貌的形态分类

形态类型		绝对高度(m)	相对高度(m)	平均坡度(°)	举例
山地	高山	＞3 500	＞1 000	＞25	喜马拉雅山
	中山	1 000～3 500	500～1 000	10～25	庐山、大别山
	低山	500～1 000	200～500	5～10	川东平行岭谷
丘陵		＜500	＜200		闽东沿海丘陵
高原		＞600	＞200		青藏高原、内蒙古高原、黄土高原、云贵高原
平原	高平原	＞200			成都平原
	低平原	0～200			东北、华北、长江中下游平原
盆地		＜海平面高度			吐鲁番盆地

1．山地

陆地上海拔在500 m以上且由山顶、山坡和山麓组成的隆起高地，称为山或山地。山地是高低山的总称。按山地的外貌特征、海拔、相对高度和坡度，并结合我国的具体情况，山地又分高山、中山和低山三类。

(1)高山　海拔为3 500～5 000 m、相对高度为＞1 000 m、山坡坡度大于25°的山地，称为高山。高山的大部山脊或山顶位于雪线以上，山上终年冰雪皑皑，冰川和寒冻风化作用成为塑造地貌形态的主要外力。

(2)中山　海拔为1 000～3 500 m、相对高度为500～1 000 m、山坡坡度为10°～25°的山地，称为中山。中山的外貌特征多种多样，有的显得和缓，有的显得陡峭，还有的由于冰川作用而具有尖锐的角峰和锯齿形山脊等。

(3)低山　海拔为500～1 000 m、相对高度为200～500 m、山坡坡度一般在5°～10°之间的山地，称为低山。有些切割较深的低山，坡度较大(常大于10°)。

2．高原

陆地表面海拔在600 m以上、相对高度在200 m以上、面积较大、顶面平坦或略有起伏且耸立于周围地面之上的广阔高地,称为高原。规模较大的高原,顶部常形成丘陵与盆地相间的复杂地形。世界上最高的高原是我国的青藏高原,平均海拔高度超过 4 000 m。我国的内蒙古高原、云贵高原以及华北、西北地区的黄土高原等,规模也都十分可观。高原上山区面积占 2/3。

3. 平原

陆地表面宽广平坦或切割微弱、略有起伏并与高地毗连或为高地围限的平地,称为平原。平原按海拔分为低平原和高平原两种。

低平原是指海拔小于 200 m、地势平缓的沿海平原。如我国的华北大平原就是典型的低平原,它是在巨型盆地长期缓慢下降且不断为堆积物补偿的条件下形成的广阔平原,堆积物成分复杂,有冲积、洪积物、湖积物和海积物等。

高平原是指海拔大于 200 m、切割微弱而平坦的平地。如我国的河套平原、银川平原和成都平原都是高平原,它们是在不同规模的盆地长期下降且不断为堆积物补偿的条件下形成的堆积平原,堆积物的成分主要是冲积物、洪积物和湖积物。

4. 盆地

陆地上中间低平或略有起伏、四周被高地或高原所围限的盆状地形,称为盆地。盆地的海拔和相对高度一般较大,如我国的四川盆地中部的平均高程为 500 m,青海柴达木盆地的平均高程为 2 700 m。盆地规模大小不一,但依其成因分为构造盆地和侵蚀盆地两种。构造盆地常常是地下水富集的场所,蕴藏有丰富的地下水资源;侵蚀盆地中的河谷盆地,即山区中河谷的开阔地段或河流交汇处的开阔地段,往往是修建水库的理想库盆。

5. 丘陵

丘陵是一种起伏不大、海拔一般不超过 500 m、相对高度在 200 m 以下的低矮山丘。丘陵多半由山地、高原经长期外力侵蚀作用而成。个体低矮、顶部浑圆、坡度平缓、分布零乱以及无明显的延伸规律等,都是丘陵的主要特征,如我国东南沿海一带的丘陵。

在公路工程中,丘陵可进一步划分为重丘和微丘,其中相对高度大于 100 m 的为重丘,相对高度小于 100 m 的为微丘。

(二)地貌的成因分类

按地貌形成的地质作用因素,可将地貌划分为内力地貌和外力地貌两大类。再根据内、外力地质作用中的不同性质,再将两大类地貌分为若干类型。

1. 内力地貌

(1)构造地貌　构造地貌是由地壳的构造运动所造成的地貌,其形态能充分反映原来的地质构造形态。如高地常见于构造隆起和以上升运动为主的地区,盆地则常见于构造拗陷和以下降运动为主的地区。褶皱构造山、断层断块山、褶皱断块山等皆为构造地貌。

褶皱构造山是岩层受构造作用发生褶皱而形成的山。根据褶皱构造形态及褶皱山发育的部位不同,褶皱构造山又可分为背斜山(见图 3-1)、向斜山、单面山和方山。断层断块山是因断层使岩层发生错断并相对抬升而形成的山。断层断块山垂直位移愈大,山势也就越陡,如陕西境内的秦岭就是一典型的断层断块山。褶皱断块山是由褶皱与断层两种作用组合而形成的山。褶皱断块山其基本地貌特征由断层形式决定,具有高大而明显的外貌。

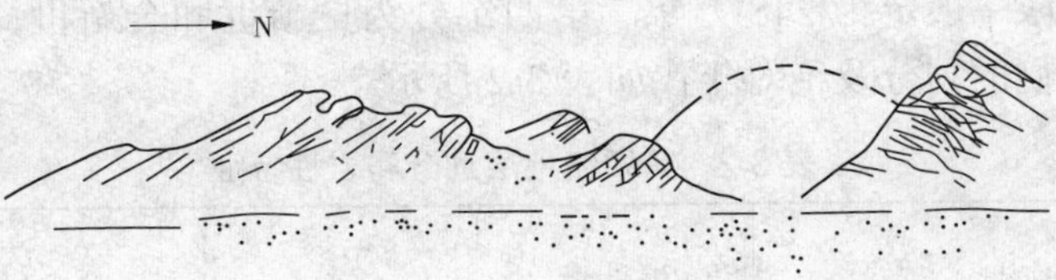

图 3-1 背斜山

(2)火山地貌　由火山喷发出来的熔岩和碎屑物质堆积所形成的地貌为火山地貌,如熔岩盖、火山锥等。

2. 外力地貌

以外力作用为主所形成的地貌为外力地貌(见图 3-2)。

图 3-2 垂直节理风化形成的地貌

根据外力的不同,外力地貌又分为以下几种类型:

(1)水成地貌　水成地貌以水的作用为地貌形成和发展的基本因素。水成地貌又可分为面状洗刷地貌、线状冲刷地貌、河流地貌、湖泊地貌与海洋地貌等。

(2)冰川地貌　冰川地貌以冰雪的作用为地貌形成和发展的基本因素。冰川地貌可分为冰川剥蚀地貌与冰川堆积地貌,前者如冰斗、冰川槽谷等,后者如侧碛、终碛等。

(3)风成地貌　风成地貌以风的作用为地貌形成和发展的基本因素。风成地貌又可分为风蚀地貌与风积地貌,前者如风蚀洼地、蘑菇石等,后者如新月形沙丘、沙垄等。

(4)岩溶地貌　岩溶地貌以地表水与地下水的溶蚀作用为地貌形成和发展的基本因素。岩溶地貌所形成的地貌如溶沟、石芽、溶洞、峰林、地下暗河等。

(5)重力地貌　重力地貌以重力作用为地貌形成和发展的基本因素。重力地貌所形成的地貌如崩塌、滑坡等。

此外,还有黄土地貌、冻土地貌等。

第二节　第四纪地质

“第四纪(Quaternary)”一词,是 1829 年法国地质学家德努埃(Desnoyers)所创,他把地球历史分为 4 个时期,第四纪是指地球发展历史最近的一个时期。1839 年赖尔(C. Lyell)把含现生种属海相无脊椎动物化石达 90% 和含人类活动遗迹的地层划为第四纪,奠定了第四纪地层划分系统。但直到 1881 年第二届国际地质学会才正式使用“第四纪”一词。

第四纪的下限一般定为 248 万年。第四纪分为更新世和全新世，更新世又分为早、中、晚三个世，它们的划分及绝对年代如表 3-2 所示。

表 3-2　第四纪地层划分和岩性特征

<table>
<tr><th colspan="2" rowspan="2">地层时代</th><th rowspan="2">极性世</th><th rowspan="2">年龄
($\times 10^4$ 年)</th><th colspan="2">气候期划分</th></tr>
<tr><th>气候</th><th>冰期划分</th></tr>
<tr><td rowspan="2">全新世
(Q_4)</td><td>晚(Q_4^2)</td><td rowspan="6">布容
正向
极性
世</td><td></td><td>温</td><td rowspan="2">冰后期</td></tr>
<tr><td>早(Q_4^1)</td><td>1</td><td>寒温</td></tr>
<tr><td rowspan="2">晚更新世
(Q_3)</td><td>晚(Q_3^2)</td><td></td><td>冷夹暖</td><td>冰期</td></tr>
<tr><td>早(Q_3^1)</td><td>12.984</td><td>暖</td><td>间冰期</td></tr>
<tr><td rowspan="2">中更新世
(Q_2)</td><td>晚(Q_2^2)</td><td></td><td>冷夹暖</td><td>冰期</td></tr>
<tr><td>早(Q_2^1)</td><td>73</td><td>暖</td><td>间冰期</td></tr>
<tr><td rowspan="3">早更新世
(Q_1)</td><td>晚(Q_1^3)</td><td rowspan="3">松山
反向
极性世</td><td>97</td><td>冷</td><td>冰期</td></tr>
<tr><td>中(Q_1^2)</td><td>187</td><td>暖</td><td>间冰期</td></tr>
<tr><td>早(Q_1^1)</td><td>248</td><td>冷</td><td>冰期</td></tr>
<tr><td>上新世
(N_2)</td><td></td><td>高斯正向
极性世</td><td></td><td>暖</td><td>冰期前</td></tr>
</table>

一、第四纪地质概况

在 200 多万年前地球上出现了人类，这是地球历史上最重大的事件。北京周口店附近的石灰岩洞穴中发现了生活在四五十万年以前的“北京猿人”头盖骨化石及其使用的工具。

第四纪时期地壳有过强烈的活动，为了与第四纪以前的地壳运动相区别，把第四纪以来发生的地壳运动称为新构造运动。地球上巨大块体大规模的水平运动、火山喷发、地震等都是地壳运动的表现。第四纪气候多变，曾多次出现大规模冰川。一个地区新构造运动的特征，对于工程区域稳定性问题的评价是一个基本要素。

（一）第四纪气候与冰川活动

第四纪气候冷暖变化频繁，气候寒冷时期冰雪覆盖面积扩大，冰川作用强烈发生，称为冰期；气候温暖时期，冰川面积缩小，称为间冰期。第四纪冰期，在晚新生代冰期中规模最大，那时地球上的高、中纬度地区普遍为巨厚冰流层覆盖。但当时气候干燥，因而沙漠面积扩大。中国大陆在第四纪冰期时，由于海平面下降，渤海、东海、黄海均为陆地，台湾也与大陆相连，且气候干燥、风沙盛行、黄土堆积作用强烈。第四纪冰川不仅规模大而且频繁作用，深海沉积物研究结果表明，第四纪冰川作用有 20 次之多，而近 80 万年每 10 万年有一次冰期和间冰期。

（二）板块构造

20 世纪 40 年代以来，出于军事目的和对石油资源的需求，由科学家们进行了大规模海底地质调查，获得了大量成果，并导致全球构造理论——板块构造学说的诞生。

1915年德国魏格纳（Wegener）提出大陆漂移学说，他认为大约距今1.5亿年前，地球表面有个统一的大陆，他称之为联合古陆。联合古陆周围全是海洋，从侏罗纪开始，联合古陆分裂成几块并各自漂移，最终形成现今大陆和海洋的分布。奥地利地质学家休斯对大陆漂移学说作了进一步推论，认为古大陆不是一个而是两个，其中北半球的一个称劳亚古陆，南半球的一个称冈瓦纳大陆。大陆漂移说的主导思想是正确的，但限于当时地质科学发展水平而未得到普遍接受。

20世纪50～60年代大量科学观测资料的支持使大陆漂移学说重新抬头，并在20世纪60年代末形成板块构造理论。板块构造理论把大陆、海洋、地层、火山以及地壳以下的上地幔活动有机地联系起来，形成一个完整的地球动力系统。

板块构造学说认为：刚性的岩石圈分裂成6个大的地壳块体（板块），它们驮在软流圈上作大规模水平运动。各板块边缘接合地带是相对活跃的区域，表现为强烈的火山（岩浆）活动、地震和构造变形等；而板块内部是相对稳定区域。全球划分出的6个大板块分别是太平洋板块、美洲板块、非洲板块、印度洋板块、南极洲板块、欧亚板块，此外还有6个小型板块，共12个板块。

相邻板块间的结合情况有3种类型：

（1）岛弧和海沟，表现为大洋地壳沿海沟插入地下构成消减带，并引起火山作用、地震以及挤压应力作用，如太平洋板块与欧亚板块之间的情况。

（2）洋中脊，是地壳生成的地方，表现为拉张应力，如非洲板块与美洲板块之间的情况。

（3）转换断层，是横穿洋中脊的大断裂，表现为剪切应力作用。板块间的接合带与现代地震、火山活动带一致。板块构造学说极好地解释了地震的成因和分布。

二、中国第四纪沉积发育特征

中国第四纪沉积分布广泛、类型多样、发育齐全、生物化石丰富、人类化石及其遗存常见，是全世界第四纪研究程度最高的地区之一。

（一）中国第四纪沉积发育的一般规律

（1）受气候地带性规律的控制，中国第四纪沉积具有明显的纬向地带性和经向地带性。一般来讲，秦岭以北的广大地区属温带季风气候，沉积物以富含钙质和呈碱性为特征，多具灰、灰白和灰黄色，粒度也较粗；而秦岭以南的广大地区，属热带、亚热带气候，沉积物以富含铁质和呈酸性为特征，颜色以红色、砖红色为主，化学作用强，粒度也较细；而在东、西方向上，随着距海洋距离的加大，大陆度不断加剧，从东向西呈现从冲积物—洪积物—黄土—沙漠沉积的地带性分布。

（2）受我国三大阶梯地貌的影响，中国第四纪沉积的经向地带性明显。第一阶梯地势高，气候寒冷干燥，以冰川和冰缘沉积占优势，并有少量盐湖沉积；第二阶梯地势居中，南部气候湿热，以冲积物为主，灰岩区喀斯特沉积发育，而北部气候干旱、半干旱，以大面积的风沙、黄土和洪积物分布为特征；第三阶梯地势低平，受海洋影响，气候温暖湿润，以河湖相沉积占优势。

(3)新构造运动对我国第四纪沉积物的分布有很大影响。不同的大地构造单元有不同类型的沉积。例如沙漠沉积主要分布于稳定下沉的内陆盆地,黄土沉积主要分布在构造长期稳定的黄土高原,而冲积物和湖积物主要分布于长期下降的东部平原和山间盆地,至于洪积物和山麓沉积则主要分布于山前沉降带。

(4)我国新构造运动和气候演变的继承性,决定了我国第四纪沉积物在时间上也具有明显的继承性,亦即同一类型的沉积物在一个地区可以重复出现。如河西走廊,第四纪期间一直发育山麓相的砾石堆积,其中早更新世为玉门砾石层,中更新世为酒泉砾石层,晚更新世为戈壁砾石层。又如在黄土高原,第四纪期间均为黄土堆积,其中早更新世为午城黄土,中更新世为离石黄土,晚更新世为马兰黄土。而在东部的断陷区,第四纪一直接受河湖相沉积。

(二)中国第四纪沉积的分布特征

我国第四纪受喜马拉雅运动的影响,构造运动活跃,青藏高原逐渐隆起。青藏高原的隆起,不仅造成了中国三大地貌阶梯的格局,而且也促进了东亚季风环流的形成和发展。受构造和气候的控制,中国第四纪沉积物的分布可以分为以下几个区域。

(1)东部沉降平原沉积区　东部沉降平原沉积区主要包括三江平原、松辽平原、华北平原、淮河平原、江汉盆地等。本沉积区有如下特征:

①本区是继承新第三纪拗陷发育的第四纪沉降区。

②由于长期的沉降,第四纪沉积物厚度大,可达 300~500 m,且基本连续。

③本区受东南季风影响,气候温暖湿润,第四纪期间受全球气候变化的控制,发生过多次冷暖、干湿的交替。

④受构造和气候变化影响,本区第四纪早期沉积物以河湖相为主;中期湖泊缩小,以冲积物占优势;而晚期则以洪积物为主,低地有湖沼沉积分布。

⑤受地形的控制,从山麓地带到沿海地带,依次出现洪积物、河湖相沉积和海相层。

(2)中部断陷盆地沉积区　中部断陷盆地沉积区主要包括鄂尔多斯周边断陷盆地和秦岭山地、川西山地以及横断山脉中的断陷盆地等。本沉积区有如下特征:

①本区主要发育第四纪断陷盆地,其中东北向有汾河地堑、银川地堑、川西断裂谷地、横断山纵向断裂谷等;东西向有河套断陷盆地、大同—阳泉断陷盆地、延庆断陷盆地、渭河断陷盆地、安康断陷盆地和汉中断陷盆地等。

②第四纪期间,这些盆地一直处于沉陷之中,因此沉积物厚度也很大,可达数百米,且基本上为连续沉积。

③沉积物早期以湖积物为主,亦有河流沉积;中、晚期湖泊逐渐消失,冲、洪积物发育。在本区北部有大规模黄土堆积,灰岩山地中有洞穴堆积。

④本区南北两端第四纪期间有火山活动,北端以大同火山为代表,南端则以腾冲火山为代表。

(3)北方黄土分布区　北方黄土分布区包括山西、陕西、宁夏及甘肃、青海的部分地区等。本沉积区有如下特点:

①本区主要处于新构造运动相对比较稳定的大面积隆起区,沉积区范围与三趾马红土分布区大体一致。

②沉积物厚度较大,一般为一二百米,沉积连续、岩性均一。

③气候上受东南季风影响,但从东南至西北,季风影响逐渐减弱。第四纪期间季风的进退对本区影响颇大。

④本区主要沉积风成黄土,但也有部分湖相沉积或河流相沉积。

⑤受主导风的控制,黄土的性状由西北向东南呈规律性变化;受气候变化的控制,黄土的性状在剖面上也呈规律性变化。

⑥所发现的哺乳动物化石属古北区耐干旱种属。

(4)华南红土沉积区　华南红土沉积区包括长江以南沿海各省和两湖、两广的广大地区。本区具有如下特征:

①本区地处新构造稳定地区。

②第四纪沉积物厚度不大,一般仅几米至几十米。受热带、亚热带炎热多雨气候影响,沉积物以红色土状堆积为主,其中常见灰色网纹,故又称为网纹红土。此外,还有河流堆积和洞穴堆积。

③网纹红土中缺乏化石,但近年有旧石器发现。在洞穴堆积中有马来区系的大熊猫—剑齿象动物群化石,并有古人类化石发现。

④沿海地带有海岸阶地,保留有海相沉积物和海滩岩。

(5)西部干旱盆地沉积区　西部干旱盆地沉积区包括准噶尔盆地、塔里木盆地、柴达木盆地和河西走廊等地。本区具有如下特征:

①本区为差异性升降运动造成的大型山间断陷盆地和山前断陷盆地,是第三纪盆地的继续。

②盆地中沉积物厚度大,可达数百米。

③由于地处大陆腹地,本区气候干燥少雨。

④盆地中心多为湖积物、盐湖层、风砂沉积,而山麓主要为巨厚的山麓砾石层。

⑤沉积物中哺乳动物化石罕见。

(6)西部高山冰川沉积区　西部高山冰川沉积区包括东经105°以西所有的高山,如喜马拉雅山、天山、昆仑山、祁连山、岷山和玉龙山等。本区地处新构造强烈隆起区,山体高大,一般海拔均在4 000 m以上。本地区气候寒冷,现代冰川活跃,也是第四纪古冰川分布区。因此,沉积物主要为冰碛物、冰水沉积和冰湖沉积。

(7)青藏高原冰缘沉积区　青藏高原冰缘沉积区包括整个青藏高原及川西高原。本区亦属新构造大面积强烈隆起区,海拔在4 000 m以上,高寒气候使本区冰缘现象十分普遍,且冰碛沉积发育,如冰卷泥、融冻泥流和石海等。在第四纪期间,本区经历了多次冰期、间冰期的交替,形成冰缘沉积和湖泊沉积物在剖面上呈有规律地交互出现现象。

第三节　第四纪沉积物

第四纪沉积物是这一时期古环境信息的主要载体,是研究第四纪古环境的物质基础。

一、第四纪沉积环境的一般特征

(1)第四纪沉积基本上是一个连续的层圈。在现今地球表面的任何地方,包括大陆和海洋的各个角落,都有第四纪沉积物分布。

(2)第四纪沉积主要由尚未胶结成岩的松散沉积物构成,只有在少数情况下才能见到已成岩的第四纪沉积。所以,第四纪沉积常被称为沉积物,而不称做岩石。

(3)组成第四纪沉积的沉积物包括陆相沉积物和海相沉积物,其中陆相沉积物类型复杂多样,而海相沉积物类型比较简单。

(4)第四纪沉积由于其松散性,而处于不稳定状态。第四纪沉积除了受外力作用被再次搬运、沉积之外,在其内部由于生物与水的作用,也在不断地发生物质的移动。相对来讲,海相沉积物尤其是深海沉积物要比陆相沉积物稳定得多。

(5)第四纪沉积的厚度变化较大,其中陆相沉积物的厚度可以从几厘米到几千米,而海相沉积物的厚度较薄,一般仅厚几米到几十米,变化幅度也较小。

(6)第四纪沉积的分布、厚度及组成物质与地貌关系密切,例如河流沉积的分布及特征与阶地有关,而风沙沉积与沙漠有关。

(7)第四纪沉积中的生物化石以哺乳动物为特征,而人类化石及其文化遗存则更为第四纪沉积所特有。

二、第四纪沉积物的判断及其成因类型

沉积物成因类型的判别是一项重要而又复杂的工作。由于各种地质现象的多解性,沉积物成因的判断比较困难。其主要依据为沉积物产出部位的地貌、沉积体的形态、沉积物的结构和构造、沉积物的物质组成、生物化石的种类及排列方式、地球化学指标。

第四纪沉积物的成因类型复杂多样,但根据沉积物形成的环境和作用应力,可以按成因把沉积物分为三大类(陆相、海陆过渡相和海相),共包含 15 个成因系列、18 个成因组、44 种成因类型,而 44 种成因类型又可进一步划分为若干亚类。其中常见的沉积物及其工程地质特性叙述如下:

(1)残积物　残积物是指原岩表面经过风化作用而残留在原地的碎屑物。残积物主要分布在岩石出露地表及经受强烈风化作用的山区、丘陵地带与剥蚀平原。残积物组成物质为棱角状的碎石、角砾、砂粒和粘性土。残积物裂隙多、无层次、不均匀,如以残积物作为建筑物地基,应当注意不均匀沉降和土坡稳定问题。

(2)坡积物　山坡高处的风化碎屑物质,经过雨水或雪水搬运和堆积在斜坡或坡脚处,这种堆积物称为坡积物,其上部往往与残积物相接。坡积物搬运距离往往不远,物质主要来源于当地山坡上部,组成颗粒由坡积物坡顶向坡脚逐渐变细,坡积物表面的坡度越来越平缓。坡积物因厚薄不均、土质不均、孔隙大、压缩性大,如作为建筑物地基,应当注意不均匀沉降和稳定性。

(3)洪积物　由洪流搬运、沉积而形成的堆积物称为洪积物。洪积物一般分布在山谷中或山前平原上。在谷口附近洪积物多为粗颗粒碎屑物,远离谷口颗粒逐渐变细,这是因为地势越来越开阔使得山洪的流速逐渐减缓。其地貌特征为:靠谷口处窄而陡;离谷后逐

渐变为宽而缓,形如扇状,称为洪积扇。洪积物作为建筑物地基时,应注意不均匀沉降。

(4)冲积物　由河流搬运、沉积而形成的堆积物,称为冲积物。冲积物的特点是:山区河谷中只发育单层砾石结构的河床相沉积,而山间盆地和宽谷中有河漫滩相沉积,其分选性较差,具透镜状或不规则的带状构造,有斜层理出现,厚度不大,一般不超过 10～15 m,多与崩塌堆积物交错混合。一般说来,平原河流具河床相、河漫滩相和牛轭湖相沉积。正常的河床相沉积结构是底部河槽被冲刷后,成为由厚度不大的块石、粗砾组成的沉积;中间是由粗砂、卵石土组成的透镜体;上面为分选较好的具斜层理与交错层理、由砂或砾石组成的滨河床浅滩沉积。河漫滩相沉积的主要特征是上部的细砂和粘性土与下部河床相沉积组成二元结构,并具斜层理和交错层理构造。牛轭湖相沉积由淤泥质和少量粘性土组成,含有机质,呈暗灰色、黑色、灰蓝色并带有铁锈斑,具水平层理和斜层理构造。冲积物的工程地质性质视具体情况而定。河床相沉积物一般情况是颗粒粗,具有很大的透水性,是很好的建筑材料;但当其为细砂时,饱水后在开挖基坑时往往会发生流砂现象,应特别注意。河漫滩相沉积物一般为细碎屑土和粘性土,结构较为紧密,易形成阶地,大多分布在冲积平原的表层,作为各种建筑物的地基,我国不少大城市如上海、天津、武汉等都位于河漫滩相沉积物之上。牛轭湖相沉积物因含大量的有机质,有的甚至形成泥炭,故压缩性大、承载力小,不宜作为建筑物的地基。

(5)淤积物　一般由湖沼沉积而形成的堆积物称为淤积物。淤积物主要包括湖相沉积物和沼泽沉积物。湖相沉积物包括粗颗粒的湖边沉积物和细颗粒的湖心沉积物。湖心沉积物主要为粘土和淤泥,夹有粉细砂薄层和呈带状粘土,强度低,压缩性大。湖泊逐渐淤塞和陆地沼泽化则演变成沼泽。沼泽沉积物即沼泽土,主要由半腐烂的植物残余物一年年积累起来而形成的泥炭所组成,而泥炭的含水量极高、透水性很低、压缩性很大,因此不宜作为永久建筑物的地基。

(6)冰积物　凡是由于冰川作用形成的堆积物均称为冰积物。由于沉积位置不同,冰碛的材料和形状也不同,其中停留在冰川底部的称底碛,停留在冰川两旁的称侧碛,停留在冰川前端的称前碛或终碛。不论是大陆冰川或山地冰川的沉积物,都是一些大小块石和泥沙混杂的疏松物质,只有在冰川长期压实的情况下,才可以成为较坚实的沉积层。冰积物中角砾、碎石、砂和粘性土等所占的相对比例及成分的变化随地而异,但它们都与冰川流动地区内基岩性质密切相关。冰积物无分选性和层理,漂石面上具有丁字形擦痕,冰积物常被挤压而呈现褶皱和断裂,工程地质较差。

在冰川的末端或者在冰川的边缘,当消融大于结冰的时候,冰川开始融化成冰水。以冰水作为主要应力而产生的沉积称冰水沉积,它分布于冰川附近的低洼地带,其成分以砂粒为主,夹有少量分选性差的砾石,具斜交层理,其工程性质较冰川堆积为好。

(7)风积物　风积物是指经过风的搬运而沉积下来的堆积物。风积物主要以风积砂为主,其次为黄土。风积物成分由砂和粉粒组成,其岩性松散,一般分选性好、孔隙度高、活动性强,通常不具层理,只有在沉积条件发生变化时才产生层理和斜层理,工程性能较差。

(8)混合成因的沉积物　混合成因的沉积物保持原成因特征,常见的有残积坡积物、坡积洪积物和洪积冲积物等。

三、第四纪沉积物的年代判别

第四纪沉积体的形成经历了200多万年的历史，沉积体中包含了丰富的古环境信息，根据这些信息建立第四纪期间环境演变的模式，其首要的工作是建立第四纪沉积体的沉积时间序列，以便进行各种地质事件的排序和对比。

（一）相对年代的判别方法

（1）生物演化序列法　利用生物演化的不可逆性，可以根据包括哺乳动物、植物、微体古生物等生物化石的进化特征来建立沉积的时间序列，其中以哺乳动物的时代意义最大。由于第四纪时间短暂，动物进化特征不甚明显，一般情况下缺乏标准化石。因此，年代的确定主要依据动物群组合的特点来进行。

人类化石及其物质文明的出现与发展，具有重要的时代意义。第四纪沉积圈中丰富的石器、陶器、骨器及人类化石本身都是确定时代的重要标志。

（2）气候变化序列法　第四纪气候发生过多次周期性的波动，这种气候的波动具有全球一致性，可以用于时间序列的建立。古气候变化在第四纪沉积体中留下种种痕迹，它们反映在动植物化石、岩石矿物、地球化学等各个方面，通过综合分析这些标志，我们可以得到区域气候变化的序列，并以此为基础建立时间序列。

（3）构造运动序列法　新构造运动具有周期性，而且在区域甚至全球范围内具有可比性。因此，可以借助于构造运动的序列来建立第四纪时间序列。

新构造运动主要表现在沉积物的地貌分布、沉积层的形变和沉积体内不整合面（古地貌面）的存在上。

（4）地质事件序列法　地质事件主要是指灾变事件，包括风暴（海啸）事件、缺氧事件、富氧事件、生物大规模绝灭事件及天外星体碰撞地球事件等，这些事件以突然发生和具非周期性为特点，它们产生的能量巨大、影响面广，在沉积体中留有明显的标志，根据这些标志，我们可以建立地质（灾变）事件发生的序列。

（5）地磁极性倒转序列法　第四纪期间，地磁场的极性发生过多次倒转，而且具有全球同步性。根据沉积物的磁性特征，我们可以建立极性变化序列。

根据上述方法，可以区别第四纪各种沉积层形成的先后顺序，并了解其形成的相对年龄，从而建立沉积时间序列。

（二）绝对时代的判别方法

（1）^{14}C测年法　含碳物质一旦停止与大气的交换（如生物死亡、碳酸盐沉积而被埋藏等），则^{14}C得不到新的补充，而原有的^{14}C仍按衰变指数继续减少，且每隔5 730年（^{14}C的半衰期）减少原含量的一半，依此类推，时间愈久则含量愈少。只要我们测出含碳物质中^{14}C的残余含量，就可计算出该样品与外界停止^{14}C交换后所经历的年代。

用于^{14}C测年的主要样品类别主要有植物体、木炭、炭化木、泥炭、土壤、动物骨骼、贝壳、碳酸钙沉积。

（2）热释光法（TL法）　一些不导电的晶（固）体物质，在放射性射线辐照之下，以其内部电子的转移来储藏辐射能量。其方式是晶体在周围放射性元素放射出来的α、β、γ射线辐照下产生电离，大部分电离产生的能量以晶体发热的形式被消耗掉，有一小部分电子则被晶格缺陷所俘获,并留下空穴。这些落入陷阱的电子必须有足够的动能才能重新从陷阱中逸出而与空穴复合。在常温下,电子在陷阱中的状态是稳定的,只有在加热的情况下,陷阱中的电子动能增加,被俘获的电子才能从陷阱中逸出,与空穴复合并以光量子形式释放出热量,称之为热释光。

热释光测年就是利用热释光技术,测定各类样品最后一次受到热事件或在阳光晒退归零以后,晶体物质被埋藏并再次遭受周围放射性元素辐射所重新积聚的能量,这种能量可以通过人工晒退来求得,它是时间的函数,可以反映上次归零以后能量重新积累的时间。

(3)电子自旋共振测年法(ESR 法)　其基本原理与热释光法类似。样品在其所处自然条件中,遭受铀、钍、钾等放射性元素和宇宙射线的辐照,产生晶格陷阱,这些晶格陷阱可被 ESR 技术探测到。晶格陷阱的数目与样品所受天然辐照总剂量(AD)成正比,亦即与年龄成正比:

$$t = AD/D \tag{3-1}$$

式中　t——样品年龄;

AD——样品所受天然辐照总剂量;

D——年辐照剂量。

(4)裂变径迹法　样品中的 U^{238}在受到足够能量的粒子轰击时,就会发生裂变,裂变中所产生的核辐射在射入周围绝缘材料或矿物时,不断俘获沿途电子,而使它们所途经的路程周围产生辐射损伤区,这就是裂变径迹。单位体积内裂变径迹的数目与矿物中铀含量、U^{238}裂变速度及矿物累积径迹的时间(年龄)成正比,即裂变径迹的数目与年龄成正比。裂变径迹的数目可以在显微镜下测读获得。

其样品一般选用铀元素含量较高的矿物,如锆石、磷灰石、石膏、石英。

小　结

本章阐述了地貌的形成、发展、分类、分级,第四纪地质概况,第四纪沉积物成因类型及其工程地质特征。本章主要内容如下。

一、地貌

地貌是指在各种地质应力作用下形成的地球表面各种形态外貌的总称。地貌形态大小不等、千姿万态、成因复杂,总的来说,地貌形态是内外地质应力相互作用的结果。地貌按形态分为大陆地貌(山地、丘陵、平原、高原、盆地)和海洋地貌(大洋盆地、海岭、海沟、大陆架、大陆坡);按成因分为内力地貌(如构造地貌中的褶皱构造山、断层断块山和火山地貌中的熔岩盖、火山锥等)和外力地貌(如水成地貌、冰川地貌、风成地貌、岩溶地貌、重力地貌、黄土地貌、冻土地貌等)。

二、第四纪地质

第四纪是指地球发展历史最近的一个时期。一般把含现生种属海相无脊椎动物化石达90%和含人类活动遗迹的地层划为第四纪。

第四纪的下限一般定为248万年。第四纪分为更新世和全新世，更新世又分为早、中、晚三个世。

第四纪时期地壳有过强烈的活动，为了与第四纪以前的地壳运动相区别，把第四纪以来发生的地壳运动称为新构造运动。一个地区新构造运动的特征，对于工程区域稳定性问题的评价是一个基本要素。

三、第四纪沉积物

第四纪沉积物是这一时期古环境信息的主要载体，是研究第四纪古环境的物质基础。第四纪常见沉积物类型有残积物、坡积物、洪积物、冲积物、淤积物、冰积物、风积物、混合成因的沉积物。

思考题

1. 简述地貌的概念。
2. 简述地貌类型的划分情况。
3. 简述第四纪地质概况。
4. 第四纪沉积物的主要成因类型有哪几种？
5. 残积物、坡积物、洪积物和冲积物各有什么特征？
6. 简述第四纪沉积物的年代判别方法。
7. 简述我国第四纪沉积的发育特征。

第四章　物理地质作用

学习目标

1. 了解风化作用的概念、基本类型及表现形式。
2. 熟悉岩石风化程度的分级。
3. 掌握河流地质作用。
4. 掌握常见的地质灾害如滑坡、崩塌、泥石流、岩溶等的基本概念及形成条件。
5. 了解岩溶的形成条件和发育规律。

本章重点

岩石风化程度分级;河流地质作用;滑坡、崩塌、泥石流、岩溶的形成条件。

本章难点

河流地质作用;滑坡、崩塌、泥石流、岩溶等的形成条件和发育规律。

第一节　风化作用

岩石风化是岩石在外力影响下产生变化的必然结果,也是岩石演变过程中的一个重要阶段。岩石在太阳热能、大气、水分和生物等各种风化应力作用下,不断发生物理和化学变化的过程,称为岩石风化。这种促使岩石破碎甚至分解的地质作用,称为风化作用。

一、风化作用的类型

(一)物理风化作用

温度变化以及岩石孔隙、裂隙中水的冻融或盐类物质的结晶膨胀,使岩石发生的机械破碎作用,称为物理风化作用。

岩石是一种传热的不良导体,在白天受阳光暴晒温度升高时,表层体积膨胀,但内部很少受到热力的影响(1～2 m 内温差数十摄氏度);夜间温度降低,岩石表层冷却收缩,而内部却因传进来的余热未散,仍处于膨胀状态(见图 4-1)。由于长期处于表里胀缩不一的状态,岩石中便逐渐产生了纵横交错的裂隙以致破裂,岩体便由表及里一层一层地遭受破坏,如图 4-1 所示。又因大多数岩石是由多种矿物组成的,而不同矿物的体积膨胀系数不同,即使同一矿物在各个方向的线膨胀系数也不相同,因此当温度变化时矿物胀缩也不一致,天长日久就使岩体崩裂破碎,如粗粒结构的花岗岩风化后会变成散砂。

在季节变化显著或高寒的地带,气温随昼夜或寒暑变化,可使岩石裂隙中的水分发生冰冻或融解现象。低温时水结冰后体积膨胀(体积约增加 9%),可以产生很大的压力,从

图 4-1　物理风化使岩石逐渐崩解的过程示意图

而使岩石裂隙扩大;温度上升时冰融化成水,水便继续向裂隙深处渗透。这样一冻一融反复进行,就像冰楔子一样作用,直到把岩体劈开破裂,这种现象称冰劈作用。另外,当水中溶解有盐类物质时,水分蒸发后盐类便在裂隙中结晶,对岩石产生撑胀作用,也会使岩石裂隙扩大而导致岩石崩解。

总之,物理风化作用的结果,是使岩石以崩解的方式破坏,形成大小不一的岩屑,堆积在基岩(母岩)之上。在日温差和年温差变化越大的地区,物理风化作用就越强烈。如我国西北有些地区,日温差可达 50 ℃,物理风化的速度就较快。另外,岩石中的矿物颗粒越粗、成分越复杂、颜色越深,岩体中裂隙越多,岩石就越容易风化。

(二)化学风化作用

岩石在水溶液、氧及二氧化碳气体等的作用下,产生溶解、水解、水化及氧化等化学反应,不仅使岩石的形态发生变化,导致岩体破碎,而且能改变岩石的化学成分,形成新的矿物。

(1)溶解作用　岩石的溶解,主要取决于构成岩石的矿物的化学元素及化合物的性质(溶解度由大到小分别为食盐、石膏、方解石、橄榄石、辉石、角闪石、长石、云母、石英),其次是水和水溶液的温度、压力及二氧化碳的含量(体积含量)。当水中含有侵蚀性 CO_2 或其他化学成分时,可将岩石中易溶成分溶解带走,如石灰岩与含侵蚀性 CO_2 的水溶液作用,使碳酸钙变成重碳酸钙被水带走,其化学反应式如下:

$$CaCO_3 + CO_2 + H_2O = Ca(HCO_3)_2$$

(2)水解作用　某些矿物与水作用后,出现离解现象,改变矿物的原有结构,形成带氢氧根(OH^-)的新矿物,这种作用称为水解作用。如正长石在水解作用下,变成高岭石、二氧化硅和氢氧化钾,其化学反应式如下:

$$4KAlSi_3O_8 + 6H_2O = Al_4(Si_4O_{10})(OH)_8 + 8SiO_2 + 4KOH$$

其中,二氧化硅和氢氧化钾呈溶液或胶体随水流运移,高岭石则呈松散状态残留原地。

(3)水化作用　某些矿物与水接触时发生化学反应,并汲取一定量的水,形成含水的新矿物，这种作用称为水化作用。如硬石膏经水化作用后变成石膏（$CaSO_4 + 2H_2O = CaSO_4 \cdot 2H_2O$）。水化作用改变了矿物的原有结构，削弱了岩石抗风化作用的能力；同时，水化作用还可使矿物体积膨胀，对围岩产生压力，从而促使物理风化作用的进行。

(4)氧化作用　自然界许多元素具有与氧结合的能力，氧化作用几乎成为一种普遍的自然现象。氧在空气中约占20%（体积含量）。干燥空气的氧化作用不强，随着空气中湿度的增加，氧就变得活泼起来，氧化作用也随之增加。可以说，地壳表层时刻都在进行氧化作用，而水又大大加速了氧化作用的进行。如黄铁矿（FeS_2）在氧化作用下，生成褐铁矿（$Fe_2O_3 \cdot nH_2O$），并析出硫酸（H_2SO_4），对岩石及混凝土会产生强烈的侵蚀破坏作用。

(三)生物风化作用

生物风化作用是指生物在其生命过程中，直接或间接地对岩石所起的物理的和化学的风化作用。

生物风化包括生物的物理风化和生物的化学风化。前者如植物在生长过程中，其深入岩石空隙的根系逐渐变粗、增长和加多，使岩石的空隙扩宽、加深和形成新裂隙，从而引起岩石破坏的根劈作用（穴居地下的动物也经常挖掘洞穴对岩石进行破坏）；后者则是通过生物的新陈代谢和生物遗体的腐烂分解来进行的，生物在新陈代谢过程中分泌出的各种化合物以及生物死亡后分解成的腐殖质，都能引起岩石的化学风化。

上述三种风化作用在自然界并不是孤立进行的，而是相互联系、相互影响的统一过程。物理风化作用使岩石逐渐破碎，而这些破碎岩石又扩大了风化作用的接触面积，给化学风化作用提供了有利条件。而岩石的化学风化作用，使岩石变得松软，其中有些矿物水化后，体积膨胀产生了很大的压力，又促进了物理风化作用的进行。但在某一自然地理条件下，经常以一种风化作用占主导地位，如高寒和干燥地区以物理风化作用占优势；而在潮湿炎热地区，则以化学风化作用及生物风化作用占优势。

二、岩石风化带的划分

岩石风化的程度和深度各地不一。风化作用在地表最明显，随着深度的增加，其影响就逐渐减弱以至消失。

被风化了的岩石圈的疏松表层称风化壳。岩石风化后的工程地质性质变化很大，为了选择合适的水工建筑场地和确定基础开挖深度和保证建筑物的稳定，对岩石风化程度、风化深度必须进行了解。岩石风化带界限的划分和风化带的命名，不同的工程实践有不同的划分依据和命名方法。一般是根据岩石风化后的颜色、结构、矿物成分及物理力学性质等方面的变化，将风化岩石划分为全风化、强风化、弱风化和微风化四个带（见表4-1）。表4-1中所列的四个风化带不是在任何风化岩石的垂直剖面上都能见到的，由于水流冲刷等外力的影响，常保留其中2～3个带。

上述岩石的风化程度分级，主要是凭借肉眼观察判断作出的定性的划分。至于定量化的研究，如采用点荷载试验、地震波、声波和超声波等测试方法探讨评价岩石风化程度，目前还无统一标准，有待于进一步研究和实践。

表 4-1 岩石的风化程度分级

风化分带	岩石颜色	矿物成分	岩体破碎特点	物理力学性质	声波特征	开挖技术特征
全风化带	原岩完全变色，常呈黄褐、棕红或红色	除石英外，其余矿物多已变异，形成绿泥石、绢云母、蛭石、滑石、石膏、盐类及粘土矿物等次生矿物	呈土状，或粘性土夹碎屑，结构已彻底改变，有时外观保持原岩状态	强度很低，浸水能崩解，压缩性增大，手指可捏碎	纵波声速值低，声速曲线摆动小	锤击声哑，锹镐可挖动
强风化带	大部分变色，岩块中心部分尚较新鲜	除石英外，大部分矿物均已变异，仅岩块中心变异较轻，次生矿物广泛出现	岩体破碎厉害，呈岩块、岩屑，时常夹粘性土	物理力学性质不大均一，强度较低，岩块单轴抗压强度小于原岩的1/3，风化较深的岩块手可压碎	纵波声速值较低，声速曲线摆动较大	锤击声哑，用锹镐开挖，偶须爆破开挖
弱风化带	岩体表面及裂隙面大部分变色，断口颜色较新鲜	沿裂隙面矿物变异明显，有次生矿物出现	岩体一般完好，原岩结构构造清晰，风化裂隙尚发育，时常夹少量岩屑	力学性质较原岩低，单轴抗压强度为原岩的1/3～2/3	纵波声速值较高，声速曲线摆动较大	锤击声不够清脆，必须爆破开挖
微风化带	仅沿裂隙面颜色略有变化	仅沿裂隙面有矿物轻微变异，并有铁质、钙质薄膜	岩体完整性较好，风化裂隙少见	与原岩相差无几	纵波声速值高，声速曲线摆动小	锤击发音清脆，必须爆破开挖

第二节 河流地质作用

河流与公路建设的关系极为密切。路桥工程中有相当一部分是建立在河流峡谷、阶地、盆地和洪水冲积扇等一定形态的河流地貌单元中的，而有些河流地貌往往是地下水贮存的良好场所。

河流是沿着槽形凹地经常性或周期性的流水。河流所流经的槽状地形称为河谷，河谷是由谷底和谷坡两大部分组成的(见图 4-2)。

谷底包括河床及河漫滩，河床是指平水期流水占据的谷底，或称河槽；河漫滩是河床两侧只有在洪水时才能淹没的谷底部分，而枯水时则露出水面。谷坡是河谷两侧的岸坡，谷坡上部常年洪水不能淹没并具有陡坎的沿河平台叫阶地，但并不是所有的河段均有

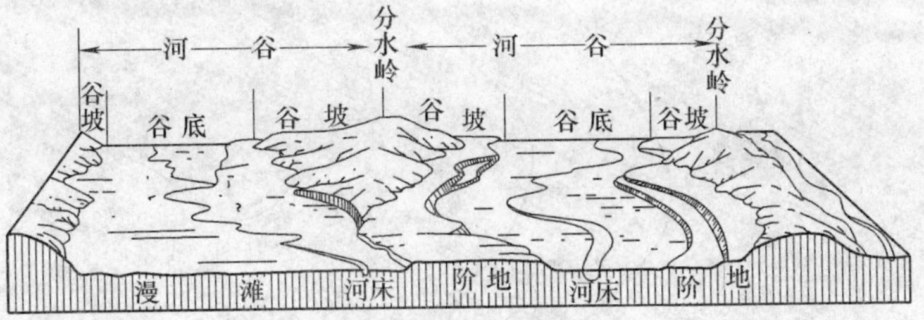

图 4-2　河谷要素图

阶地。

河水流动时会对河床进行冲刷破坏，并将所侵蚀的物质带到适当的地方沉积下来，故河流的地质作用可分为侵蚀作用、搬运作用和沉积作用三种。

一、河流的地质作用

(一)河流的侵蚀作用

河流以河水及其所挟带的碎屑物质，在河水流动过程中，不断冲刷破坏河谷、加深河床的作用，称为河流的侵蚀作用。河流侵蚀作用的方式包括机械侵蚀和化学溶蚀两种，前者是河流侵蚀作用的主要方式，后者只在可溶岩类地区的河流才表现得比较明显。按照河流侵蚀作用的方向，分垂直侵蚀、侧方侵蚀和向源侵蚀三种。

(1)垂直侵蚀作用　河水及其挟带的砂砾在从高处不断向低处流动的过程中，不断撞击、冲刷、磨削和溶解河床岩石使河床降低、河谷加深的作用，称为河流的垂直侵蚀作用，简称下蚀作用。这种作用的结果是越来越使河谷变深、谷坡变陡。河流的下蚀作用并非无止镜的，下蚀作用的极限平面称为侵蚀基准面，如海平面(终极)、湖面(局部)。下蚀作用可使跨河建筑物(桥墩)的地基遭受破坏，所以应将这些建筑物基础砌置深度大于下蚀作用的深度，并对基础采取保护措施。

(2)侧方侵蚀作用　侧方侵蚀作用又称旁蚀或侧蚀，是指河水对河流两岸的冲刷破坏使河床左右摆动、谷坡后退、不断拓宽河谷的过程。侧蚀作用的结果是加宽河床、谷底，使河谷形态复杂化，形成河曲、凸岸、古河床和牛轭湖。侧蚀作用主要发生于河流的中下游地区。自然界的河流都是蜿蜒曲折的，河水也不是直线流动的，而是呈螺旋状的曲线流动的；河水开始进入弯道时，主流线则偏向弯道的凸岸；进入弯道后，主流线便明显地逐渐向凹岸转移；至河湾顶部，主流线则紧靠凹岸。在河湾处，水流因受离心力的作用，形成表流偏向凹岸而底流流向凸岸的离心横向环流(见图 4-3)。

河床在宽阔的谷底中犹如长蛇爬行般的迂回曲折、左右摆动。这种极度弯曲的河床称为蛇曲。蛇曲进一步发展，使同侧相邻的两个河湾的凹岸逐渐靠拢，当洪水切开两个相邻河湾的狭窄地段时，河水便从上游河湾直接流入下游相邻的河湾，形成河流的自然裁弯取直。而中间被废弃的弯曲河道，逐渐淤塞断流变为湖泊，叫做牛轭湖(见图 4-4)。

长江的下荆江是河曲最发育的河段，从藕池口到城陵矶，两地间的直线距离仅 87 km，而天然弯曲的河道长达 239 km，共有河湾 16 个，成为规模最大的“九曲回肠”式的自然曲流，而由自然裁弯取直形成的牛轭湖也很多。

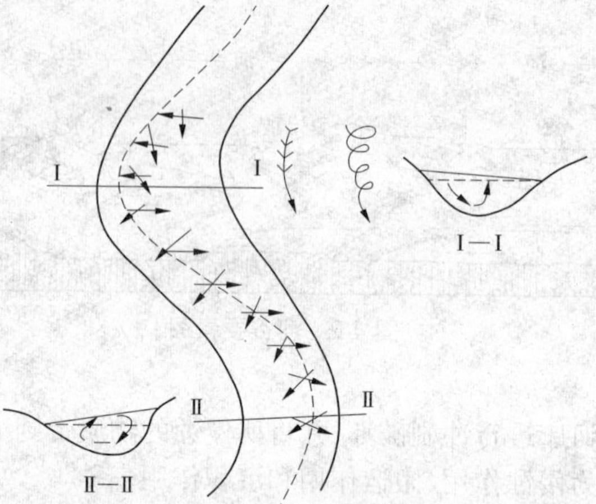

图 4-3　河流侧向侵蚀示意图

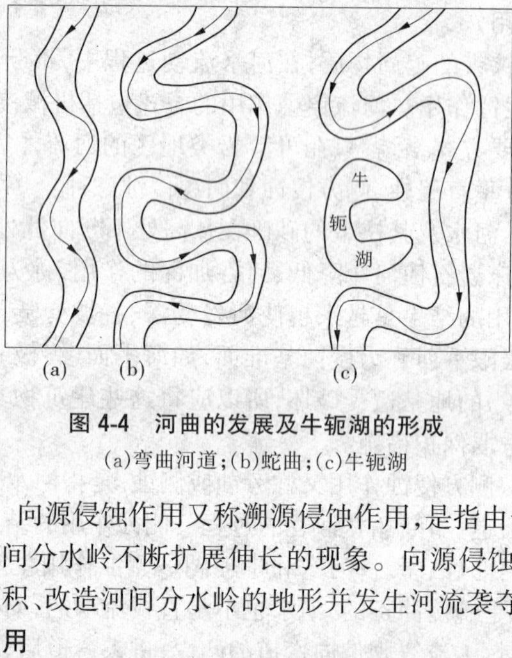

图 4-4　河曲的发展及牛轭湖的形成

(a)弯曲河道;(b)蛇曲;(c)牛轭湖

(3)向源侵蚀作用　向源侵蚀作用又称溯源侵蚀作用,是指由于河流下切的侵蚀作用而引起的河流源头向河间分水岭不断扩展伸长的现象。向源侵蚀的结果是使河流加长,同时扩大河流的流域面积、改造河间分水岭的地形并发生河流袭夺现象。

(二)河流的搬运作用

河流将其挟带的大量碎屑物质和化学溶解物质不停地向下游方向输送的过程,称为河流的搬运作用。河流拥有巨大的搬运能力,而搬运能力取决于流量和流速;按埃里定律,搬运物质重量与流速的 6 次方成正比($G = Cv^6$),即流速增加 1 倍,搬运能力增加到 64 倍。由搬运作用搬运的碎屑物质数量之大,是人们难以想象的。据统计,全世界河流每年输入海洋的泥沙总量约 200 亿 t。搬运物质主要来源于两个方面:一是流域内由片流洗刷作用和洪流冲刷侵蚀作用产生的物质;二是由河流对自身河床的侵蚀作用产生的物质。

河水搬运方式有以下 3 种:在上游由于流速大,土石颗粒(体积 1～100 m^3)沿河床滚动、滑动,以拖运(推运)为主;中下游,泥沙大小和数量随流速改变,以悬运为主;在含可溶性物质的河流里，河水搬运以溶运为主。

（三）河流的沉积作用

河水在搬运过程中，由于流速和流量的减小，搬运能力也随之降低，而使河水在搬运中的一部分碎屑物质从水中沉积下来的过程，则称为河流的沉积作用，由此形成的堆积物称为河流的冲积物。河流的冲积物（层）特征：磨圆度良好、分选性好、层理清晰。河流的沉积作用，造成河道的淤塞以及浅滩、水库的淤积。

河流冲积物在地表分布很广，主要类型有如下4种：

（1）平原河谷冲积物　平原河谷冲积物主要包括河床冲积物、河漫滩冲积物、河流阶地冲积物及古河道冲积物等。

①河床冲积物，一般上游颗粒粗，下游颗粒细，因搬运距离长，颗粒具有一定的磨圆度。其中较粗的砂与砾石密度大，是良好的天然地基。

②河漫滩冲积物常具有二元结构，即下层为粗颗粒土，上层为泛滥形成的细粒土，局部有腐殖土。

③河流阶地冲积物是由地壳的升降运动与河流的侵蚀、沉积作用形成的。

④古河道冲积物由河流裁弯取直改道以后的牛轭湖逐渐淤塞而成。这种冲积物通常存在较厚的淤泥、泥炭土，由于压缩性大、强度低，为不良地基。

（2）山区河谷冲积物　山区河流一般流速大，河谷冲积物多为粗颗粒的漂石、砂卵石等，冲积物的厚度一般不超过15 m。在山间盆地和宽谷中的河漫滩冲积物主要为含泥的砾石，具有透镜体和倾斜层理构造。

（3）山前平原冲积洪积物　山前平原堆积物常有分带性，即近山一带由冲积和部分洪积的粗粒物质组成，而向平原低地逐渐变为砂土和粘性土。

洪积物是指由洪流搬运、沉积而形成的堆积物。洪积物一般分布在山谷中或山前平原上，在谷口附近多为粗颗粒碎屑物，远离谷口颗粒逐渐变细，这是因为地势越来越开阔，山洪的流速逐渐减慢之故。洪积物地貌特征：靠谷口处窄而陡；离谷后逐渐变为宽而缓，形如扇状（称为洪积扇）。洪积物作为建筑地基时，应注意不均匀沉降。

（4）三角洲冲积物　河流搬运的大量物质在河口沉积而成三角洲冲积物，厚度达数百米以上，面积也很大。其冲积物质大致可分为3层：顶积层沉积颗粒较粗；前积层颗粒变细；底积层颗粒甚细，并平铺于海底。三角洲冲积物含水量高、承载力低。

归纳上述河流的地质作用，可发现促使河流地质作用不断进行和发展的是水流。水流同时进行着两种相互依存和相互制约的作用，即侵蚀作用和沉积作用。这两种作用是同时存在的，河流某一段遭受侵蚀，另一段就会发生沉积，且在同一个横断面上就可能同时进行着这两种作用。河流的搬运作用，可以认为是以上两种作用处于暂时平衡的结果。虽然这三种作用可以在同一断面上存在，但往往在河流上游以侵蚀作用为主；中游处于平衡状态，以搬运作用为主；而下游则以沉积作用为主。

二、流域地貌

在一定地区内的地面径流通过若干支流汇入一条主干河流，这一广阔的集水区域称为该主干河流的流域。流域的范围是以四周的地面分水岭圈定的,即主干河流能够获得水量补给的集水区。流域地貌是指在集水范围内,由地面径流的侵蚀、搬运和堆积作用塑造形成的各类地貌形态的总称。

(一)河流各发育阶段中的地貌特征

陆地上的任何一条河流都经历了很长时期的发展演变,发展阶段大体可分为幼年期、壮年期和老年期三个阶段,在不同的发展阶段中具有不同的地貌特征。

(1)幼年期河流的地貌特征　在河流发育的早期阶段,由于地壳的迅速上升,河流深切侵蚀作用剧烈,大多形成狭窄的"V"形河谷。"V"形河谷谷坡陡峭,河流纵剖面陡而倾斜,起伏不匀,谷底几乎全被河床所占据。

(2)壮年期河流的地貌特征　河流进入壮年期后,水流均匀而平静,基本上无急流瀑布,河流纵剖面上的明显起伏也已消失。随着河流侧蚀作用的加强,河谷逐渐拓宽,谷坡平缓,山脊浑圆,地势起伏缓和,由原来的坡峰深谷演变为低丘宽谷。

(3)老年期河流的地貌特征　河流发展到老年阶段后,地质作用以侧向侵蚀作用和堆积作用为主,下蚀作用已很微弱,河水流速缓慢,堆积作用旺盛,形成宽广的河漫滩,使河床深度逐渐淤浅,滩上湖泊、沼泽密布,汊河发育,河流在自身的堆积物上迂回摆动,形成河曲。

(二)分水岭

分水岭是指相邻两个流域之间的山岭或高地。在分水岭地区,由大气降水形成的地表径流分别流入山岭或高地两侧的河流。

分水岭两侧的坡度常常是不对称的,因而直接影响着两侧河流向源侵蚀的速度。向源侵蚀速度快的一侧,河流源头便较快地向分水岭伸展,使分水岭不断降低,并向坡度较缓的一侧移动,最终切穿分水岭。这样,河床高程较低而侵蚀能力强的河流把另一侧河床高程较高而侵蚀能力弱的河流上游河段抢夺过来,使原来流入其他流域的部分河流改为流入切过分水岭的河流,造成抢水,又称河流袭夺。若分水岭两侧坡度比较一致,两侧河流向源侵蚀的速度也大体相同,则不会发生抢水,只是均匀地降低分水岭高度。

(三)水系

在流域范围内,主干河流源远流长,拥有众多大小不同的各级支流,形成复杂的同一系统、脉络相通的地表水体,总称为水系。水系中干流与各级支流的组合形式则称为水系模式。水系模式是各种内外地质应力作用的产物,受流域内原始地形坡度、岩石性质、地质构造、新构造运动和自然环境等因素的控制,在平面上表现为有规律的排列组合。通过对水系模式的分析研究,可以推测流域内地质构造和地壳新构造运动的大致情况。常见的有下列几种水系模式,包括树枝状水系、格状水系、平行状水系、辐合水系、放射状和环状水系、羽毛状水系、网状水系。

三、河谷地貌

河谷的形态和规模大小都不同,可划分为山区河谷和平原河谷两种基本类型。山区河谷均较平直，受地质构造影响较大；而平原河谷由于水流缓慢，多以沉积作用为主，河谷弯曲，汊道纵横，形态很复杂。下面我们着重讨论山区河谷地貌形态。

(一)山区河谷形态特征

在山区，由于基岩性质与地质构造发育程度的不同，河谷形态不能单纯由水流状态和泥沙含量两个因素来控制，地质因素起着更重要的作用。因此，山区河谷纵横断面均比较复杂，总的来说具有波状和阶梯状的特点。从公路工程角度出发，将河谷分为宽谷和峡谷、对称谷和不对称谷。

(1)宽谷与峡谷　山区河流常是宽谷与峡谷交替分布。在岩石性质比较坚硬的河段常形成峡谷，峡谷的横断面明显呈"V"形，谷坡陡峭，谷内的河漫滩和阶地均不发育；在岩石性质比较软弱的河段，则常形成开阔的宽谷，其横断面为梯形，谷内有河漫滩或阶地分布。

横穿背斜或地垒等构造的河流，也常形成峡谷，如四川省北碚附近的嘉陵江河段，横切三个背斜形成了著名的小三峡。反之，横穿向斜和地堑等构造的河流，就常形成宽谷。

在地壳上升强烈地区，河流的下蚀作用强烈，也常常形成峡谷。举世闻名的长江三峡地区，其上升的幅度和速度都比其上、下游地区大得多。

(2)对称谷与不对称谷　流经块状岩层和厚层状岩层地区的河流，由于岩层岩性比较均一，河流侧向侵蚀的差异性小，因而形成两岸谷坡坡角大致相等的对称河谷，特别是在直流段。如果河谷两侧岩层较薄，岩性软硬不一，则河谷易向软弱岩层一岸冲刷，从而形成一岸坡陡、另一岸坡缓的不对称河谷。

顺着直立向斜和背斜轴部以及地堑等发育的河流，由于具有大体对称的地质构造条件，相应形成的向斜谷、背斜谷和地堑谷常是对称河谷。反之，则多为不对称河谷，如河流沿着断层或单斜构造岩层的走向发育时，相应形成了断层谷和单斜谷。断层谷下降盘一侧常形成缓坡，上升盘一侧形成陡坡；单斜谷一般顺岩层倾向的一侧形成缓坡，反岩层倾向的一侧形成陡坡，使河谷形态不对称。长江在四川省东部的不对称河谷，主要是由单斜构造而形成的。

另外，在层状岩层地区，根据河谷延伸方向与构造线走向的关系，可将河谷划分为纵向谷、横向谷和斜向谷三种。图4-5中所示各类河谷因与构造线方向一致，均属纵向谷。纵、横、斜三类河谷，结合岩石性质和地质构造条件，便组合成了各种具有不同地质结构类型的河谷，从而具有不同的工程地质特征，对水利工程有着不同的影响。

(二)山区河床地貌

山区河床形态复杂，横断面常呈深而窄的"V"形，平面上受地质构造及岩性控制；纵剖面比降大，常呈阶梯状，多跌水和瀑布。

(1)岩坎和石滩　岩坎是由坚硬岩石横亘于河床底部形成的。河流在岩坎处形成急流，当岩坎高度大于水深时，即形成瀑布。这类地形常与断层崖有关(如黄果树瀑布，加美·尼亚加纳瀑布)。岩坎总是随着向源侵蚀不断后退，直至消失。石滩是由山区河床上堆积的很多巨大岩块所构成的，巨大岩块来源于谷坡的崩坠、滑坡或河谷两侧支沟的冲出锥堆积物。石滩形态不如岩坎稳定，在水流长期作用下较易移动、变形或消失。

(2)深槽和深潭　河床中的深槽主要是由地质构造因素而形成的。如断层破碎带、裂

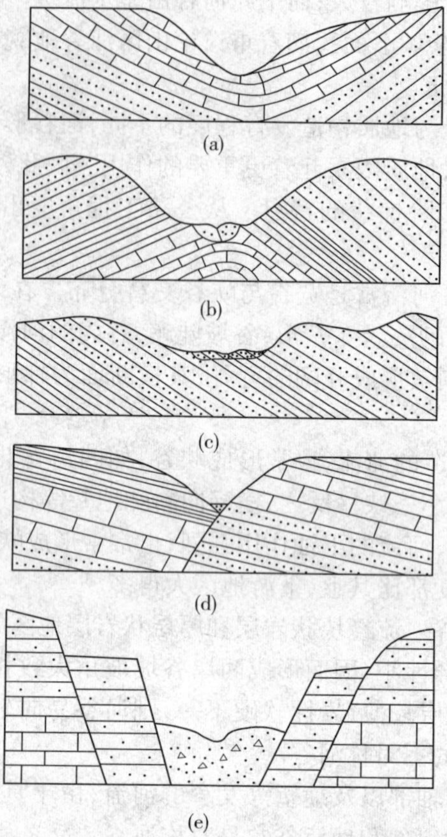

图 4-5　河谷发育与地质构造的关系

(a)向斜谷;(b)背斜谷;(c)单斜谷;(d)断层谷;(e)地堑谷

隙密集带、软弱岩层或整状风化带等抗冲刷能力较弱的部位易形成深槽,深槽常分布于水流侵蚀性很强的峡谷河段。

(三)山区河流阶地

河流阶地是超出洪水位、有台面和陡坎的呈阶梯状分布于河谷两侧谷坡上的地貌形态(见图 4-6)。

阶地的平台面叫阶地面,陡坎叫阶地斜坡,阶地前边部分叫阶地前缘,后边部分叫阶地后缘,阶地面与河流平水位之间的垂直距离称为阶地高度。一般河谷中常出现多级阶地,从高于河漫滩或河床算起,向上依次称为一级阶地、二级阶地……一级阶地形成的时代最晚,一般保存较好,越老的阶地形态相对保存越差。

阶地形成基本上经历了两个阶段,首先是在一个相当稳定的大地构造环境下,河流以侧蚀作用和堆积作用为主,形成宽阔的河谷;然后地壳上升,河流下切,又经过了一段相对稳定阶段而形成了阶地面。由此反复作用便形成了数级阶地,一般地壳上升越强烈的地区,阶地也越高。

根据成因,阶地可分为侵蚀阶地、基座阶地和堆积阶地三种类型(见图 4-7)。

(1)侵蚀阶地　侵蚀阶地由基岩组成,有时阶地面上残留有极少冲积物,基岩裸露,故

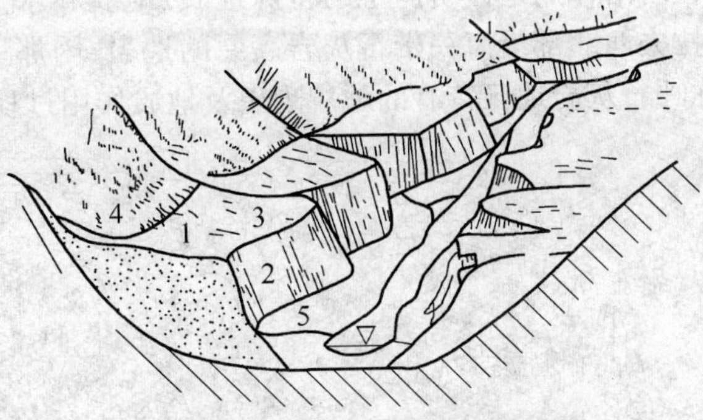

图 4-6　阶地形态要素示意图

1—阶地面；2—阶地斜坡；3—阶地前缘；4—阶地后缘；5—坡脚

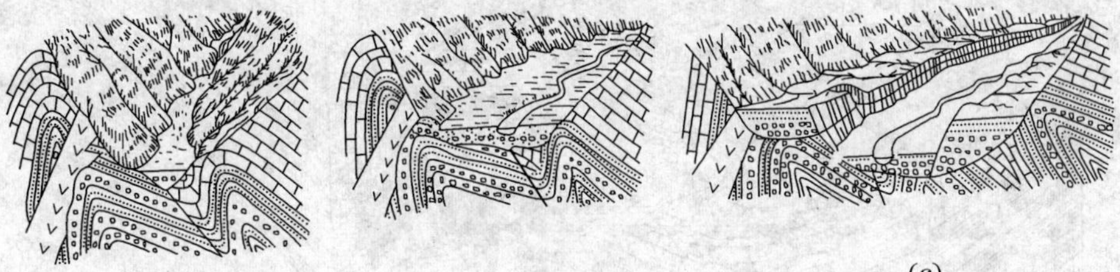

(a)　(b)　(c)

图 4-7　河流阶地主要类型

(a)侵蚀阶地；(b)堆积阶地；(c)基座阶地

又称基岩阶地。侵蚀阶地多发育在地壳上升的山区河谷中，它作为桥梁等建筑物的地基是有利的。

(2)基座阶地　基座阶地分布于新构造运动上升显著的地区，由两部分组成：在阶地陡坎的剖面上可以看到，其上部为冲积物，下部为基岩，且冲积物覆盖在基岩底座上。这是由于后期河流下蚀深度超过原有河床中冲积物厚度，从而冲积物切入基岩内部而形成的。

(3)堆积阶地　堆积阶地全部由河流冲积物所组成。它的形成过程是：河流侧向侵蚀，拓宽谷底，同时大量冲积物堆积成河漫滩，然后河流强烈下蚀形成阶地。它常见于河流中下游。根据下蚀深度不同，堆积阶地又可分为上迭阶地和内迭阶地，内迭阶地套置在先成的阶地之内。大河流的中下游河谷非常开阔，沉积作用十分强烈。当阶地面积广大时，即形成一片平缓的广阔平原，称为冲积平原。

第三节　岩　溶

在石灰岩大面积出露的地区，地上地下往往形成奇丽的山川地貌(见图 4-8)，如著名的桂林山水、路南石林。这种现象是由特殊的地质作用——岩溶作用造成的，岩溶又名喀斯特(Karst)。岩溶作用是指地下水或地表水对可溶性岩石所进行的以化学溶解作用为主、机械作用为辅的溶蚀作用。由岩溶作用形成的地形及堆积物称为岩溶地貌及岩溶堆积物或洞穴堆积物。在岩溶作用地区所产生的特殊地质、地貌和水文特征统称为岩溶现象。喀斯特原是南斯拉夫西北部沿海一带石灰岩高原的地名，因那里发育各种石灰岩地貌，故借用此地名来称呼石灰岩地区特有的地貌现象及地质作用过程。

图 4-8　岩溶（喀斯特）地貌景观示意图

1—溶沟；2—石芽；3—溶斗；4—溶洼；5—落水洞；6—溶洞；7—溶柱；8—天生桥；9—地下河及伏流；10—地下湖（暗湖）；11—石钟乳；12—石笋；13—石柱；14—隔水层；15—河成阶地

Ⅰ—岩溶剥蚀；Ⅱ—强烈剥蚀面上发育溶沟、溶芽和溶斗；Ⅲ—石林丘陵；Ⅳ—洼地、谷地发育带；Ⅴ—溶蚀平原（溶原）

一、喀斯特形成的基本条件和影响因素

喀斯特形成的基本条件主要包括有可溶性岩石、可溶性岩石具有透水性、存在具有一定溶蚀能力的水、水在可溶性岩石中是不断流动的。上述四个基本条件中，可溶性岩石是形成喀斯特的内因，有溶蚀能力的水是喀斯特发育的外因。调查资料表明，喀斯特发育的程度和特点，不仅受上述四个条件的制约，还受以下四个因素的影响。

（一）可溶性岩石的成分和结构特点对喀斯特发育的影响

可溶性岩石的溶解度主要取决于岩石中可溶性矿物的含量。自然界的可溶性岩石有以下三类：碳酸盐类岩石，如石灰岩（$CaCO_3$）、白云岩（$Ca\cdot Mg(CO_3)_2$）；硫酸盐类岩石，如石膏（$CaSO_4\cdot 2H_2O$）、硬石膏（$CaSO_4$）；卤化物类岩石，如盐岩（NaCl、KCl）。其中碳酸盐类岩石的溶解度最小，盐岩类的溶解度最大。但碳酸盐类岩石分布最广，在漫长的地质年代中，所形成的溶蚀现象能够保存下来。因此，一般所谓喀斯特，大都是指在碳酸盐类岩石中已形成的各种地质地貌现象。

就碳酸盐类岩石而言，质纯、层厚且含有石膏等溶解度大的矿物成分时，岩石的溶解度大，喀斯特易发育；而层薄，含泥质、有机质、硅质、白云质等难溶或不溶成分时，岩石的溶解度将不同程度地降低，不易发育喀斯特。如我国北方的奥陶纪石灰岩和南方的石炭纪、二叠纪石灰岩，一般岩性较纯，喀斯特较发育，其中往往有较大的溶洞和丰富的喀斯特地下水。

喀斯特的发育除与岩石的成分有关外，还与岩石的结构有关。如在某些地区，发现含白云质成分较多的厚层白云质石灰岩反而比纯石灰岩中的喀斯特发育更为强烈。此外，某些化学成分相近的石灰岩或白云岩，在垂直方向不同层位上，喀斯特的发育也常不一样。这些都与岩石的结构有关。通常情况下，细粒结构的碳酸盐岩较粗粒结构者孔隙率小、渗透性差，喀斯特较不易发育；而粗粒厚层者较易溶解，喀斯特也较易发育。如华北的马家沟灰岩，广西的马平灰岩、黄龙灰岩，湖北西部地区的三游洞灰岩等，都是质纯、粗粒厚层的石灰岩，其中的喀斯特均甚发育。

（二）地质构造对喀斯特发育的影响

可溶性岩石的透水性主要取决于岩层中裂隙与断层的发育情况。具溶蚀能力的水，首先沿裂隙进入岩石内部，在不断进行溶蚀循环的情况下，裂隙逐步扩大。裂隙越发育，水循环条件越好，溶蚀条件也越好，因而裂隙密集带和未胶结的断层破碎带都是喀斯特发育的有利部位。另外，许多地方喀斯特的发育方向往往也与断裂线的方向一致。

褶皱轴部尤其是背斜轴部，岩层破碎、裂隙发育，喀斯特的发育较两翼强烈，发育的方向与褶曲轴的方向一致。

由于岩层的层理面也常常是地下水流的通道，所以喀斯特的发育还往往沿着层理面进行，特别在是可溶性岩石与非可溶性岩石的交界面上，喀斯特的发育尤为强烈。

（三）水的溶蚀能力对喀斯特发育的影响

碳酸盐类岩石在纯水中的溶解度仅为 11.5 mg/L，但自然界的水往往含有某些化学成分和气体，其中对水的溶蚀能力影响最大的是侵蚀性 CO_2 的含量。水化学试验证明，CO_2 可以 HCO_3^-、CO_3^{2-} 或气态形式存在于水中。以气态形式存在于水中的 CO_2 称为游离 CO_2，当水中含有 1 mg/L 的游离 CO_2 时，碳酸盐岩在水中的溶解度可增至 50～80 mg/L。可见，游离 CO_2 的存在，提高了水对碳酸盐岩的溶蚀能力，这主要是由于 CO_2 的参与可使不易溶解的碳酸盐转变为易溶的重碳酸盐。其反应式为

$$CaCO_3 + H_2O + CO_2 = Ca(HCO_3)_2$$

该反应是可逆的，而且反应速度与当地地下水的温度和压力有关。上式说明，当水中含有一定数量的 HCO_3^- 时，则有相应数量的游离 CO_2 与其平衡，当游离 CO_2 含量增加时，反应式将向右进行，亦即将有一部分 $CaCO_3$ 被溶解，这部分溶解 $CaCO_3$ 的 CO_2 称为侵蚀性 CO_2。水中侵蚀性 CO_2 的含量越高，水的溶蚀能力越强。

地下水中的 CO_2 主要来源于大气降水。在一般情况下，地下水中侵蚀性 CO_2 的含量随着深度的增加而减少，亦即水的溶蚀能力随着深度的增加而逐渐减弱。此外，当水中含有 Cl^-、SO_4^{2-} 时，碳酸盐类的溶解度亦会增加。

（四）地下水的径流条件对喀斯特发育的影响

在可溶性岩石中，只有当地下水的补给和排泄条件通畅且能不断地将溶解物质带走，同时又有具侵蚀性的水不断补充时，才能发育喀斯特。相反，如果地下水流动缓慢或处于静止状态，则喀斯特发育迟缓或处于停滞发育阶段。

地下水的流动性主要决定于岩石的透水程度和地下水的排泄条件。山区及河谷地带

的上述条件较丘陵、平原地区为好,因而喀斯特易于发育;地下深处由于裂隙少,上述条件差,在一般条件下,喀斯特的发育程度将大为减弱。

在被河谷切割的厚层可溶性岩层地区,俄国的 д.С. 索科洛夫根据地下水的循环交替条件,在垂直方向上将喀斯特的发育划分为下列 4 个带(见图 4-9)。

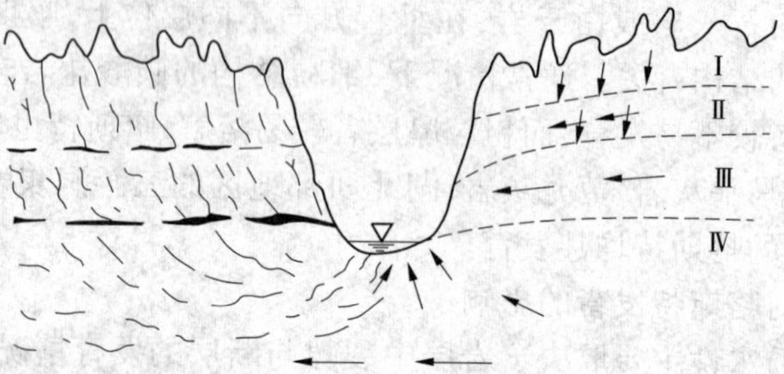

图 4-9　岩溶发育的垂直分带

Ⅰ—垂直循环带;Ⅱ—过渡循环带;Ⅲ—水平循环带;Ⅳ—深部循环带

(1)垂直循环带(包气带)　垂直循环带位于地表以下、地下水位以上(见图 4-9 中Ⅰ)。只有当降水或地表水渗入时,垂直循环带内才有地下水。地下水主要是通过倾斜的或垂直的裂隙及层面垂直向下渗透,因而喀斯特的发育也主要以垂直形态为主,如漏斗、落水洞等。

(2)过渡循环带(季节变化带)　过渡循环带位于地下水高水位与低水位之间。雨季地下水位升高,地下水向河谷流动;水位下降时,则成为包气带(见图 4-9 中Ⅱ),地下水既有水平运动,也有垂直运动,具有季节性的交替现象。由于这一带水动力条件较好,固而喀斯特作用最为强烈,且具有成层性水平向发育及垂直向发育两种形态。过渡循环带的厚度变化决定于地下水位的升降幅度。

(3)水平循环带(完全饱水带)　水平循环带位于最低地下水位线以下,包括河谷两侧和谷底地下水流入河谷的整个范围。在此带内,河谷两岸地下水是向河谷方向水平排泄的(见图 4-9 中Ⅲ),喀斯特的发育也是水平方向的,多形成水平溶洞;在河谷底部,地下水具承压性质,且由下而上地排入河谷,因而喀斯特的发育也多为垂直和倾斜方向的洞穴。但另一方面,离地下水面愈深,水流的渗透速度就愈小,因而喀斯特的发育强度也明显随深度的增加而有规律地减弱。

(4)深部循环带(滞流带)　深部循环带内地下水的运动已不受当地河谷的影响,主要是向区域性的构造洼地或其他排泄区缓慢移动(见图 4-9 中Ⅳ),带内地下水的饱和度大且溶蚀能力低,因而喀斯特发育微弱。

由以上四个带的划分可以看出,喀斯特垂直分带性主要取决于地下的径流量大小和径流方向。但必须注意的是,这四个带的位置不是固定不变的,它们的划分也只是近似的,并非所有地区的喀斯特都绝对如此,而应结合当地的地质地貌条件具体分析。

二、岩溶地貌

岩溶地貌一般分为地表岩溶地貌及地下岩溶地貌两大类型。

(一)地表岩溶地貌

(1)溶沟与石芽　雨水在可溶岩表面沿着层面或裂隙流动时,形成一些沟槽,其深度由几厘米到几米或者更大些,浅的叫溶沟,深的叫溶槽。沟槽之间凸起的石脊叫做石芽。在质纯层厚的石灰岩地区,可形成巨大的貌似林立的石芽,称为石林,如云南路南石林,最高可达 50 m。

(2)落水洞　落水洞是联结地表水流和地下溶洞暗河的垂直通道,它是渗透水流沿着可溶岩石的裂隙进行溶蚀及机械侵蚀作用的结果。落水洞的形态主要受裂隙控制,有垂直的、倾斜的和曲折的三种。落水洞的深度从十几米到几十米,甚至达百余米,直接与水平溶洞或地下河相通;宽度仅几米。深度大而又垂直的落水洞又称竖井。

(3)溶蚀漏斗　溶蚀漏斗是地面凹地由于汇集雨水沿节理垂直下渗,并溶蚀扩展成漏斗状的洼地,直径一般几米至几十米,底部常有落水洞与地下溶洞相通。

(4)盲谷与干谷　盲谷是一端封闭的河谷。河流前端常遇石灰岩陡壁阻挡,石灰岩陡壁脚下常发育落水洞,遂使地表水流转为地下暗河,这种向前没有通路的河谷称为盲谷。干谷是岩溶地区的旧河谷。由于地壳上升,原地面河水沿落水洞或溶蚀漏斗转入地下,而遗留在地表干涸的河谷称为干谷。

(5)溶蚀洼地　溶蚀洼地为岩溶地区规模较大的封闭或半封闭的洼地,一般是由溶蚀漏斗扩大或相邻溶蚀漏斗合并而成的,其平面形态为圆形或椭圆形,面积数平方公里至数十平方公里。大的洼地叫溶蚀谷或坡立谷。洼地四周为陡壁,底部呈浅凹形或略有起伏,其上覆盖着厚度不等的粘土或碎石,并发育落水洞与溶斗,成为大量吸收地表水流的通道。当通道被堵塞而积水时,便形成溶蚀湖。

(6)峰林　峰林是热带、亚热带气候区岩溶作用充分发育条件下的产物。峰林是由于落水洞、溶斗及洼地等负向地貌不断扩大和地下溶洞与暗河的顶部岩层不断塌陷,从而使得巨厚的石灰岩块体被切割成为分离散立的山峰。它平地拔起,形似丛林,故称峰林。著名的桂林山水,峰林挺拔秀丽、千姿百态,蔚为奇观。

(二)地下岩溶地貌

(1)溶洞　溶洞指地下水流沿可溶岩的层面、断层面、节理面等进行溶蚀及侵蚀而形成近于水平或斜倾的大型空洞(见图 4-10)。洞的规模可以很大,长度可达几百米至几公里。洞的形态也是多种多样。洞内常发育有石笋、石钟乳和石柱等洞穴堆积。洞内溶有重碳酸钙的岩溶水,当温度压力改变时,可逸出 CO_2,产生 $CaCO_3$ 的沉淀,形成石灰华。由洞顶渗水形成的垂悬于洞顶的石灰华沉积,叫做石钟乳;渗水滴至洞底,形成自下向上生长的沉积,叫做石笋;当两者相连时,称为石柱。沿洞壁漫溢形成的形似垂帘的堆积物,称为石幔。洞中这些碳酸钙沉积琳琅满目,形态万千。一些著名的溶洞,如张家界黄龙洞、北京房山县云水洞、贵阳南郊白龙洞、桂林七星岩和芦笛岩等,均为游览胜地。

(2)伏流与暗河　伏流与暗河通称为“地下河系”,是岩溶地区的主要水源。地面河水潜入地下,流经一段距离之后,又流出地表,这种有进口又有出口的地下潜行的河段,称为伏流,它常发育于地壳上升区。暗河是指由地下水汇集而成的地下河道,它有一定范围的地下汇水流域。因此,暗河有明显出口,而无明显入口。高温多雨的热带及亚热带气候区,最有利于暗河的形成。

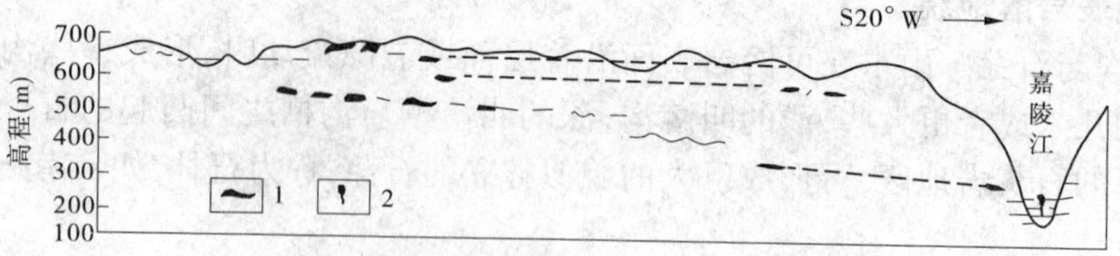

图 4-10　嘉陵江观音峡谷坡的水平溶洞系统

1—溶洞;2—泉

三、岩溶发育的一般规律

(1)岩溶基准面　岩溶发育的速度与强度,一般随着距地表深度的增加而减弱。岩溶向地下深处发育的下限面称为岩溶基准面。目前人们对基准面的意见还不一致,较多的学者认为,岩溶的发育与地下水的循环动态关系密切,而地下水面的变化是受该地区河水面及海水面所控制的,因此认为主河谷谷底及海面应是该区岩溶的基准面。但是,越来越多的资料证明,在主河谷谷底较深的地方仍然发现较大的溶洞。所以,有人提出,岩溶基准面应为碳酸岩体的底板。

(2)岩溶发育的阶段性　岩溶地貌也和其他成因的地貌一样,有其发生、发展和消亡的过程。国内外很多学者把这一过程划分为幼年期、壮年期(包括早壮年期和晚壮年期)和老年期三个阶段。

①幼年期:在原始的可溶性岩地面上,岩溶开始发育,原始的河系切入可溶岩中,地表石芽、溶沟发育,漏斗及落水洞少量出现。

②壮年期:岩溶进一步发育,形成地下岩溶形态,广泛发育溶蚀洼地、干谷、漏斗等。

③老年期:地表水流广泛发育,河间地带仅存少数残丘及孤峰,形成岩溶平原。

(3)岩溶分布的不均匀性　岩溶分布不仅在垂直方向上有变化,而且在水平方向上分布也是不均匀的。岩溶的发育带主要受岩性和地质构造条件两种因素控制。

①岩溶分布受岩性控制。这部分内容在岩溶发育的基本条件中已有介绍,总的趋势是:被水溶解速度越快且溶解度越大的岩石,岩溶越是发育。

②岩溶发育受地质构造条件控制。岩溶常沿着区域构造线方向(如裂隙、断层走向及褶皱轴部)呈带状分布,多形成溶蚀洼地、落水洞、较大的溶洞及地下河等。如云南的六郎洞就是沿着 3 条断层发育成 3 条暗河的。

(4)岩溶发育的垂直分带性前面已论述。

(5)岩溶洞穴分布的成层性　实地观测表明,在垂直方向上喀斯特的发育具有成层性的特点(见图 4-11)。这是由于喀斯特的发育不仅是地下水与可溶性岩石长期互相作用的结果,而且在漫长的地质年代里,地壳的升降运动对其也有很大影响。当地壳在较长时期内处于稳定时,喀斯特发育较彻底,在地下就可能形成规模大、数量多的喀斯特溶洞层;相反,则喀斯特的发育就较困难。如前所述,若在地壳运动相对稳定时期,在垂直剖面上形成了上述喀斯特发育的四个带。之后,若地壳上升,地表河流下切,地下水位随之下降,原来处于地下水位季节变化带的部位就变为包气带,原来完全饱水带相应地变为地下水位季节变化带，并依此类推；当地壳再处于稳定时期时，原来地下水位季节变化带所形成的喀斯特洞穴（称古溶洞）位置已抬高，在其下部，新的地下水位季节变化带将会形成新的喀斯特溶洞层（称现代溶洞），因而使喀斯特的发育出现成层性。同理，若地壳下降，原已形成的溶洞层被埋藏于地下深处，并被泥沙充填。在野外调查工作中，往往能看到成层分布的溶洞层的高程与当地河谷阶地的高程大致相等的现象，这是两者的形成均受地壳运动制约的佐证。

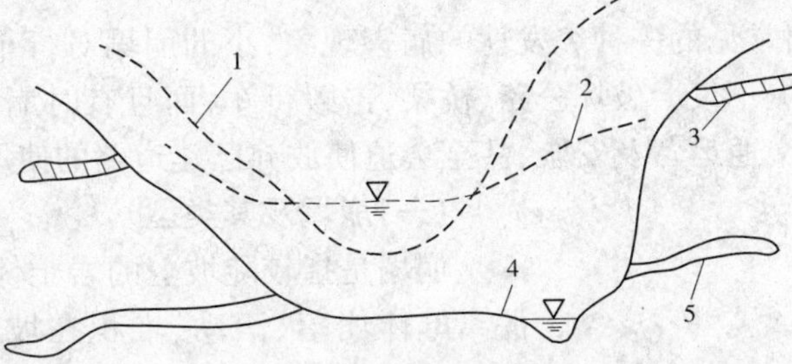

图 4-11 成层发育的喀斯特

1—古代河床；2—古代地下水；3—古代溶洞；4—现代河床；5—现代溶洞

四、岩溶与公路工程建设

碳酸盐类岩石在我国分布广泛，仅地表出露的面积就有 120 万 km^2，约占全国面积的 12.5%，在一定的水、热气候条件下，能塑造出多种类型，尤以广西、贵州、滇东、湘西、鄂西、川东等地较为集中，在山西、河北、山东和辽宁等地也有分布。岩溶发育对公路工程建设影响很大，主要表现为如下 4 个方面：

(1)被溶蚀的岩石强度大为降低。岩溶水在可溶岩层中溶蚀，使岩层产生孔洞，最常见的是岩层中有溶孔或小洞。

(2)降低地基岩体的承载力。建筑物地基中若有岩溶洞穴，将大大降低地基岩体的承载力，容易引起洞穴顶板塌陷，使建筑物遭受破坏。

(3)给施工带来困难。在基坑开挖和隧洞施工中，岩溶水可能突然大量涌出，造成施工困难。

(4)地表基岩面起伏不均。石芽、溶沟、溶槽的存在，使地表基岩面起伏不均。若利用石芽、溶沟或溶槽发育的场地作为地基，则必须作出相应处理。

应当指出的是，必须克服害怕在岩溶地区修建公路工程的思想。新中国成立以来，我国在岩溶地区修建了许多路桥工程，积累了丰富的经验，现简要归纳如下几点：

(1)在工程设计前，必须充分细致地进行工程地质勘察工作，搞清建筑地区岩溶的分布和发育规律，正确评价它对工程的影响和危害。

(2)在工程地质勘察的基础上，要充分利用有利的地质条件，尽量避开不利条件，正确选择路线、桥址，从而减少工程处理措施，降低工程造价，保证建筑物的安全和正常使用。

(3)对岩溶和岩溶水的处理措施，大体可以概括为疏导、跨越、加固、堵塞(落水洞、漏斗)、钻孔充气和恢复水位等几个方面。

第四节　崩塌与滑坡

边坡岩体变形破坏的基本形式有崩塌、滑坡、剥落、蠕变和松弛张裂等几种类型。大规模的边坡破坏通常是上述几种形式的组合。

一、崩塌

崩塌是山区公路常见的一种突发性的病害现象，小的崩塌对行车安全及路基养护工作影响较大；大的崩塌不仅会破坏公路、桥梁，击毁行车，而且有时崩积物堵塞河道，引起路基水毁，严重影响交通运营及安全，甚至会迫使放弃已建道路的使用。

(一)崩塌及其类型

崩塌是指较陡坡上的岩土体在重力作用下突然脱离母体崩落、滚动、堆积在坡脚的动力地貌现象(见图 4-12)。

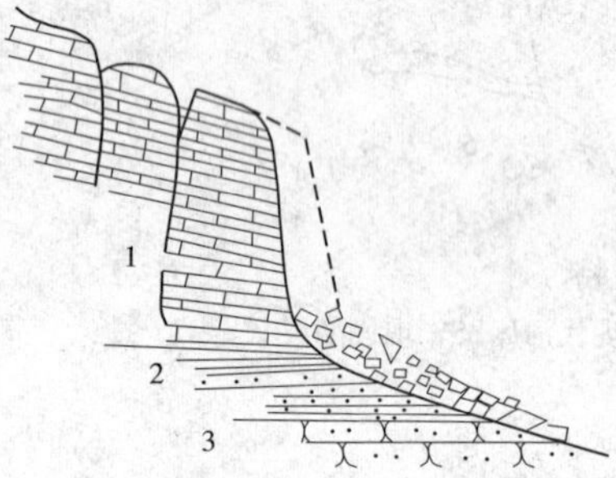

图 4-12　崩塌示意图

1—灰岩；2—砂页岩；3—石英岩

按崩塌体的物质组成，崩塌可分为两大类：土崩和岩崩。崩塌物下坠的速度很快，一般为 5～200 m/s，有的甚至可达自由落体的速度。

按照崩塌体的规模大小，崩塌可以分为剥落、坠落和崩落三种类型。可以是小块岩石的剥落或坠落，也可以是巨大岩体的崩落，后者又称为山崩。在河流岸边受流水、波浪的冲蚀且由于底部淘空而崩落的现象，称为塌岸。

(二)崩塌的形成条件

(1)地形条件　崩塌的形成与地形直接相关。崩塌一般发生在坡度大于 60°～70°的陡坡或陡崖处。地形切割愈强烈、高差愈大，形成崩塌的可能性愈大，并且破坏也愈严重。

(2)坡体结构　坡体结构即岩层产状与坡面的关系。反向坡一般易形成陡坡，利于崩塌产生。

(3)岩土类型　崩塌一般发生在厚层坚硬脆性岩体中。坚硬岩体抗风化能力较强，岩体中有规模大、间隔大的节理发育。当边坡由软硬相间的岩层组成时，因抗风化能力不同，软层受风化剥蚀而凹进，上覆硬层便悬空断裂而坠落；另外，还可因边坡底座岩石软弱，产生沉陷或蠕动变形，引起上覆岩体拉裂错动而造成崩塌。

(4)地质构造　节理、断裂对斜坡岩体分割而易于形成分离岩体，造成崩塌。因此，构造节理和成岩节理对崩塌的形成影响很大。高陡边坡被平行坡面的裂隙深切，在重力作用下向外倾倒拉裂、折断而崩落。此外，大规模的崩塌经常发生在新构造运动强烈、地震频发的高山。

地形条件、岩土类型和地质构造三个条件，又统称地质条件，它们是形成崩塌的基本条件。

此外，风化作用、降雨、震动、采矿挖空等诱发崩塌的外界因素，均可造成或触发高陡边坡的崩塌。

二、滑坡

滑坡是指斜坡上的岩土体在重力作用下沿一定的软弱结构面整体下滑的动力地质现象。滑动面坡角一般在20°～40°之间，过陡则将发生崩塌现象。滑坡常是先经过一段蠕动变形阶段，而后在某些因素影响下（如暴雨、地下水渗透、地震等），岩土体发生急剧下滑，滑动后又逐渐转入新的稳定平衡状态。滑坡的危害性很大，如1955年8月18日在宝鸡卧龙寺车站，大雨使地面裂缝扩大，2 000万 m^3 滑坡体向南滑动，使铁路线产生位移110 m。大规模滑坡的滑动能使大坝和其他水工建筑物遭到破坏，所以在水利水电建设中必须对滑坡区作详细勘察，研究其发生原因及发展规律，并提出合理有效的防治措施。另外，为减少滑坡所造成的损失，应做好预报工作。

（一）滑坡要素及滑坡形态特征

滑坡要素及滑坡形态特征如图4-13所示。

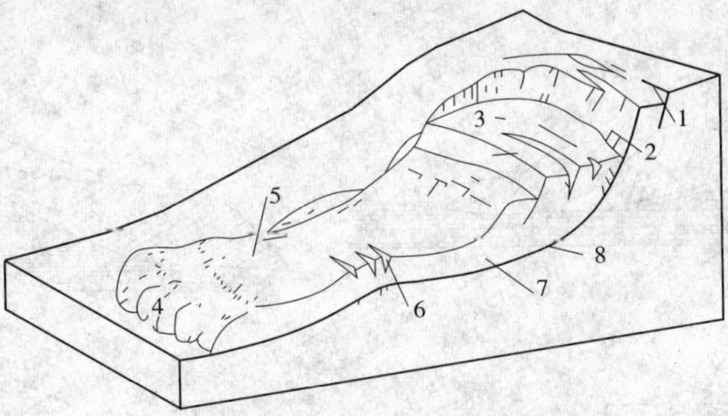

图4-13 滑坡形态要素示意图

1—后缘拉裂缝；2—后缘壁；3—后缘平台；4—前缘；5—前缘膨胀凸起；6—横向裂缝；7—主滑体；8—滑动面

1. 滑坡要素

滑坡一般具有以下几个要素：

(1)滑坡体　所有与原岩分离并向下滑动的土石体称为滑坡体。

(2)滑动面与滑动带　滑坡体沿不动岩体下滑的分界面称为滑动面，它常沿岩体软弱面而形成，沿滑动面有时可见擦痕和磨光面。在滑动面上下，由于滑坡体的滑动而使附近岩石揉皱而形成滑动带。在一个滑坡体内有时不只有一个滑动面，但应注意找出最下面的滑动面。

(3)滑坡床　在滑动面之下未发生滑动的稳定岩体称为滑坡床。

任一滑坡都具有上述三部分。滑坡体与滑坡床之间在平面上的分界线称滑坡周界。

2. 滑坡的形态特征

滑坡的形态特征是认识滑坡的重要依据，它包括以下几种类型：

(1)滑坡台阶　由于滑坡体上下各段滑动速度不同或几个滑动面滑动时间不同，在滑坡体上可形成阶梯状地面，称滑坡台阶。台阶面向斜坡方向倾斜，台面上树木也因倾斜而有“醉林”和“马刀树”之称。

(2)滑坡陡壁(破裂壁)　滑坡体滑动后，与斜坡上方未滑动土石体之间的分界面，称滑坡陡壁(坡角60°～80°),其上常有擦痕。

(3)滑坡洼地　在滑坡体与滑坡陡壁之间构成的月牙形洼地即为滑坡洼地。

(4)滑坡舌和滑动鼓丘　滑坡舌是滑坡体前缘伸出部分,形如舌状;滑坡鼓丘是滑坡体前缘受阻而隆起的小丘。

此外,滑坡体滑动过程中,由于受力状况不同会产生不同性质的裂隙。

(二)滑坡的主要类型

滑坡按其组成物质、滑坡体厚度、滑动面与岩层层面关系的分类(见图4-14)如下所述。

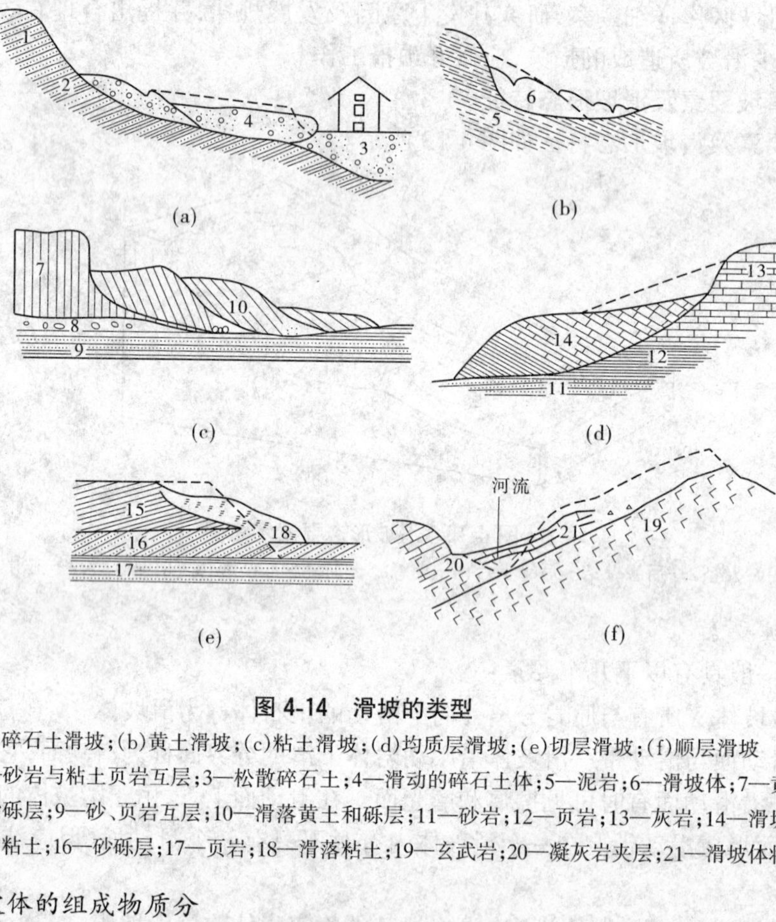

图4-14　滑坡的类型

(a)碎石土滑坡;(b)黄土滑坡;(c)粘土滑坡;(d)均质层滑坡;(e)切层滑坡;(f)顺层滑坡

1—砾石;2—砂岩与粘土页岩互层;3—松散碎石土;4—滑动的碎石土体;5—泥岩;6—滑坡体;7—黄土层;8—含水砂砾层;9—砂、页岩互层;10—滑落黄土和砾层;11—砂岩;12—页岩;13—灰岩;14—滑坡体;15—具有裂缝的粘土;16—砂砾层;17—页岩;18—滑落粘土;19—玄武岩;20—凝灰岩夹层;21—滑坡体将河流堵塞

1. 按滑坡体的组成物质分

按滑坡体的组成物质,滑坡可分为黄土滑坡、粘土滑坡、堆积层滑坡和岩层滑坡。

2. 按滑动面与岩层层面的关系分

按滑动面与岩层层面的关系,滑坡可分为均质滑坡、顺层滑坡和切层滑坡。

(1)均质滑坡　均质滑坡多发生在岩性均一的软弱岩层中(如强烈风化的岩浆岩体或土体中),其滑动面常呈圆弧形。

(2)顺层滑坡　顺层滑坡是沿岩层分界面滑动的滑坡,滑动面多为层面、断裂面、薄的软弱夹层、坡积物与基岩的分界面等。顺层滑坡在岩质斜坡中最为常见,如意大利瓦依昂水库滑坡就是顺层滑坡。

(3)切层滑坡　切层滑坡是滑动面切过了不同岩层发生的滑坡，滑动面多沿断层面、节理裂隙面形成，在剖面上滑动面多呈直线或折线形。

3．按滑坡体厚度分

按滑坡体厚度，滑坡可分为：浅层滑坡，滑坡体厚度小于 6 m；中层滑坡，滑坡体厚度在 6～20 m之间；深层滑坡，滑坡体厚度大于 20 m，规模较大，是典型的发育完全的滑坡地貌。

4．按滑坡体的规模分

按滑坡体的规模，滑坡可分为：小型滑坡（滑坡体体积小于 3 万 m^3）；中型滑坡（滑坡体体积为 3 万～50 万 m^3）；大型滑坡（滑坡体体积为 50 万～300 万 m^3）；巨型滑坡（滑坡体体积大于 300 万 m^3）。

此外，按滑动年代，滑波还可分为古滑坡、老滑坡（可复活重新滑动）、新滑坡、正在发展中的滑坡；按力学条件可分为牵引式滑坡和推移式滑坡。

三、蠕变（蠕动）

蠕变是指斜坡岩体的蠕动变形现象，它是在上部岩体的重力作用下，表部岩层发生长期而缓慢的变形及松动的现象。蠕变一般发生在坡角 15°～30°之间，其中在 25°～30°范围最明显，因为坡角过小会使重力作用微小，过大则难保存粘土和水分。

当由脆性岩石（如砂岩、石灰岩等）组成斜坡时，岩层由于蠕变产生弯折、破裂，向临空面依次倾倒甚至倒转，并伴有层间错动、松动或局部岩块转动及架空现象，且当坡脚受冲刷切割时，可出现塌落的块石堆积；当蠕变发生在由塑性岩石（如页岩、板岩、千枚岩、片岩等）组成的斜坡时，则形成挠曲性蠕动变形，岩层向临空面一侧发生连续弯曲（俗称“点头哈腰”），但很少折裂。

发生蠕动变形的斜坡岩层松动破碎，强度降低，透水性增强，其范围可达数十米，对工程建筑极为不利。

四、剥落

剥落是指边坡表层的岩石由于长期的物理风化作用，不断产生岩块和岩屑在重力作用下向坡下滚动和坠落的现象。

剥落现象多发生在岩性软弱、薄层状的页岩，片状构造的片岩，裂隙密集的粉砂岩及强风化片麻岩的斜坡上。剥落与崩塌不同，它形成于坡度为 30°～70°的斜坡地带，岩屑以缓慢的速度逐渐均匀地坠落于坡下，形成大小不一的岩屑堆积。虽然剥落的规模一般较小，但对于选址在边坡下的公路、铁路等工程建筑物，可能会因剥落物质的堆积而引起阻塞水流、影响交通等不良后果。因此，也应予以重视。

五、松弛张裂

在高陡边坡的坡顶眉峰线附近的张力带，常产生与坡面近于平行的岸边张裂隙。如果岩体内原有高角度节理，则张裂隙更易沿之发展。

岸边卸荷张裂隙通常呈上宽下窄状，其发育深度一般不低于谷底高程。当有多条卸荷张裂隙发育时，则在边坡形成松弛张裂带，该带向山体的发育宽度与边坡的岩性、岩体结构、原始应力状态及边坡形态等有关。边坡愈高陡,松弛张裂带愈宽,有时可宽达百米以上。

此外,对于一些上硬下软的高陡边坡,由于软弱岩层底座的沉陷或蠕动,亦会引起上覆硬层边坡的拉裂。松弛张裂变形常常是边坡崩塌或滑动的前兆。

六、斜坡变形破坏的地质力学模式

根据斜坡变形破坏的力学机制,将其概括为 5 种地质力学模型,即蠕滑(滑移)拉裂式、滑移压致拉裂式、弯曲拉裂式、塑流拉裂式、滑移弯曲式。

斜坡变形破坏的地质力学模式表达了斜坡岩(土)体结构类型之间的内在联系,揭示了斜坡发展变化的内在力学机制,并在很大程度上确定了斜坡最终破坏的可能方式与特征,达到了系统评价预测斜坡稳定性的目的。

第五节　泥石流

泥石流是山区沟谷中由暴雨、冰雹、融水等水源激发的并含有大量泥沙石块的特殊洪流。泥石流往往突然暴发,其特征是流速快、流量大、物质容量大、破坏力强。

在泥石流发育区,泥石流能对居民点、农作物、公路、铁路及水利工程、矿山等构成严重威胁。如 1981 年四川甘洛县利子依达泥石流造成 275 人死亡,数十人受伤;2000 年 4 月 9 日西藏波密县贡乡扎木龙山发生特大泥石流,造成交通中断,4 000 多名藏胞被困。

目前我国已查明泥石流沟有 10 000 多条,泥石流发生规模大、频率高、危害重的地区主要有:滇西北、滇东北山区;川西地区;陕西秦岭—大巴山区;西藏喜马拉雅山区;辽东南山地区;甘南及白龙江流域等。值得注意的是,有些泥石流的发生是由于人类不合理的开发造成或加剧的。由于人为因素诱发的泥石流近年来不断增加,因此人类对自然资源开发的同时,应注意保护环境。

一、泥石流的形成条件

泥石流的形成与所在地区的自然条件和人类经济活动密切相关。泥石流的形成必须同时具备 3 个条件:地质条件、地形条件和水文气象条件。

(一)地质条件

地质条件决定了松散固体物质的来源,也为泥石流活动提供动能优势。

泥石流发育地区地质构造复杂,岩性软弱,风化强烈,褶皱、断裂发育,新构造运动强烈,地震频繁。上述原因导致岩层破碎,并使崩塌、滑坡等各种不良地质现象普遍发育,为泥石流的形成提供了丰富的固体物质条件。

(二)地形条件

泥石流流域的地形特征是高山谷深、地形陡峻、河床纵坡大。流域的形状便于松散物和水汇集。典型的泥石流流域从上游到下游可分为 3 个区:形成区、流通区和堆积区,如图 4-15 所示。

(1)上游形成区　上游形成区地形多为三面环山、一面出口的围椅状地形。周围山高坡陡,但地形开阔,山体光秃破碎,植被不良,这样的地形有利于集水集物。形成区堆积物

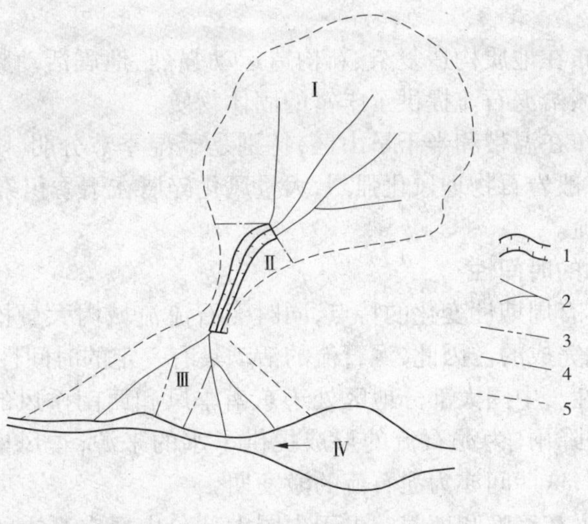

图 4-15　典型泥石流流域示意图

Ⅰ—形成区；Ⅱ—流通区；Ⅲ—堆积区；Ⅳ—泥石流堵塞河流形成的湖泊

1—峡谷；2—有水沟床；3—无水沟床；4—分区界线；5—流域界线

的位置与形成泥石流的严重程度有关，一般堆积物分布在形成区的中、下部位，具有良好的动力条件。如兰州地区的大红沟、红水沟等严重泥石流谷，其大量松散堆积物均分布于形成区的中、下部位。

(2)中游流通区　中游流通区地形多为狭窄陡深的峡谷，谷底纵坡大，便于泥石流的迅猛通过。

(3)下游堆积区　下游堆积区地形多为开阔的山前平原或河谷阶地，能使泥石流停止流动并堆积固体物质。

(三)水文气象条件

水是泥石流的组成部分，又是泥石流的搬运介质。松散固体物质大量充水达到饱和或过饱和状态后，结构破坏、摩阻力降低、滑动力增大，从而产生流动。泥石流的形成与短时间内突然性的大量流水密切相关。突然性的大量流水来源为：①强度较人的暴雨，②冰川、积雪的短期强烈消融；③冰川湖、高山湖、水库等的突然溃决。我国形成泥石流的主要水源是暴雨，而由冰川、积雪的强烈消融而形成泥石流在西藏山区有所发生。因为我国的降雨多集中在 5～10 月，因此在这期间也是泥石流暴发频繁的季节。

(四)人类活动的影响

良好的植被，可以减弱剥蚀过程、延缓径流汇集、防止冲刷、保护坡面。在山区建设中，如果滥伐山林而使山坡失去保护，将导致泥石流逐渐形成。此外，矿山剥土、工程弃渣处理不当，也可导致泥石流发生。

二、泥石流的发育特点

(一)泥石流分布的区域性

由于水文气象、地形、地质条件的分布有区域性的规律，因此泥石流的分布也具有区域性的特点。

(1)泥石流多分布在地质构造复杂、新构造运动强烈、地震活动频繁、岩石破碎、植被稀少的地区,这些区域给泥石流提供了丰富的固体物质。

(2)泥石流多分布在温带和半干旱山区,特别是干湿季节分明、降水集中的山区。干湿两季分明的区域一般岩石物理风化强烈,大量风化碎屑在干季积累,而雨季时雨水又集中,极易激发成泥石流。

(二)泥石流活动的时间性

由于水文气象具有周期性变化的特点,同时泥石流流域内大量松散固体物质的再积累也不是短期内所能完成的。因此,泥石流的活动具有一定的时间性。

(1)明显的季节性。中国大部分地区处于东南季风和西南季风的影响范围内。而季风盛行时带来充沛的降雨,为泥石流的形成提供了水的来源,季风盛行期为每年 5～10 月,更集中于 6～9 月,这期间亦为泥石流的激发期。

(2)泥石流多发生在傍晚和夜间。由于中国大部分山区在夏季的午后及傍晚多有雷雨、暴雨且冰川亦在午后消融,所以易激发泥石流。

(3)泥石流多发生在较长的干旱年头之后。因较长的干旱期间积累了大量碎屑物质,而且较长干旱后,多有丰富的降水,给泥石流的形成创造了条件。

(4)泥石流发生多具有周期性。具有周期性的原因是同一个区域影响泥石流形成的条件如丰雨期、融冰期以及地震等多是周期性出现。此外,形成泥石流的某一条件要达到形成泥石流的程度,必须有一个从量变到质变的积累过程,而这个过程就导致了泥石流发生的周期性。但在某一周期内,同一流域泥石流形成条件的组合不会相同。影响形成条件的因素复杂,因此泥石流虽有周期性,但其规模大小、流体性质以及危害程度等并不完全相同。

三、泥石流的类型

(1)按泥石流的物质组成,泥石流可分为水石流型泥石流、泥石流型泥石流和泥水流型泥石流。

(2)按泥石流流域的形态特征,泥石流可分为标准型泥石流、河谷型泥石流和山坡型泥石流。

(3)按泥石流流体性质,泥石流可分为粘性泥石流和稀性泥石流。

四、泥石流的防治

防治泥石流应有针对性地采取预防为主、以避为宜、以治为辅以及全面考虑跨越、排导、拦挡以及水土保持等措施,根据因地制宜和就地取材的原则,注意总体规划,采取综合防治措施。

(1)水土保持　水土保持包括封山育林、植树造林、平整山坡、修筑梯田、修筑排水系统及支挡工程等措施。水土保持虽是根治泥石流的一种方法,但需要一定的自然条件且收效时间也较长,一般应与其他措施配合进行。

(2)跨越工程　跨越工程是指修建桥梁、涵洞、过水路面、明洞及隧道、渡槽等跨越泥石流。采用桥梁跨越泥石流时，既要考虑淤积问题，也要考虑冲刷问题。桥位应选在沟道顺直、沟床稳定处，并应尽量使其与沟床正交。不应把桥位设在沟床纵坡由陡变缓的变坡点附近。

(3)排导工程　排导工程是指在泥石流下游设置排导沟、急流槽、导流堤等，使泥石流顺利排除，以防止掩埋道路、堵塞桥涵。泥石流排导沟是常用的一种建筑物。

(4)拦挡工程　拦挡工程是在泥石流沟中修筑一系列低矮的拦挡坝，其作用是拦蓄部分泥沙石块以减弱泥石流的规模、固定泥石流沟床，以防止沟床下切和谷坡坍塌。缓减沟床纵坡，以降低流速。

小　结

本章阐述了常见的物理地质作用及地质现象，其主要内容如下。

一、物理地质作用

物理地质作用
- 分类
  - 风化作用：物理风化、化学风化和生物风化
  - 流水地质作用：侵蚀、搬运、沉积作用
  - 重务地质作用及岩溶作用等
- 现象：岩石风化、冲沟、岩溶、滑坡、崩塌、泥石流等
- 产物
  - 残积物
  - 坡积物、洪积物、冲积物、泥石流堆积物
  - 崩积物、滑坡堆积物

二、风化作用

岩石风化是岩石在太阳热能、大气、水分和生物等各种风化应力作用下，不断发生物理变化和化学变化的过程。这种促使岩石破碎甚至分解的地质作用称为风化作用。随着深度的增加，岩石的风化程度逐渐减弱，故风化岩石可分为全风化、强风化、弱风化和微风化四个带。其中弱风化带和微风化带岩石经过处理，可作为工程建筑物的地基；而风化新形成的残积物颗粒大小混杂，不宜作为大型建筑物的地基。

三、河流地质作用

河流具有侵蚀、搬运、沉积三种地质作用，这些地质作用塑造了河谷形态，并形成分选性和磨圆性良好的冲积物。一般密实的、颗粒较粗且大小均一的沉积物，可作为良好的工程建筑物地基和天然建筑材料。

四、重力地质作用

边坡岩体变形破坏的基本形式有崩塌、滑坡、剥落、蠕变和松弛张裂等几种类型。大规模的边坡破坏通常是上述几种形式的组合，其中崩塌、滑坡最为常见。

崩塌与滑坡是边坡岩(土)体在本身重力作用和其他因素影响下发生变形破坏的现

象，它们常具有突发性强和危害性大的特点。因此，应查明边坡失稳的类型、范围和地质背景，分析失稳原因及其危害程度，判断稳定程度，预测其发展趋势，并提出防治对策。

五、岩溶

岩溶形成的基本条件是岩石的可溶性及透水性和水的溶蚀性及流动性。岩溶的发育具有垂直分带性、成层性、不均匀性和阶段性等规律。岩溶地区地表径流少，但地下水极为丰富，可供开发利用。在岩溶地区修建工程时必须解决渗漏、塌陷和涌水等问题。

六、泥石流

泥石流是山区沟谷中由暴雨、冰雹、融水等水源激发的并含有大量泥沙石块的特殊洪流。泥石流往往突然暴发，其特征是流速快、流量大、物质容量大、破坏力强。泥石流的形成条件有地质条件、地形条件、水文气象条件及人类活动的影响。

思考题

1. 风化作用是怎样形成的？岩石风化后对工程建设有什么影响？

2. 为什么将岩体按风化程度分级(垂直分带)？分级(带)的依据及不同等级(带)的特点如何？

3. 什么是坡流、洪流、泥石流？它们各有什么特点？

4. 河谷由哪些部分组成？如何绘制河谷横剖面图？河谷上下游的纵横剖面上有何不同特征？

5. 河流有哪几种地质作用？地壳运动对河流地质作用有何影响？

6. 侵蚀基准面对河流的地质作用有什么影响？

7. 什么叫河床相冲积物，其特点如何？河漫滩相冲积物为何具有二元结构，它是怎样形成的？

8. 平原地区河流冲积物的岩相结构特征如何？试绘示意图说明。

9. 河流阶地是怎样形成的，它有几种类型？

10. 河谷发育与岩性、地质构造的关系如何？

11. 试述河谷地貌的类型。河谷按形态及按构造分各有哪些类型？

12. 简述岩溶的形态，并说明其特征。

13. 岩溶发育的基本条件与岩溶的发生和发展有什么关系？试述岩溶发育的基本规律，为什么有这些规律？

14. 试比较崩塌、滑坡、蠕变和剥落的特点和危害。

15. 何谓泥石流？泥石流的形成条件有哪些，其发育特点如何？

第五章　水文地质

学习目标

1. 掌握地下水的概念和类型。
2. 了解地下水主要的化学成分。
3. 掌握包气带水、潜水、承压水的形成条件及主要工程特征。
4. 了解裂隙水、孔隙水、岩溶水的形成条件及特征。
5. 理解地下水与工程的关系。
6. 了解地下水运动的基本规律。
7. 了解地下水对工程建设的影响。

本章重点

包气带水、潜水、承压水的形成条件及特征;地下水与工程的关系。

本章难点

潜水、承压水的形成条件及特征;地下水运动的基本规律。

第一节　地下水概述

地下水是指赋存于地表以下岩土体孔隙、裂隙和空洞中的水,它可以呈各种物理状态存在,但大多呈液态。地下水主要是由大气降水、融雪水和地表水(河水、湖水、海洋水等)沿着地表岩土体的孔隙、裂隙和空洞渗入地下而形成的。因此,地下水是整个自然界不断循环着的水的一部分。

在降水量很小的干旱地区,空气中的水蒸气进入岩土的孔隙和裂隙中凝结成水滴,水滴在重力作用下向下流动,也可聚积成地下水。

一般把包含地下水的岩土层叫含水层,能使水通过的岩土层叫透水层,透水性很小或不透水的岩土层叫隔水层。在含水层中,地下水能形成一定的统一的水面,叫地下水面,地下水面的高程叫地下水位。地面以下、地下水面以上的岩土空隙中,含有气态和其他状态的水,也含有空气和其他气体,地壳的这一部分称为包气带。地下水面以下的岩土空隙中充满了水,称为饱水带。在包气带与饱水带之间,有一个毛细水带,是二者的过渡带(见图 5-1)。

地下水在地壳中的分布十分普遍,储藏量很大。据估计,全球地下水的总量约为 4 亿 km^3,如果把这些水平均铺在地球表面上,则水深可达 750 m。因此,地下水无论是对人民生活还是对工程建设都有着重要的意义。

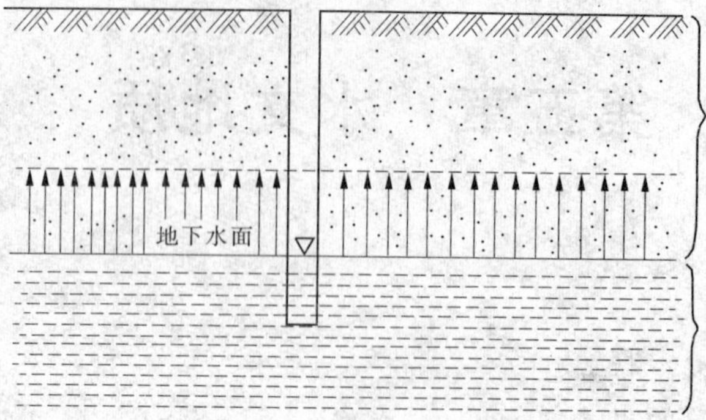

图 5-1　地下水的垂直分带

总之，地下水对工程建设有很大的影响，为了充分合理地利用地下水和有效地防治地下水的不良影响，就必须对地下水的成分、性质、埋藏和运动规律等进行充分的研究。

第二节　地下水理化性质

地下水在由地表渗入地下的过程中，聚集了一些盐类和气体，并不断地在岩石空隙中运动，经常与各种岩石相互作用，溶解和溶滤了岩石中的某些成分，如各种可溶盐类和细小颗粒，从而形成了一种成分复杂的动力溶液，并随着时间和空间的变化而变化。

一、地下水的物理性质

地下水的物理性质包括比重、温度（受气温、地热控制）、透明度（分为透明、微浑浊、浑浊、极浑浊）、颜色、嗅、味（取决于盐分和气体，如 NaCl 咸味，$MgCl_2$、$MgSO_4$ 苦味，CO_2 清凉可口，含铁时带铁腥味，含有机质时甜味）、导电性（取决于所含电解质的种类和数量）和放射性（放射性矿床和酸性火成岩）等。这些性质常常反映出地下水的化学成分。没有溶解物和胶体的纯净地下水是透明、无味、无嗅、无色的，比重为 1，其导电性和放射性很小，可作各种用水。地下水含氧化铁时呈褐红色；含氧化亚铁时呈浅蓝绿色，并带铁腥气味；含硫化氢时呈翠绿色，并带臭鸡蛋气味；含腐殖质时呈带有萤光的浅黄色，具甜味。地下水含的杂质越多比重越大，含的电解质越多导电性越大，含的镭等放射性成分越多放射性越强。具有各种颜色、味和嗅，以及比重和放射性大的水，一般不宜饮用。

二、地下水的化学成分及化学性质

地下水的化学成分可呈离子、分子、化合物和气体状态，而以离子状态者为最多。常见的离子有 Cl^-、$SO_4{}^{2-}$、HCO^-、K^+、Na^+、Ca^{2+}、Mg^{2+} 等七种；化合物有 Fe_2O_3、Al_2O_3、H_2SiO_3 等；气体有 O_2、N_2、CO_2、CH_4、H_2S 等。地下水还常含有机质和细菌成分。

（一）地下水的化学成分

在工程建设中进行地下水的水质评价时，下列成分具有最重要的意义：

（1）H^+　它的含量决定了地下水的酸碱反应和酸碱程度。一般以 pH 值表示 H^+ 的含量。pH 值是以 10 为底 H^+ 浓度的负对数，即 $pH = -\lg[H^+]$。当 pH = 7 时，地下水为中性；当 pH<7 时为酸性；当 pH>7 时为碱性。pH<6 的水能侵蚀铁。

(2) Ca^{2+} 和 Mg^{2+}　它们的含量决定地下水的硬度，决定地下水作为技术用水的条件。地下水中的 Ca^{2+}、Mg^{2+} 的总量称为总硬度。将地下水煮沸时，使水中重碳酸离子破坏而呈现为碳酸盐沉淀的 Ca^{2+}、Mg^{2+} 的含量，称为暂时硬度。水沸腾后仍余留在水中的 Ca^{2+}、Mg^{2+} 的含量，称为永久硬度。总硬度等于暂时硬度与永久硬度之和。过去常以德国度表示硬度的大小。1 德国度相当于 1 L 水中含 10 mg 的 CaO 或 7.2 mg 的 MgO，也相当于 1 L 水中含 7.1 mg Ca^{2+} 或 4.3 mg Mg^{2+}。这种表示法较麻烦，目前一般直接用 1 L水中所含 Ca^{2+} 或 Mg^{2+} 的毫克当量数表示水的硬度。1 毫克当量硬度等于 2.8 德国度，即相当于 1 L 水中含 20.04 mg Ca^{2+} 或 12.16 mg Mg^{2+}。根据硬度将地下水分为极软水（<4.2 度）、软水（4.2～8.4 度）、微硬水（8.4～16.8 度）、硬水（16.8～25.2 度）和极硬水（>25.2 度）五类。蔬菜和肉类在硬水中很难煮烂，硬水不易使肥皂起泡，硬水在锅炉中会形成锅垢而影响锅炉的正常工作。

(3) CO_2　它在地下水中可呈三种状态存在，即游离状态（气体）、重碳酸状态（HCO_3^-）、碳酸状态（CO_3^{2-}）。含有游离 CO_2 的地下水与混凝土接触时将产生如下反应：

$$CaCO_3 + CO_2 + H_2O \rightleftharpoons Ca^{2+} + 2\,HCO_3^-$$

这是一个可逆反应。当反应达到平衡时，水中的游离 CO_2 称为平衡 CO_2；当水中游离 CO_2 的含量大于平衡时，反应向右进行，此时 $CaCO_3$ 将被溶解而遭受侵蚀。这部分具有侵蚀性的 CO_2 称为侵蚀性 CO_2。但一般认为当水中侵蚀性 CO_2 含量小于 15 mg/L 时，实际上无侵蚀性；而当水的暂时硬度小于 1.5 度，且含 HCO_3^-，或游离 CO_2 的含量小于 0.6 mg/L时（相当于大气中的含量），部分混凝土也会被侵蚀破坏。当暂时硬度>2.4 度，pH<6.7 时，石灰岩便被溶解。

(4) SO_4^{2-}　含有 SO_4^{2-} 的地下水侵入混凝土的裂缝中时，SO_4^{2-} 将与混凝土中的 Ca^{2+} 发生作用，生成 $CaSO_4$ 盐，再结晶成石膏（$CaSO_4 \cdot 2H_2O$）。结晶时其体积膨胀 1～2 倍，可使混凝土（结构）破坏。这称为地下水的硫酸盐侵蚀性（或结晶性侵蚀）。一般认为，当地下水中 SO_4^{2-} 的含量大于 300 mg/L 时即具有硫酸盐侵蚀性。

(5)矿化度　地下水中所含各种离子、分子或化合物的总量，称为总矿化度，以 g/L 表示。它说明地下水中含盐量的多少，即水的矿化程度，简称矿化度。通常根据在 105～110 ℃时将水蒸发干后所得的干涸残余物质质量来确定。根据总矿化度，地下水分为淡水（总矿化度<1 g/L）、微咸水（1～3 g/L）、咸水（3～10 g/L）、盐水（10～50 g/L）和卤水（>50 g/L）五类。

水的矿化度与水的化学成分有着密切的关系。淡水和微咸水常以 Ca^{2+}、Mg^{2+}、HCO_3^- 为主要成分，称重碳酸盐型水；咸水常以 Na^+、Ca^{2+}、SO_4^{2-} 为主要成分，称硫酸盐型水；盐水和卤水则以 Na^+、Cl^- 为主要成分，称氯化物型水。一般饮用水的总矿化度不宜超过 10 g/L，灌溉用水的总矿化度不宜超过 17 g/L。

(6)地下水的化学成分分析方法　在工程地质勘察中一般均需采集地下水样，进行水化学分析，以确定其是否具有侵蚀性。当拟利用地下水作饮用水或技术用水时，则须进行专门的水质分析和评价。

水质分析分为简易分析和全分析两种。简易分析法精度较低但可以快速地在现场试验求得;全分析法则需要在实验室进行,一般是在简易分析的基础上进行的。

(二)水质分析成果表示

水质分析成果主要用以下两种方法表示。

1.离子毫克当量数表示法

以每升水中的当量数(毫克当量/L)表示水的化学成分,离子当量和毫克当量数用下式表示:

离子当量=离子量(原子量)/离子价

离子的毫克当量数=离子的毫克数/离子当量

2.库尔洛夫表示法

以数学分式的形式表示化学成分,用下式表示:

$$H^2\ SiO^3{}_{0.7}H^2S_{0.021}CO^2{}_{0.031}Mg_{3.21}\frac{Cl_{84.76}SO^4{}_{14.74}}{Na_{71.63}Ca_{27.78}}t^o{}_{52}$$

在分子位置上表示各阴离子及其毫克当量的百分数,而在分母位置上表示各阳离子及其毫克当量的百分数,都是按其值的递减顺序排列。含量小于10%的则不表示。横线前表示矿化度(M)、气体成分和特殊成分(H_2S等)及含量。横线后为水温(t)。公式中的总矿化度、气体成分和特殊成分的单位均为g/L,水温的单位是水温的摄氏度数。各离子的原子数标于上角,各种成分的含量一律标于成分符号的右下角。

利用此公式表示水的化学成分比较简明,能反映地下水的基本特征,并且可以直接确定地下水的化学类型。

第三节　地下水类型

一、地下水的存在形式

岩土空隙中存在着各种形式的水,按其物理性质的不同,可以分为气态水、液态水(吸着水、薄膜水、毛管水和重力水)和固态水。

(一)气态水

气态水以水蒸气形式存在于未被水饱和的岩土空隙中,它可以从水汽压力大的地方向水汽压力小的地方运移,当温度降低到露点时,气态水便凝结成液态水。

(二)液态水

(1)吸着水　土颗粒表面及岩石空隙壁面均带有电荷,由于水是偶极体,在静电引力作用下,岩土颗粒或隙壁表面可吸附水分子而形成一层极薄的水膜,称为吸着水。

(2)薄膜水　在吸着水膜的外层,还能吸附水分子而使水膜加厚,这部分水称薄膜水。

(3)毛管水　毛管水指充满于岩土毛管空隙中的水,也称毛细水。

(4)重力水　岩石的空隙全部被水充满时,在重力作用下能自由运动的水,称为重力水。井中抽取的和泉眼流出的地下水,都是重力水。重力水是水文地质研究的主要对象。

(三)固态水

当岩土中温度低于 0 ℃时,空隙中的液态水就结冰转化为固态水。因为水冻结时体积膨胀,所以冬季在许多地方会有冻胀现象。在东北北部和青藏高原等高寒地区,有一部分地下水多年保持固态,形成多年冻土区。

二、地下水分类

由于地下水本身非常复杂而且其影响因素多种多样,所以地下水的分类方法很多,但归纳起来有两种分类法:一是按地下水的某一特征进行分类,如上节所述按硬度的分类、按矿化度的分类等;二是综合考虑地下水的若干个特征进行分类,如表 5-1 所列按埋藏条件和含水层空隙性质的分类法,这是目前采用比较普遍的分类法。首先按埋藏条件可将地下水分为包气带水、潜水和承压水(见图 5-2),另外根据含水层空隙的性质又可分为孔隙水、裂隙水、岩溶水。

表 5-1　地下水分类

埋藏条件	含水介质类型		
	孔隙水	裂隙水	岩溶水
包气带水	局部粘性土隔水层上季节性存在的重力水(上层滞水)	裂隙岩层浅部季节性存在的重力水及毛细水	裸露的岩溶化岩层上部岩溶通道中季节性存在的重力水
潜水	各类松散堆积物浅部的水	裸露于地表的各类裂隙岩层中的水	裸露于地表的岩溶化岩层中的水
承压水	山间盆地及平原松散堆积物深部的水,向斜构造的碎屑岩孔隙中的水	组成构造盆地、向斜构造或单斜断块的被掩覆的各类裂隙岩层中的水	组成构造盆地、向斜构造或单斜断块的被掩覆的岩溶化岩层中的水

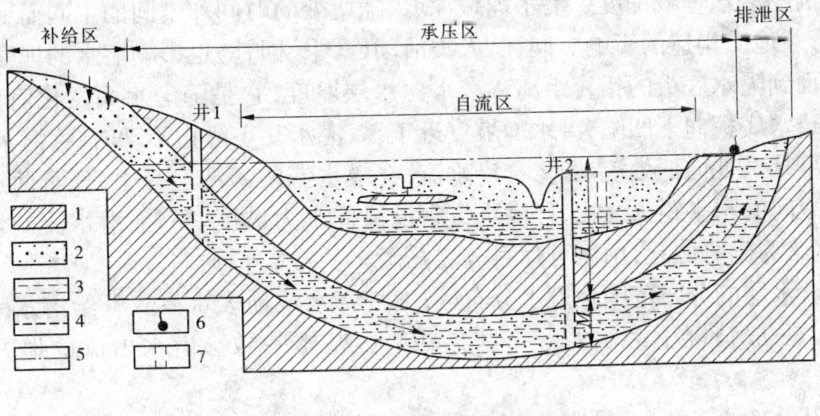

图 5-2　潜水、承压水和上层滞水

1—隔水层;2—透水层;3—饱水部分;4—潜水位;5—承压水水位;6—上升泉;7—水井

H—承压水头;M—含水层厚度;井 1—承压井;井 2—自流井

三、各类地下水特征

(一)包气带水

1.土壤水

土壤水是埋藏在包气带土层中的水,主要以结合水和毛管水形式存在,靠大气降水的渗入、水汽的凝结及潜水由下而上的毛细作用补给。大气降水或灌溉水向下渗入必须通过土壤层,这时渗入水的一部分保持在土壤层中,成为所谓的田间持水量,多余部分呈重力水下渗补给潜水。土壤水主要消耗于蒸发过程,水分变化相当剧烈,并受大气条件的制约。当土壤层透水性很差,气候又潮湿多雨或地下水位接近地表时,易形成沼泽,称沼泽水。当地下水面埋藏不深,毛细水带可达到地表时,由于土壤水分强烈蒸发,盐分不断积累于土壤表层,会造成土壤盐渍化。

2.上层滞水

上层滞水是存在于包气带中局部隔水层之上的重力水。

上层滞水的特点是:分布范围有限,补给区与分布区一致;直接接受当地的大气降水或地表水补给,以蒸发或逐渐向下渗透的形式排泄;水量不大且随季节变化显著,雨季出现,旱季消失,极不稳定;水质变化大,一般较易被污染。

上层滞水由于水量小且极不稳定,只能作临时性的水源。

在建筑工程中,上层滞水的存在是不利的因素。基坑开挖工程中经常遇到这种水,这种水可能突然涌入基坑,妨碍施工,应注意排除;但由于其水量不大,因此易于处理。

(二)潜水

1.潜水的概念

潜水是埋藏在饱水带中的地表以下第一个具有自由水面的含水层中的重力水,一般多贮存在第四纪松散沉积物中,也可形成于裂隙性或可溶性基岩中,其基本特点是与大气圈和地表水联系密切,积极参与水循环。

潜水的自由表面称潜水面。潜水面上任一点的高程称该点的潜水位。潜水面到地表的铅直距离称潜水埋藏深度。潜水埋藏深度,随所处的时间和空间的不同而变化,主要受气候、地形及地质构造的影响。同样,人类活动(开采、回补)也影响潜水的埋藏深度。

潜水面到隔水底板的铅直距离称潜水含水层厚度,它是随潜水面变化而变化的。当大面积不透水底板向下凹陷,潜水面坡度近于零,潜水几乎静止不动时,称潜水湖;潜水在重力作用下从高处向低处流动时,称潜水流;在潜水流的渗透途径上,任意两点的水位差与该两点之间的水平距离之比,称潜水流在该段的水力坡度。一般潜水流的水力坡度很小,平原区常为千分之几,山区可达百分之几。

潜水含水层的分布范围称潜水分布区;大气降水或地表水渗入补给潜水的地区称潜水补给区。一般情况下潜水的分布区与补给区基本一致。潜水出流的地方称潜水排泄区。

潜水补给来源充沛,水量比较丰富,是重要的供水水源;但在居民区和厂矿附近易被污染。潜水水质变化较大,湿润气候地形切割强烈时,易形成含盐量低的淡水;干旱气候低平地形的,常形成含盐量高的咸水。

2.潜水面的形状及其影响因素

潜水面的形状是潜水的重要特征之一,它一方面反映外界因素对潜水的影响,另一方面也反映潜水的特点,如流向、水力坡度等。

一般情况下,潜水面是呈现向排泄区倾斜的曲面,起伏大体与地形一致,但较地形平缓。潜水的分水岭,只有在获得大气降水渗入补给同时伴有水文网切割且潜水排出地表时才能形成。潜水分水岭在铅直剖面上为一上凸的半椭圆曲线。潜水分水岭的位置决定于分水岭两侧的河水位,当河水位同高程且岩性又均匀时,分水岭位于中间;当河水位不同高程时,分水岭偏向高水位一侧,甚至可能消失;如河间地带岩性是渐变的,则分水岭偏向弱透水性一侧。

潜水面的形状和坡度还受含水层岩性、厚度、隔水底板起伏的影响。当含水层的岩性和厚度沿水流方向发生变化时,潜水面的形状和坡度也相应地发生变化。在透水性增强或厚度增大的地段,潜水面趋于平缓;反之则变陡。在隔水底板隆起的地段,潜水流中途受阻,在此段上水流厚度变薄,潜水面可接近地表,甚至溢出地表形成泉。

3.潜水的补给、径流和排泄

潜水含水层自外界获得水量的过程称补给。在补给过程中潜水的水质可随之发生相应的变化。潜水最普遍的和最大的补给源是大气降水渗入。地表水的补给常发生在河流下游或洪水期;地上河的补给也常发生在河流下游或洪水期,但地上河的补给是经常的。当潜水下部承压含水层的水位高于潜水位时,下部含水层的水可以通过它们之间的弱透水层或通道补给潜水,这种补给称越流补给。在干旱气候区,凝结水则可成为潜水的重要补给源。需要时潜水也可采用人工补给方式补给。

潜水由补给区流向排泄区的过程称径流。影响潜水径流的因素,主要是地形坡度、切割程度及含水层透水性。若地面坡度大、地形切割强烈、含水层透水性强,则径流条件就好,反之则差。

潜水含水层失去水量的过程称排泄。排泄过程中潜水的水质也可随之发生变化。潜水排泄概括起来有两种方式:一种为水平排泄,亦称水平交替;另一种为垂直排泄,亦称垂直交替。排泄方式不同,引起的后果也不一样。垂直排泄时,只排泄水分,不排泄水中的盐分,结果是潜水水分消耗,含盐量增加,甚至改变水的化学组成。许多干旱盆地中心会形成高含盐量的咸水,即是垂直排泄的结果。水平排泄,既消耗水分又消耗水中盐分,所以不会引起潜水化学组成的改变。

排泄与径流二者是密切相关的,一定的径流条件产生与其相适应的排泄方式,如径流条件好的山区河流中游地区,潜水排泄以水平方式为主;径流条件不好的平原或河流下游,主要是垂直排泄方式。人工开采潜水也是排泄的一种。

潜水从补给到排泄是通过径流完成的。因此,潜水的补给、径流、排泄组成了潜水运动的全过程。潜水在运动过程中,其水质、水量都不同程度地得到更新置换,这种更新置换称为水交替。水交替的强弱,取决于径流条件的强弱及补给量的多少。水交替的速度随深度增加而减缓。

4.潜水等水位线图及埋藏深度图

潜水面反映了潜水与地形、岩性和气象水文等之间的关系,同时能表现出潜水的埋藏、运动和变化的基本特点。因此,为能清晰地表示潜水面的形态,通常采用两种图示方法,并相互配合使用。

一种方法是以平面图表示,即将潜水面上各测点(井、孔、泉等)的水位高程标在地形图上,画出一系列水位相等的线,这种图称为等水位线图(见图 5-3),其绘制方法与绘制地形等高线图一样。由于潜水面经常发生变化,因此绘制等水位线图时,各测点水位资料的时间应大致相同,并应在等水位线图上注明。通过不同时期等水位线图的对比,有助于了解潜水的动态。一般在一个地区应绘制潜水的最高水位和最低水位时期的两张等水位线图。

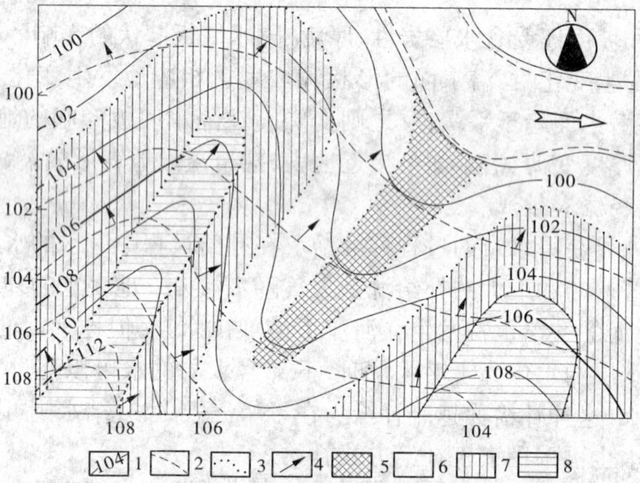

图 5-3　潜水等水位线及埋藏深度图

1—地形等高线;2—等水位线;3—等埋深线;4—潜水流向;5—埋深为 0 m 区(沼泽地);6—埋深为 0~2 m 区;7—埋深为 2~4 m 区;8—埋深大于 4 m 区

根据等水位线图可以了解以下情况:

(1)确定潜水的流向及水力坡度　垂直于等水位线且自高等水位线指向低等水位线的方向,即为流向。图 5-3 中箭头方向即为潜水流向。在流动方向上,取任意两点的水位高差,除以两点间在平面上的实际距离,即此两点间的平均水力坡度。

(2)确定潜水与河水的相互关系　潜水与河水一般有如下三种关系:河岸两侧的等水位线与河流斜交,锐角都指向河流的上游,表明潜水补给河水(见图 5-4(a)),这种情况多见于河流的中、上游山区;等水位线与河流交的锐角在两岸都指向河流下游,表明河水补给两岸的潜水(见图 5-4(b)),这种情况多见于河流的下游;等水位线与河流斜交,表明一岸潜水补给河水,另一岸则相反(见图 5-4(c)),一般在山前地区的河流有这种情况。

(3)确定潜水面埋藏深度　潜水面的埋藏深度等于该点的地形高程与潜水位之差。根据各点的埋藏深度值,可绘出潜水等埋深线。

(4)确定含水层厚度　当等水位线图上有隔水层顶板等高线时,同一测点的潜水水位与隔水层顶板高程之差即为含水层厚度。

另一种方法是以剖面图的形式表示,即在地质剖面图的基础上,绘制出有关水文地质

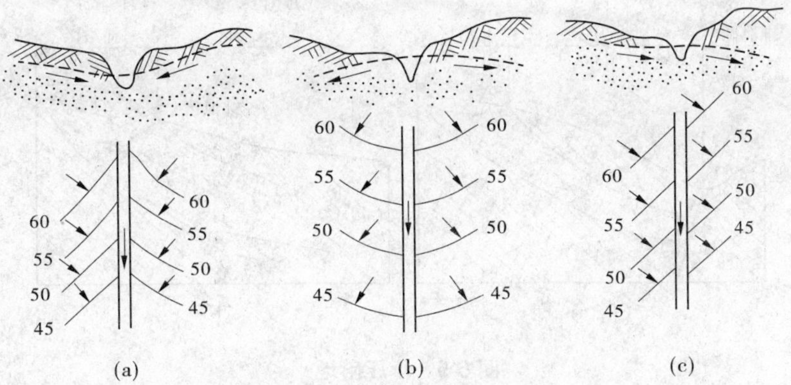

图 5-4 潜水与河水补给关系

(a)潜水补给河水;(b)河水补给潜水;(c)河水与潜水互补

特征的资料(如潜水位和含水层厚度等)。在水文地质剖面图上,潜水埋藏深度、含水层厚度、岩性及其变化、潜水面坡度、潜水与地表水的关系等都能清晰地表示出来。

(三)承压水

1.承压水及其特征

承压水是指充满在两个稳定隔水层之间的含水层中并具有承压性质的地下水。由于隔水顶板的存在,承压含水层能明显地划分出补给区、承压区和排泄区三部分(见图 5-2)。

承压区中地下水承受静水压力,当钻孔打穿隔水顶板时所见的水位,称为初见水位。随后,地下水上升到含水层顶板以上某一高度稳定不变,这时的水位(即稳定水面的高程)叫承压水位。承压水位如高出地面,则地下水可以溢出或喷出地表,如图 5-2 中井 2 位置,所以通常又称承压水为自流水。承压水位与隔水层顶板的距离称为水头,水头高出地面者称为正水头,低于地面者称为负水头。承压水与潜水相比具有以下特征:

(1)承压水具有静水压力,承压水面(实际并不存在)是一个势面(水压面的深度不能反映承压水的埋藏深度)。

(2)承压水的补给区和承压区不一致。

(3)承压水的水位、水量、水质及水温等,受气象水文因素的影响较小。

(4)承压含水层的厚度稳定不变,不受季节变化的影响。

(5)水质不易受污染。

基岩地区承压水的埋藏类型,主要决定于地质构造,即在适宜的地质构造条件下,孔隙水、裂隙水和岩溶水均可形成承压水。最适宜形成承压水的地质构造有向斜构造和单斜构造两类。

向斜储水构造又称为承压盆地,其规模差异很大,四川盆地是典型的承压盆地,小型的承压盆地一般面积只有几平方公里,它由明显的补给区、承压区和排泄区组成(见图 5-2)。

单斜储水构造又称为承压斜地,它的形成可以是由于含水层岩性发生相变或尖灭,也可以是由于含水层被断层所切(见图 5-5)。

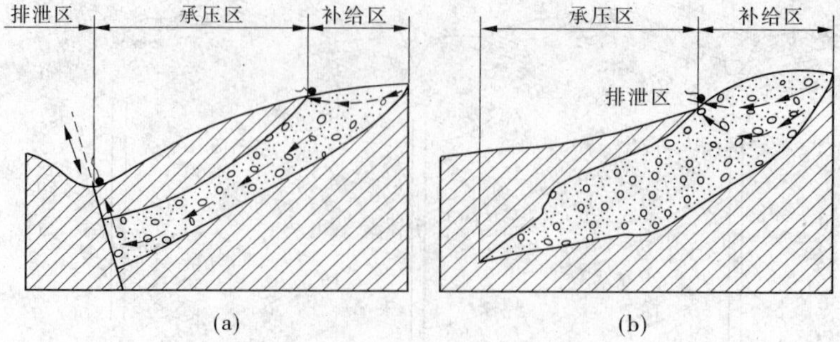

图 5-5　承压斜地

(a)断层斜地;(b)含水层尖灭构造斜地

2.等水压线图

等水压线图就是承压水面的等高线图(见图 5-6),这是根据相近时间测定的各井孔的承压水位资料绘制的。如果在图中同时绘出含水层顶板及底板等高线,这样就和等水位线图一样,可以确定承压水的流向,计算水力坡度,确定承压水位和承压水含水层的埋

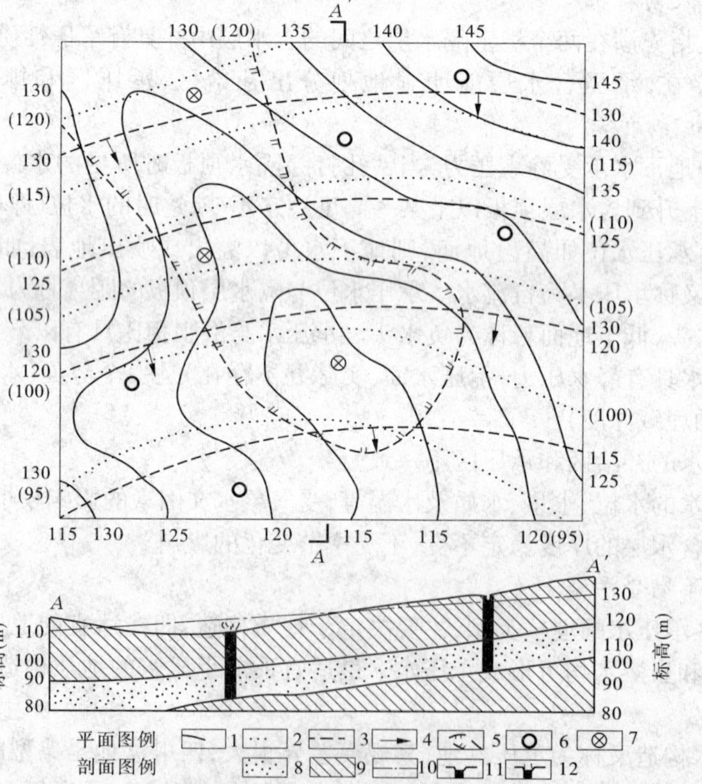

图 5-6　承压等水压线图

1—地形等高线;2—含水层顶板等高线;3—等水压线;4—地下水流向;5—承压水自溢区;6—钻孔;7—自喷钻孔;8—含水层;9—隔水层;10—承压水位线;11—钻孔;12—自喷钻孔

深，明确水头的大小以及含水层的厚度等。

例如，根据图 5-6 可确定地面绝对高程、承压水位、含水层顶板绝对高程、含水层距地表深度（地面绝对高程减含水层顶板绝对高程）、稳定水位距地表深度（地面绝对高程减承压水位，m）、水头（承压水位减含水层顶板绝对高程，m）。

3. 承压水的补给、径流和排泄

承压水的补给方式一般为：当承压水补给区直接出露于地表时，大气降水是主要的补给来源；当补给区位于河床或湖沼地带时，地表水可以补给承压水；当补给区位于潜水含水层之下时，潜水便直接排泄到承压含水层中。此外，在适宜的地形和地质构造条件下，承压水之间还可以互相补给。

承压水的排泄有如下形式：承压含水层排泄区裸露于地表时，承压水以泉的形式排泄并可能补给地表水；承压水位高于潜水位时，承压水排泄于潜水并成为潜水的补给源；在某些地形或负地形条件下，承压水也可以形成向上或向下的排泄。

承压水的径流条件决定于地形、含水层透水性、地质构造及补给区与排泄区的承压水位差。承压含水层的富水性则同承压含水层的分布范围、深度、厚度、空隙率、补给来源等因素密切相关。一般情况下，若承压水分布广、埋藏浅、厚度大、空隙率高，水量就较丰富且稳定。

承压水径流条件的好坏及水交替的强弱，决定了水质的优劣及其开发利用的价值。

（四）孔隙水

孔隙水主要贮存于松散沉积物孔隙中，由于颗粒间孔隙分布均匀密集、相互连通，因此其基本特征是分布均匀连续，多呈层状，并具有统一的水力联系。

1. 冲积层中的地下水

冲积物（层）是经常性流水形成的沉积物，它分选性好，层理清晰。在河流上、中、下游或河漫滩、阶地的岩性结构、厚度各不相同，这就决定了其中孔隙水的特征和差异。

(1)河流中、上游冲积层中的地下水　河流上游峡谷内冲积砂砾、卵石层分布范围狭窄，但透水性强、富水性好、水质优良，是良好的含水层，因此冲积层中的地下水位和水量随河水与季节的变化而变化。河流中游河谷两侧的低阶地，尤其是一级阶地与河漫滩，是富水区。

(2)河流下游平原冲积层中的地下水　冲积平原上，常埋藏有由颗粒较粗的冲积砂组成的古河道，其中贮存有水量丰富、水质良好且易于开采的浅层淡水。

河流下游平原的冲积层，常与不同时期和不同成因的其他砂砾石沉积组合成统一的、巨厚的砂砾——砂质含水岩系，构成规模大、水量多的地下水盆地，且具良好的水质，常成为不可多得的灌溉或供水水源地。

2. 洪积层中的地下水

洪积层广泛分布于山间盆地和山前的平原地带，常呈扇状地形，故又称洪积扇。

根据地下水埋深、径流条件及化学特征，可将洪积扇中的地下水大致分为三个带（见图 5-7）：①深埋带，又称径流带，在顶部靠近山区，地形坡度较陡，粗砂砾石层堆积，有良好渗透性和径流条件，水的矿化度低（小于 1 g/L），为重碳酸盐型水，故又称地下水盐分溶滤带，埋深十几米到几十米；②溢出带，地形变缓，细砂、亚砂、亚粘土等交错沉积，渗透性变弱，径流受阻，形成壅水，出露成泉，水的矿化度增高，为重碳酸—硫酸盐型水，故又称盐分过路带；③下沉带，由粘土和粉砂夹层组成，岩层渗透性极弱、径流很缓慢，蒸发强烈，以垂直交替为主，由于河流排泄作用，地下水埋深比溢出带稍有加强，又称潜水下沉带，因地下水埋深仍很浅，在干旱、半干旱条件下，蒸发强烈进行，水的矿化度急剧增加（大于 3 g/L），为硫酸—氯化物或氯化物型水，地表盐渍化，又称盐分堆积带。

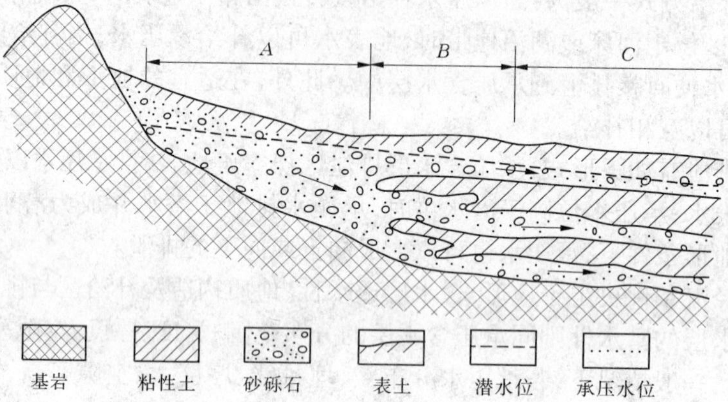

图 5-7　山前洪积扇地下水分带

A—只有潜水位区；B—潜水位与承压水位重合区；C—承压水位高于潜水位区

上述洪积层中的地下水分带规律，在我国北方具有典型性；而南方多雨，缺少水质的明显分带性，地下水多为低矿化度的重碳酸盐型水。

（五）裂隙水

裂隙水是指贮存于基岩裂隙中的地下水。岩石中裂隙的发育程度和力学性质影响着地下水的分布和富集。在裂隙发育地区，含水丰富；反之，含水甚少。所以，在同一构造单元或同一地段内，富水性有很大变化，因而形成了裂隙水分布的不均一性。上述特征，常使相距很近的钻孔，水量一方较另一方大数十倍，如福建漳州市，两钻孔相距仅 20 m，水量一方较另一方大 65 倍。

1. 裂隙水的划分

裂隙水按其埋藏分布特征，可划分为面状裂隙水、层状裂隙水和脉状裂隙水。面状裂隙水又称风化裂隙水，贮存于山区或丘陵区的基岩风化带中，一般在浅部发育。层状裂隙水贮存于成层的脆性岩层（如砂岩、硅质岩及玄武岩等）中；原生裂隙和构造裂隙构成的层状裂隙中的水，一般是承压水（玄武岩台地中的层状裂隙水是潜水）。脉状裂隙水亦称构造裂隙水，它贮存于断裂破碎带和火成岩体的侵入接触带岩脉的节理之中，脉状裂隙水具承压水的特点，含水一般较均匀。

2. 裂隙水富集的特点

裂隙水的富集受诸多地质因素的影响，具体有如下几点：

（1）不同岩性的岩层富水性不同　岩石（软、硬等）性质不同，影响着裂隙的发育程度，导致地下径流强弱差别和分布的贫富不均。

(2)不同力学性质的结构面富水性不同　一般情况是张性结构面富水性强，压性结构面富水性弱，扭性结构面居中。

(3)不同构造部位的富水性不同　通常在背斜或向斜轴部、岩层挠曲部位、穹窿顶部等处的裂隙较其他部位发育且具张性，往往成为富水地段。此外，断裂多次活动的部位，由于多次作用的叠加，岩石破碎，裂隙发育，有利于裂隙水的富集和贮存；断裂构造新近活动的地方，也宜于地下水富集。

(4)不同地貌部位的富水性不同　地形地貌控制地下水的补给和汇水条件，洼地、盆地、沟谷低地汇水条件好，往往为富水的有利地带。

(六)岩溶水

贮存并运动于可溶性岩层空隙中的地下水称为岩溶水，岩溶水按其埋藏条件，可以是潜水，也可以是承压水。

岩溶水在空间的分布变化很大，甚至比裂隙水更不均匀。有的地方，水汇集于溶洞孔道中，形成富水区(岩溶水常常富集在质纯层厚的可溶岩分布地带、断层带或节理密集带、褶曲轴部和岩层急转弯处、可溶岩与非可溶岩的接触部位)；而在另一地方，水可沿溶洞孔隙流走，造成一定范围严重缺水。

岩溶水运动特征和径流条件极为复杂，表现为孤立水流与具有统一地下水面的水流并存，无压流与有压流并存，层流与紊流并存，明流与伏流交替出现。岩溶水的径流条件一般是良好的，但随着深度增加而减弱，在垂直方向显示出明显的分带性。

大气降水是岩溶水的主要补给源，它通过各种岩溶通道，迅速补给地下水。因此，岩溶水的动态与大气降水关系十分密切，主要有两个特点：一是水位、流量变化异常迅猛，水位变幅可达 80 m，流量变化更大，如广西合山某泉，最大流量为 4.3 m^3/s，最小仅为 0.1 m^3/s，前者是后者的 40 多倍；二是有些岩溶水对大气降水反应极为灵敏，雨后一昼夜甚至几小时，就出现流量高峰，如四川红岩某泉，一般流量为 0.14 m^3/s，但暴雨 6～12 h 之后，流量可达 1.04 m^3/s。

但也有些岩溶水的流量恒定，如山西广胜寺泉，流量恒定在 4～5 m^3/s，这是由于其补给区距离远、补给面积大、含水层容积大等因素对大气降水调节而造成的。

岩溶水排泄的最大特征是集中且量大。

第四节　地下水泉

一、泉的概念

在讨论各种类型地下水排泄时，曾述及有相当部分的地下水是以泉的形式出露和排泄的，所以泉是地下水的天然露头，泉水则是地下水排泄方式之一。

泉是在一定的地形、地质和水文地质条件下有机组合的产物。山区、丘陵区的沟谷中和山坡脚，泉的分布最为常见，但在平原区很难找到。

泉的类型很多，但目前尚无统一的分类。下面介绍几种常见泉的分类。

(一)根据补给泉的含水层性质分

(1)上升泉　由承压含水层补给,地下水在静水压力作用下,由地下涌出地表形成的泉。上升泉的动态一般变化较小。

(2)下降泉　由上层滞水或潜水含水层补给,地下水在重力作用下自由流出地表而形成的泉。这种泉的涌水量随季节而变化。

(二)根据泉出露的地质条件分

(1)侵蚀泉　由于河谷和冲沟的切割,出露潜水含水层而形成的泉称侵蚀下降泉(见图5-8(a));当河流和冲沟切穿了承压含水层顶板时,承压水便涌出地表,形成侵蚀上升泉(见图5-8(b))。

(2)接触泉　地下水从含水层与其下面的隔水层接触处流出成泉,称接触下降泉(见图5-8(c));在侵入体或岩脉与围岩接触处,常因冷凝收缩而产生裂隙,地下水沿此种接触带上升涌出地表而形成泉,称接触上升泉。

(3)溢出泉　岩石透水性变弱或为阻水结构阻挡,使地下水受阻而涌出地表,形成溢出下降泉。由于此种泉出口处地下水也作上升运动,应注意与上升泉区别。

(4)断层泉　承压含水层被断层切割,当断层导水时,地下水便沿断层上升至地表形成泉(见图5-8(d))。这种泉常沿断层呈线状分布。

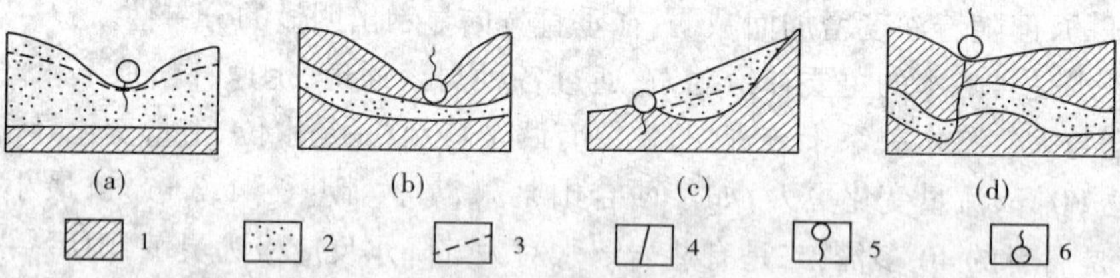

图5-8　不同类型的泉

(a)侵蚀下降泉;(b)侵蚀上升泉;(c)接触下降泉;(d)断层泉

1—隔水层;2—透水层;3—地下水位;4—导水断层;5—下降泉;6—上升泉

除上述常见的泉之外,尚有个别的在特定条件下形成的特殊泉,如响泉、间歇泉、毒泉等。

二、研究泉的实际意义

对泉的特征的研究可以反映地下水的一系列特征,如泉涌水量大小反映富水程度;泉出露高程代表地下水位的高程;泉水运动特征及动态反映地下水的类型;泉的分布反映含水层补给和排泄区的位置;泉水化学特征代表含水层的水质特点;泉水温度可反映地下水的埋藏条件。此外,泉的出露特征还有助于判断地质构造等。特别是一些大泉,常是主要的甚至是唯一的供水源地。有的泉群可成为旅游资源,如山西的娘子关泉、山东济南的七十二泉群等。有许多泉含有矿物质及稀有元素,是重要的矿泉水资源,还有很多温泉具有重要的医疗价值。因此,泉的研究对国民经济的发展具有重要的实际意义。

第五节 地下水的运动规律

一、地下水运动的基本形式

地下水在岩石的空隙中的运动称为渗透。对于地下水流,可以假想其充满岩石颗粒骨架的全部体积。通常把这种假想水流称为渗透水流,简称为渗流,其特点是水流通道曲折多变且流速缓慢。

地下水在岩石空隙中运动,按其形态可分为层流和紊流两种运动形式。所谓层流运动是指水质点呈相互平行的流线运动;紊流的水质点运动则是杂乱无章的,只有在基岩宽大洞隙及卵砾石层的大孔隙中或在水力坡度很大的情况下(如抽水井附近)才会出现紊流运动。具有紊流和层流共同特点的水流称混合流。

根据地下水的运动要素(如水位、流速、流向)随时间变化与否,又可将其分为稳定流与非稳定流两类运动形式。稳定流各运动要素不随时间改变;非稳定流各运动要素随时间变化。严格地讲,自然界中的地下水流均属非稳定流,但为了计算简便,也可以将某些运动要素变化微小的渗流,近似地看做稳定流。

此外,如果地下水的流速大小和方向沿着流程保持不变,这样的流动称为均匀流;反之,则为非均匀流。

二、地下水运动的基本规律

(一)达西定律

1852～1856 年间,法国水力学家达西(Henri Darcy)通过大量试验发现了地下水运动的线性渗透定律,故称达西定律,其试验装置如图 5-9 所示。

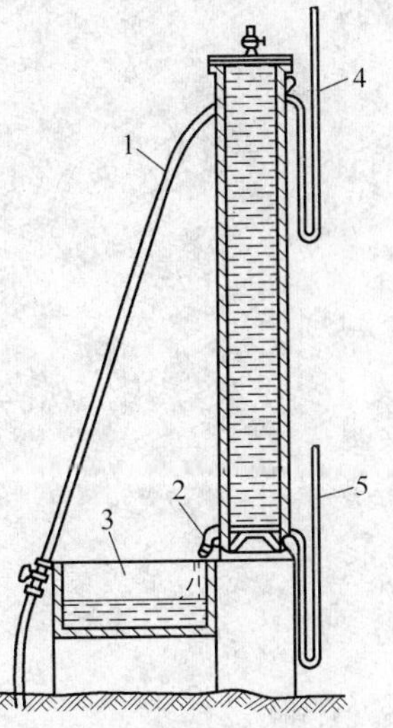

图 5-9 达西试验装置

1、2—导管;3—量杯;4、5—测压管

在用粒径为 0.1～3 mm 的砂做了大量试验后,获得如下结论:单位时间内通过筒中砂的水流量 Q 与渗透长度 L 成反比,而与圆筒的过水断面面积 A、上下两测压管的水头 Δh 成正比,即

$$Q = AK(\Delta h / L) \tag{5-1}$$

式中 Q——渗透流量,m^3/d;

A——过水断面面积(圆筒横断面面积),m^2;

Δh——水头损失(测压管的水头差),m;

K——渗透系数,m/d。

令比值 $\Delta h / L = J$,称水力坡度,也就是渗透路程中单位长度上的水头损失。又因 $v = Q/A$,则式(5-1)可写为

$$v = KJ \tag{5-2}$$

式(5-2)表明,渗透流速 v 与水力坡度的一次方成正比,故达西定律又称线性渗透定律。当 $J = 1$ 时,$v = K$,说明渗透系数值等于单位水头梯度时的渗透流速。

试验表明，不是所有地下水的层流运动都服从达西定律，只有当雷诺数 $Re<1$ 时才符合达西定律。在自然界中，由于绝大多数地下水流动比较缓慢，其雷诺数一般都小于1，因此达西定律是地下水运动的基本定律。

(二)地下水流向集水建筑物的运动

1.概述

水井是开采地下水的最基本形式之一，可称之为集水建筑物。当水井穿过整个含水层而到达隔水底板时，称为完整井；如果仅穿入含水层部分厚度，则称为非完整井。开采潜水含水层的井称为潜水井，开采承压含水层的井称为承压水井(或自流井)。当承压水井内水位降深很大，以致动水位下降到含水层顶板以下，造成井附近承压水转化为非承压水时，则称为承压潜水井。流向不同集水建筑物的水流形态是不同的，因此必须建立不同的计算公式。本节重点介绍稳定流水井出水量的计算方法。

2.地下水向完整井的稳定流运动

1863 年法国水力学家裘布依(J.Dupuit)首先应用线性渗透定律研究了均质含水层在等厚、广泛分布、隔水底板水平、天然的(抽水前)潜水面(亦为水平)，即地下水处于稳定流的条件下，呈层流运动的缓变流流向完整井的流量方程式。

由抽水试验得知，抽水时潜水完整井周围潜水位逐渐下降，将形成一个以井孔为中心的漏斗状潜水面，即所谓的降落漏斗(见图 5-10)。

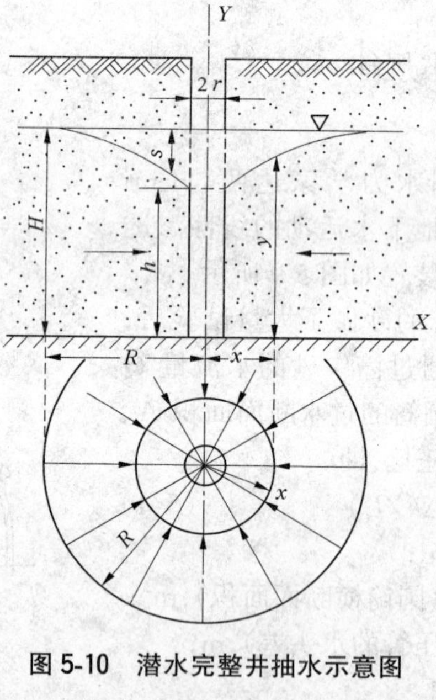

图 5-10 潜水完整井抽水示意图

潜水向水井的渗流如图 5-10 所示，从平面上看，流向沿半径指向井轴，呈同心圆状。为此，围绕井轴取一过水断面，该断面距井的距离为 x，该处过水断面的高度为 y，这样，过水断面面积为 $A=2\pi xy$，平面径向流的水力坡度为 $J=\mathrm{d}y/\mathrm{d}x$。

当地下水流为层流时，服从线性渗透定律，该断面的过流量应为

$$Q = KAJ = K2\pi xy(\mathrm{d}y/\mathrm{d}x)$$

分离变量并积分得

$$Q(\mathrm{d}x/x) = 2\pi Ky\,\mathrm{d}y$$

$$Q = \pi K[(H^2 - h^2)/(\ln R - \ln r)] \tag{5-3}$$

式中　Q——井的出水量,m^3/d;

K——渗透系数,m/d;

H——含水层厚度,m;

h——动水位,m;

r——井的半径,m;

R——影响半径,m。

式(5-3)即为潜水完整井出水量公式,又称裘布依公式。

第六节　地下水对工程建设的影响

地下水的存在,对建筑工程有着不可忽视的影响。尤其是地下水位的变化,水的侵蚀性和流沙、潜蚀等不良地质作用都将给建筑工程的稳定性、施工及正常使用带来很大的影响。

(1)地下水位的变化　如地下水位上升,可引起浅基础地基承载力降低,在有地震砂土液化的地区会引起液化的加剧,同时易引起建筑物震陷加剧,岩土体产生变形、滑移、崩塌失稳等不良地质作用。另外,在寒冷地区会有地下水的冻胀影响。就建筑物本身而言,若地下水位在基础底面以下压缩层内发生上升变化,水浸湿和软化岩土,会使地基土的强度降低,压缩性增大,建筑物将产生过大沉降,导致严重变形。尤其是对结构不稳定的土(如湿陷性黄土、膨胀土等),这种现象更为严重,对设有地下室建筑物的防潮湿也不利。

地下水位下降,往往会引起地表塌陷、地面沉降等。对建筑物本身而言,当地下水位在基础底面以下压缩层内下降时,岩土的自重压力增加,可能引起地基基础的附加沉降。如果土质不均匀或地下水位突然下降,也可能使建筑物产生变形破坏。

通常地下水位的变化往往是施工中抽水和排水引起的。局部的抽水和排水,会产生基础底面以下地下水位突然下降,建筑物(如邻近建筑物)发生变形,因此施工场地应注意抽水和排水的影响。另外,在软土地区,大面积的抽水也可能引起地面下沉。

(2)地下水的侵蚀性　地下水的侵蚀性的影响主要体现为对混凝土、可溶性石材、管道以及金属材料的侵蚀危害。

(3)由地下水引起的流沙　这种不良地质作用的影响主要表现为在工程施工过程中能造成大量的土体流动,致使地表塌陷或建筑物的地基破坏,会给施工带来极大的困难或直接影响建筑工程及附近建筑物的稳定。

(4)潜蚀　潜蚀通常分为机械潜蚀和化学潜蚀。机械潜蚀是指地下水的动力压力作用,而化学潜蚀是指地下水溶解土中的易溶盐分。这两种作用在土中同时发生,并会引起土粒间的结合力和土的结构破坏,土粒被水带走,形成洞穴,其后果是地基土的强度受到破坏,土下形成空洞,地表坍塌,破坏建筑物场地的稳定。

(5)基坑涌水现象　基坑涌水现象对工程建设的影响尤其应引起注意。建筑物基坑下有承压水时，开挖基坑会减小基坑底下承压水上部的隔水层厚度，减小过多会使承压水的水头压力冲破基坑底板形成涌水现象。涌水会冲毁基坑，破坏地基，给工程带来损失。

小　结

本章介绍了自然界中地下水的分布与循环规律，地下水的物理性质与化学成分，地下水的分类特征以及地下水运动的基本规律。本章主要内容如下。

一、地下水的概念

地下水是指存在于地表以下岩石孔隙、裂隙和空洞中的水。

二、地下水的类型

地下水按物理性质可分为气态水、液态水（吸着水、薄膜水、毛细水和重力水）和固态水。

地下水按埋藏条件分主要有潜水和承压水。潜水具有无压、埋藏浅、补给容易、循环快、季节变化明显、易受污染等特点；承压水具有静水压力，补给区和承压区不一致，水位、水量、水质及水温等受气象水文因素的影响较小，含水层厚度稳定不变，水质不易受污染等特点。地下水面及其形状可用水文地质剖面图和等水位（压）线图来表示。

三、泉

泉是一定地形、地质和水文地质条件下的产物。根据补给泉的含水层性质，泉可分为上升泉和下降泉；根据泉出露的地质条件，泉可分侵蚀泉、接触泉、溢出泉和断层泉。

四、地下水运动规律

地下水运动的速度比较慢，多属层流形式，且在大多数情况下服从线性渗透定律，即达西定律。裘布依应用达西定律推导出的稳定井流公式可用于计算抽水井的涌水量和水位降深，还可用于计算水文地质参数 K 和 R。

五、水文地质条件

工程建设中，地下水常带来不良影响，如地基渗透变形、基坑涌水、建筑材料腐蚀等。因此，必须查明建筑地区的水文地质条件，包括地下水的类型、地下水位及变幅；地下水的补给来源、流动方向及水力坡度；岩土的透水性、富水性，透水层与隔水层的岩性结构、厚度及分布规律；泉水的出露高程及流量；地下水的化学成分及腐蚀性等。

思考题

1. 地下水的温度取决于哪些因素?

2. 地下水中包含哪些化学成分?

3. 研究地下水的化学性质有何重要意义?

4. 潜水、承压水分别有什么样的特征?

5. 潜水面的形状与哪些因素有关?试论述之。

6. 怎样表示潜水面的形状?等水位线图如何绘制?它有哪些用途?

7. 潜水和承压水的补给、径流、排泄分别有何特点?

8. 什么样的地质构造条件适宜贮存承压水?试绘图并说明。

9. 简述裂隙水的分布特征。

10. 在岩溶分布区怎样寻找地下水?

11. 什么是泉?泉是怎样形成的?绘图说明泉的主要类型。

12. 写出达西定律的关系式并指出各符号的意义及达西定律的适用范围。

13. 裘布依在推导地下水向完整井的稳定运动时的基本假定有哪些?这些假定对实际应用会有什么影响?

14. 写出地下水向潜水完整井运动的裘布依公式并指出式中各符号的含义。

习　题

1. 在厚度为12.5 m的砂砾石潜水含水层进行完整井抽水试验,井径160 mm,观测孔距抽水井60 m,当抽水井降深25 m时,涌水量为600 m^3/d,此时观测井降深为0.24 m,计算含水层的渗透系数。

2. 有一潜水完整井,含水粗砂层厚14 m,渗透系数为10 m/d,含水层下覆为粘土层,潜水埋藏深度为2 m,钻孔直径为304 mm。当抽水孔水位降深为4 m时,经过一段时间抽水,达到稳定流,影响半径可采用300 m,试绘制剖面示意图并计算井的涌水量。

第六章　岩体结构与稳定性分析

学习目标

1. 掌握岩体、结构面、结构体、岩体结构的概念，熟悉结构面的主要类型及特征。
2. 了解岩体结构的主要类型及其特征。
3. 熟悉岩体边坡稳定性评价方法。
4. 掌握地下洞室选择所要考虑的地质条件。

本章重点

岩体结构；岩体边坡稳定性评价方法；地下洞室选择所要考虑的地质条件。

本章难点

结构面；岩体；边坡稳定性评价方法；地下洞室围岩稳定性评价。

第一节　岩体的结构特性

岩体通常指地质体中与工程建设有关的那一部分岩石，它处于一定的地质环境并被各种结构面所分割。岩体具有一定的结构特征，它由岩体中含有的不同类型的结构面及其在空间的分布和组合状况所确定。

一个岩体的规模大小，可视所研究的工程地质问题所涉及的范围和岩体的特点而定。工程岩体通常有地基岩体、边坡岩体和地下洞室围岩三种类型。

岩体和岩石、岩块的概念是不同的。岩石是矿物的集合体，可以理解为一种材料，它的性质可以用岩块来表征。岩体则由一种或多种岩石组成，甚至可以是不同成因岩石的组合体。岩体在形成过程中，还经受了构造变动、风化及卸荷等各种内外地质作用的破坏与改造。因此，岩体受层面、节理、断层、片理面等各种地质界面所切割，成为具有一定结构的多裂隙体（见图 6-1）。

一般把切割岩体的这些地质界面称为结构面，这些结构面经常是开裂的或易于开裂的，所以岩体的物理力学性质与岩石有很大区别。岩体在工程荷载作用下失稳破坏的原因往往是由于各种结构面的存在。因此，在讨论岩体稳定和隧洞围岩稳定等问题之前，需先了解一下岩体的结构特征。

岩体结构是指岩体中不同成因、形态、规模、性质的结构面和结构体在空间的排列分布和组合状态。

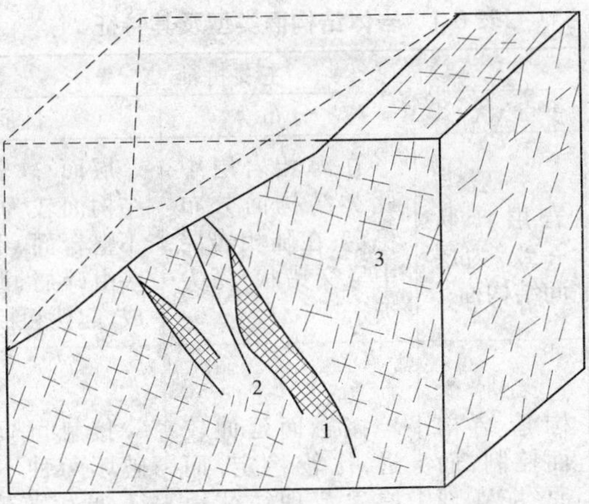

图 6-1 雅砻江二滩水电站右坝肩岩体结构示意图

1—软弱岩带;2—断层;3—裂隙网络

一、结构面

所谓结构面是指岩体中具有一定方向、力学强度相对(上下岩层)较低、双向延伸(或具一定厚度)的地质界面(或带)。结构面包括物质分异面与不连续面,如层面、节理、断层、片理、火成接触面等。广义的结构面应包括面、缝、层、带,如各种成因的软弱夹层、断层破碎带等。结构面的自然特性与其成因类型和发展密切相关。

(一)结构面的成因类型

岩体中结构面的工程地质特征与其成因有密切关系,结构面的成因不同,其性质及形态特征也不同。按地质成因,结构面可分为原生结构面、构造结构面和次生结构面三大类,其主要特征列于表 6-1。

(1)原生结构面　原生结构面是指岩体在成岩过程中所形成的结构面,如沉积岩中的层理面、软弱夹层、沉积间断面和古风化面等;火成岩中的流面、熔岩接触面、围岩接触面和因岩浆冷凝收缩所形成的裂隙面;变质岩中的片理面(如板理、千枚理、片麻理面等)。

(2)构造结构面　构造结构面是指岩体在构造应力作用下产生的破裂面或破裂带,包括断层面、褶皱层面、层间错动面、节理面、劈理面等。

(3)次生结构面　次生结构面是指岩体受卸荷、风化及地下水等外力作用所形成的结构面,如风化裂隙面、卸荷裂隙面、风化夹层、泥化夹层及次生充填夹泥层等。次生结构面往往沿原生结构面发展,因此在分析次生结构面的形成规律时,应先充分研究存在于岩石中各种类型的原生结构面。

(二)结构面的自然特性

研究结构面最关键的是研究各类结构面的分布规律、发育密度、表面特征、连续特征以及它们的空间组合形式等。

由于结构面在形成及后期经历改造与演化过程的不同,其工程特性也更为复杂。因此,分析结构面对岩体稳定所起的作用时,除应查明其成因类型外,还应注意对结构面特性的研究。结构面特性包括结构面的延展性、结构面的充填胶结情况(如有些结构面上的

表 6-1　岩体结构面类型及其特征

成因类型		地质类型	主要特征			工程地质评价
			产状	分布	性质	
原生结构面	沉积结构面	1. 层理层面 2. 软弱夹层 3. 假不整合面 4. 不整合面 5. 沉积间断面	一般与岩层产状一致，为层间结构面	在海相岩层中此类结构面分布稳定；在陆相岩层中呈交错状，易尖灭	层面、软弱夹层等结构面较为平整；假不整合面、不整合面多由碎屑、泥质物构成，起伏粗糙不平整	含泥质炭质等软弱结构，易受构造及次生影响恶化，造成滑坡等危害
	火成结构面	1. 侵入岩与围岩接触界面 2. 岩脉、岩墙接触面 3. 原生冷凝节理 4. 岩浆喷溢时形成的软弱面	岩脉受构造结构面控制，而原生节理受岩体接触面控制	接触面延伸较远，比较稳定，而原生节理往往短小密集	接触可具熔合及破坏两种不同的特征；原生节理一般张裂且较粗糙不平	一般不造成大规模的岩体破坏，但与构造断裂配合，也可造成岩体滑移
	变质结构面	1. 片理 2. 片岩软弱夹层	产状与岩层或构造线方向一致	片理短小，分布极密，片岩软夹层延展较远，较固定	结构面光滑平直，片理在岩体深部往往闭合成隐蔽结构面；片岩软弱夹层含片状、鳞片状矿物，遇水滑润	在变质较浅的沉积变质岩（如千枚岩）的堑坡常见塌方，片岩中软弱夹层对稳定性影响大
构造结构面		1. 节理 2. 断层 3. 层间错动面 4. 破碎带	产状与构造线呈一定关系，层间错动与岩层一致	张性断裂较短小，剪切断裂延展远；压性断裂（如断层）规模巨大，但有时因横断层切割而不连续	张性断裂不平直，呈锯齿状，常具次生充填；剪切断裂较平直，具羽状裂隙；压性断裂具多种构造岩，呈带状分布，往往含断层泥、糜棱岩	对岩体稳定性影响很大，在许多岩体破坏过程中大都有构造结构面的配合作用
次生结构面		1. 卸荷裂隙 2. 风化裂隙 3. 风化夹层 4. 泥化夹层 5. 次生泥层 6. 溶蚀面 7. 爆破松动带	受地形及原生结构面控制	分布上远区呈不连续状，透镜体，延展性差，主要在地表风化带内发育	一般为泥质物充填，水理性很差	常在山坡及堑坡上造成崩塌、滑坡等危害

物质软弱松散，含粘土矿物多，抗剪强度很低，遇水易软化或泥化，对岩体稳定影响很大，通常称之为软弱结构面）、结构面的密集程度、结构面的几何形状（指结构面的起伏形态，如波浪状、锯齿状，结构面的粗糙程度，如镜面的、光滑的、粗糙的等，如图 6-2 所示）、结构面的演变历史（如原生结构面通常较闭合且有一定结合力，但常因经历后期地质作用的影响而恶化；原生软弱夹层受构造运动作用后形成层间破碎夹层，当水侵入时会引起泥化现象，使其工程地质性质变差）、结构面的产状（见图 6-3）和组合关系、结构面的分级及其特征（见表 6-2）等。

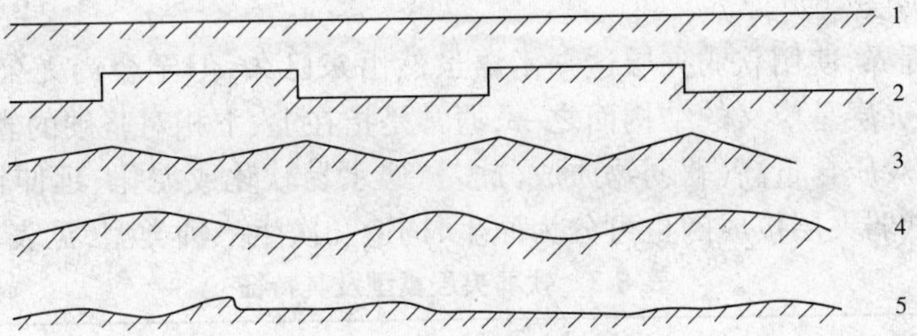

图 6-2　结构面的起伏形态

1—平直的；2—台阶状的；3—锯齿状；4—波浪状；5—不规则的

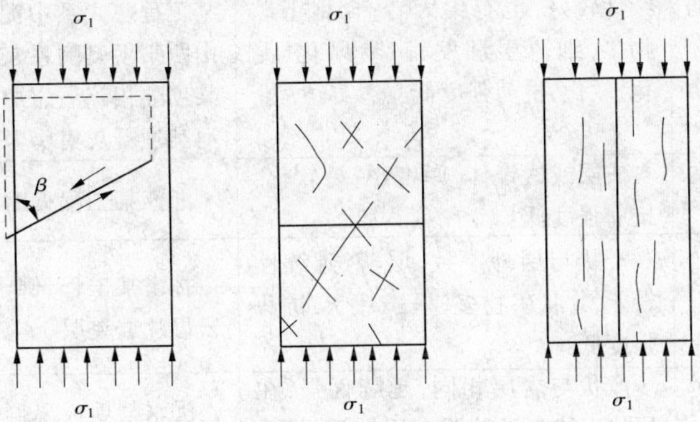

图 6-3　结构面产状对破坏机理的影响

表 6-2　结构面的分级及其特征

级别	分级依据	力学效应	力学属性	地质构造特征
Ⅰ级	结构面延展长，延展几千米至几十千米以上，贯通岩体，破碎带宽度达数米至数十米	1. 形成岩体力学作用边界 2. 岩体变形和破坏的控制条件 3. 构成独立的力学介质单元	1. 属于软弱结构面 2. 构成独立的力学模型——软弱夹层	较大的断层
Ⅱ级	延展规模与研究的岩体相似，破碎带宽度比较窄，几厘米至数米	1. 形成块裂岩体边界 2. 控制岩体变形和破坏方式 3. 构成次级地应力场边界	属于软弱结构面	小断层 层间错动面
Ⅲ级	延展长度短，从十几米至几十米，无破碎带，面内不夹泥，有的具有泥膜	1. 参与块裂岩体切割 2. 构成次级地应力场边界	少数属于软弱结构面	不夹泥 大节理或小断层 开裂的层面
Ⅳ级	延展短、未错动、不夹泥，有的呈弱结合状态	1. 是岩体力学性质、结构效应的基础 2. 有的为次级地应力场边界	—	节理 劈理 层面 次生裂隙
Ⅴ级	结构面小，且连续性差	1. 岩体内形成应力集中 2. 岩体力学性质、结构效应的基础	—	不连续的小节理 隐节理 层面 片理面

（三）软弱夹层

在我国工程界，使用软弱夹层这一术语虽然由来已久，但至今尚无公认的确切定义。一般认为，软弱夹层是广义的结构面之一，通常是指在上、下相对坚硬的岩层中，夹有力学强度低、泥质或炭质含量高（软弱物质成分多）、遇水易软化或泥化、延伸较长而厚度较薄的软弱岩层。软弱夹层按成因也可分为原生、构造和次生三种类型，见表 6-3。

表 6-3　软弱夹层类型及其特征

成因类型		地质类型	基本特征	实例
原生软弱夹层		沉积软弱夹层	产状与岩层相同，厚度较小，延续性较好，也有尖灭者；含粘土矿物多，细薄层理发育，易风化、泥化、软化，抗剪强度低	板溪的板溪群中泥质板岩夹层；新安江志留、泥盆、石炭系中页岩夹层；贵州某工程寒武系中泥质灰岩及页岩夹层；山西某坝奥陶系灰岩中石膏夹层；四川某坝陆相碎屑岩中粘土页岩层；辽宁浑河某坝凝灰集块岩中凝灰质岩
		岩浆软弱夹层	成层或透镜体，厚度小，易软化，抗剪强度低	浙江某工程火山岩中的凝灰质岩
		变质软弱夹层	产状与层理一致，层薄，延续性较差，片状矿物多，呈鳞片状，抗剪强度低	甘肃某工程、佛子岭工程的变质岩中云母片岩夹层
构造软弱夹层		多为层间破碎软弱夹层	产状与岩层相同，延续性强，在层状岩体中沿软弱夹层发育；物质破碎，呈鳞片状，往往含呈条带状分布的泥质	沅水某坝板溪群中板岩破碎层；犹江泥盆系板岩破碎泥化夹层；四川某坝侏罗系砂页岩中层间错动破碎夹层
次生软弱夹层	风化夹层	夹层风化	产状与岩层一致，或受岩体产状制约，风化带内延续性好，深部风化减弱，特征为松软、破碎、含泥、抗剪强度低	磨子潭工程黑云母角闪片岩风化夹层；弋江某工程砂页岩中风化煌斑；福建某工程石英脉与花岗岩接触风化面
		断裂风化	沿节理、断层发育，产状受其控制，延续性不强，一般仅限于地表附近，物质松散，破碎含泥，抗剪强度低	许多工程的风化断层带及节理
	泥化夹层	夹层泥化	产状与岩层相同，沿软弱层表部发育，延续性强，但各段泥化程度不一；软弱面泥化，呈塑性，表面光滑，抗剪强度低	沅水某坝板溪群泥化泥质板岩夹层；四川某电站泥化粘土页岩
		次生夹层（层面）	产状受岩层制约，延续性差；近地表发育，常呈透镜体，物质细腻，呈塑性甚至呈流态，强度甚低	四川某坝砂页岩层面夹泥；安徽某坝不整合面上斑脱土夹层
		次生夹层（断裂面）	产状受原岩结构面制约，常较陡，延续性差，物质细腻，结构单一，物理力学性质差	福建某坝花岗裂隙夹泥；四川某坝砂岩岸坡裂隙夹泥；四川某坝砂岩反倾向裂隙夹泥

软弱夹层是工程建设中经常遇到的重大工程地质问题之一。鉴于这种情况，在工程建设中，应特别重视对软弱夹层的成因、性质及其埋藏分布规律进行研究，以便采取有效措施，确保工程建设的稳定和安全。

二、结构体

岩体受各种结构面切割而形成的大小和形状不同的单元块体（相对完整）称为结构体。虽然在岩体稳定分析中起控制作用的是结构面（尤其是软弱结构面），但是结构体的作用在一定条件下也相当重要。工程实践表明，单个结构面有时不一定对岩体稳定构成威胁，只有几组结构面组合起来形成一定形状的结构体时，才会造成危险。不同形态和产状的结构体，对岩体稳定的影响是不同的。根据外形特征，结构体可以分为块状、柱状、板状、楔形、菱形及锥形六种基本形态，如图 6-4 所示。此外，由于岩体强烈变形和破坏，也可形成片状、碎块状、碎屑状、鳞片状等形态。

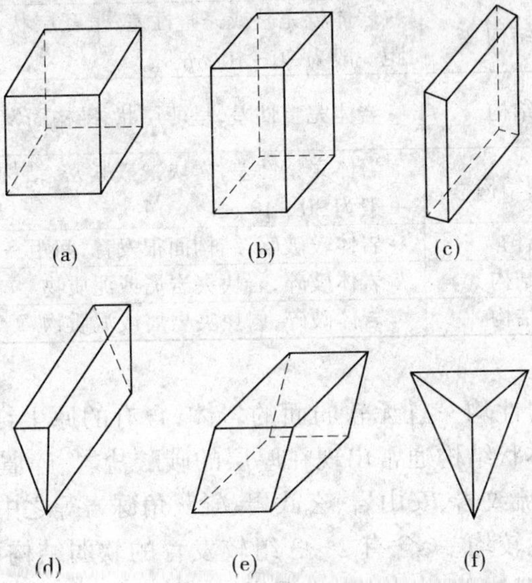

图 6-4　结构体的基本形态

(a)块状；(b)柱状；(c)板状；(d)楔形；(e)菱形；(f)锥形

三、岩体工程分类

（一）岩体结构分类

结构面与结构体的组合称为岩体结构。岩体结构特征实际上就是结构面和结构体的性状及组合特征的反映，它决定着岩体的物理力学性质和稳定性。综合考虑结构面和结构体这两方面的因素及其对岩体不均一性和不连续性的影响，在《工程地质勘察规范》(GB 50287—1999)中，一般将岩体结构划分为块状结构、层状结构、碎裂结构、散体结构四种类型，其基本特征见表 6-4。

表 6-4　岩体结构划分标准

类型	亚类	岩体结构特征
块状结构	整体状结构	岩体完整，呈巨块状，结构面不发育，间距大于 100 cm
	块状结构	岩体较完整，呈块状，结构面轻度发育，间距一般为 100～50 cm
	次块状结构	岩体较完整，呈次块状，结构面中等发育，间距一般为 50～30 cm
层状结构	巨厚层状结构	岩体完整，呈巨厚层状，结构面不发育，间距大于 100 cm
	厚层状结构	岩体较完整，呈厚层状，结构面轻度发育，间距一般为 100～50 cm
	中厚层状结构	岩体较完整，呈中厚层状，结构面中等发育，间距一般为 50～30 cm
	互层状结构	岩体较完整或完整性差，呈互层状，结构面较发育或发育，间距一般为 30～10 cm
	薄层状结构	岩体完整性差，呈薄层状，结构面发育，间距一般小于 10 cm
碎裂结构	镶嵌碎裂结构	岩体完整性差，岩块镶嵌紧密，结构面较发育或很发育，间距一般为 30～10 cm
	碎裂结构	岩体较破碎，结构面很发育，间距一般小于 10 cm
散体结构	碎块状结构	岩体破碎，岩块夹岩屑或泥质物
	碎屑状结构	岩体破碎，岩块夹岩屑或泥质物

整体状结构：代表岩性均一且无软弱面的岩体，含有的原生结构面具有较强的结合力，间距大于 1 m。整体状结构通常出现在厚层的碳酸盐岩、碎屑岩和花岗岩、闪长岩以及原生节理不太发育的流纹岩、安山岩、玄武岩、凝灰角砾岩等之中。

块状结构：代表岩性较均一，含有 2～3 组较发育的软弱结构面的岩体，结构面间距 1～0.5 m。成岩裂隙较发育的厚层砂岩或泥岩，槽状冲刷面发育的河流相砂岩体等沉积岩，原生节理发育的火山岩体等均为块状结构。

层状结构：代表一组连续性好，抗剪性能较低的软弱面的岩体，一般岩性不均一。层状结构可进一步分为层状（软弱面间距为 50～30 cm）、薄层状（间距小于 30 cm），还可以据不均一程度划分出软硬相间的互层状结构。

碎块状结构：代表含有多组密集结构面的岩体，岩体被分割成碎块状，以某些动力变质岩为典型，如溪洛渡泥灰岩。

另外，按岩体的改变程度岩体结构可划分为完整的、块裂化或板裂化的、碎裂化的、散体化的四个等级。

（二）岩体的工程分类

工程应用分类是以岩体稳定性或岩体质量评价为基础的分类，它为综合性分类，目前主要考虑三方面因素的指标，即与岩石工程性质有关的指标（力学性质）、与岩体后期改造有关的指标(岩体结构)和岩体赋存条件方面的指标(地下水或地应力)。

常用的分类方案有:RMR(宾尼亚斯基分类,Bieniawski)、RSR 系统分类、巴顿的 Q 分类、谷德振的岩体质量指标 Z 系统分类(1979)。

(三)分类标准的定量化——岩体质量指标

20 世纪 70 年代以来岩体分类中采用了"岩体质量指标"或"综合特征指标"来判别岩体性能的优劣,因而含有这类指标的分类又被称为岩体质量分级,如上所述的 RMR、Q 和 Z 系统。

分类中有了定量指标作为依据,更便于将做过详细勘探测试研究的场地的经验和成果应用于研究程度较差或处于勘探初级阶段的工地,从而达到简化或减少勘探程序和工作量的目的。

分类中为了探讨不同分类方案之间的相关性,鲁弗里奇等根据新西兰多个工程的经验,对 RMR、RSR 和 Q 三种指标得出如下关系式:

$$RMR = 1.35 \lg Q + 43$$

$$RSR = 0.77 RMR + 12.4$$

$$RSR = 13.3 \lg Q + 46.5$$

工程地质之所以要将岩体的结构特征作为重要研究对象,有以下几点意义:

(1)岩体中的结构面是岩体中力学强度相对薄弱的部位,它导致岩体力学性能的不连续性、不均一性和各向异性。只有掌握岩体的结构特征,才有可能阐明岩体在不同荷载下内部的应力分布和应力状况。

(2)岩体的结构特征对岩体在一定荷载条件下的变形破坏方式和强度特征起着重要的控制作用。岩体中的软弱结构面,常常成为决定岩体稳定性的控制因素,各结构面分别为确定坝肩岩体抗滑稳定的分割面和滑移控制面。

(3)靠近地表的岩体,其结构特征在很大程度上决定了外应力对岩体的改造进程。这是由于结构面往往是风化、地下水等各种外应力作用较活跃的部位,也常常是这些应力的改造作用能深入岩体内部的重要通道,所以结构面往往发展为重要的控制面。

总之,对岩体结构特征的研究,是分析评价区域稳定性和岩体稳定性的重要依据。

第二节　岩体边坡稳定性评价方法

天然边坡或人工开挖边坡的稳定性评价,是工程建设中的重要问题之一。

公路附近边坡的变形与失稳、河流岸坡的崩塌与滑动、施工场地或居民区边坡的破坏,都会造成极其严重的后果。据记载,三峡附近的新滩镇一带曾多次发生崩塌与滑动现象,最近一次是在 1984 年 6 月 12 日凌晨 3 时 35 分,北岸山坡产生 0.3 亿 m^3 土石滑动,其中 100 万 m^3 冲入长江,堵航 4～5 天。据部分公路路岸稳定状态的调查,发现几乎所有的山区和丘陵区公路都曾发生过路岸坍滑现象,只是其数量和规模不同而已。众多的工程实例都说明,边坡稳定性的研究是一个非常突出的工程地质问题。

一、边坡岩体应力分布特征

边坡的特点是具有一定高度和坡度的临空面(见图 6-5)。

在边坡形成以前，岩体处于相对平衡状态，岩体中某点由于自重而产生的垂直应力 σ_z 与该点的埋深 h 和岩体的容重 γ 有关(见图 6-6)，即

$$\sigma_1 = \sigma_z = \gamma h \tag{6-1}$$

其侧向水平应力 σ_x 和 σ_y 为

$$\sigma_2 = \sigma_3 = \sigma_x = \sigma_y = [\mu/(1-\mu)]\sigma_z = \lambda\gamma h \tag{6-2}$$

式中 μ——岩体的泊桑比；

λ——侧压力系数；

σ_1、σ_2、σ_3——岩体中某点的三个主应力，其中 σ_1 为最大主应力，σ_3 为最小主应力。

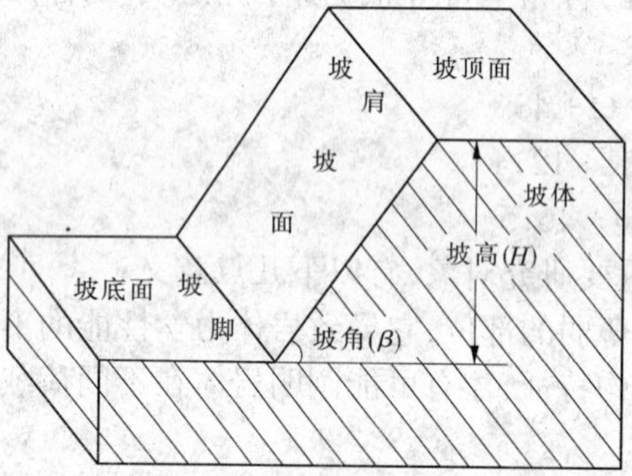

图 6-5 边坡要素图

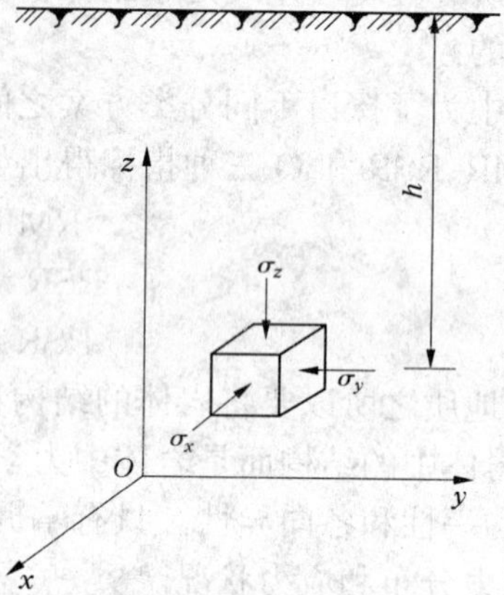

图 6-6 岩土体内的自重应力

岩体的初始应力，除自重应力外，还有由地壳的构造运动所引起的构造应力、由物理和化学变化及岩浆侵入形成的变异应力、由岩体卸荷或部分卸荷所形成的拉压应力自相平衡的残余应力等，其实际应力状态远较上述情况复杂。边坡形成以后，岩体内应力将重新分布，其值可根据光弹资料及有限元计算得到，岩体内应力重分布主要表现为以下几点：

(1)主应力迹线发生明显偏转。边坡坡面附近，最大主应力 σ_1(垂直应力)方向与坡面近于平行，最小主应力 σ_3(水平应力)与坡面近于垂直，最大剪应力迹线由原来的直线转变为近拟圆弧线(见图 6-7)。

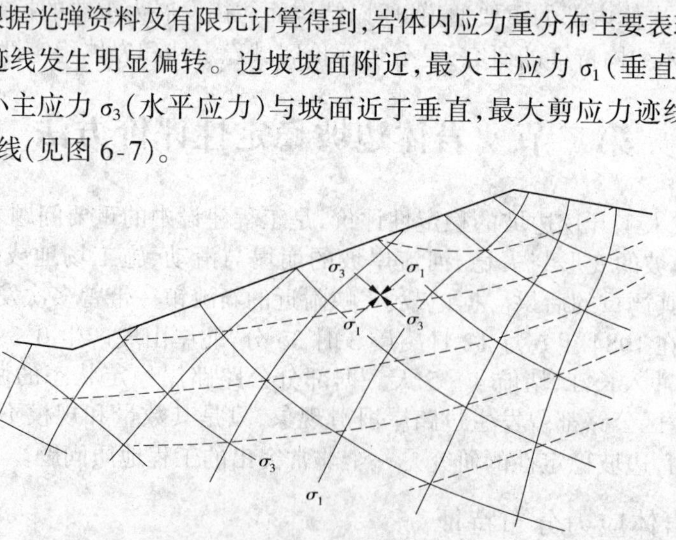

图 6-7 边坡中最大剪应力迹线(虚线)与主应力迹线(实线)关系示意图

(2)在边坡坡脚附近形成一个明显的应力集中带(见图6-8),边坡愈陡,应力集中愈严重。

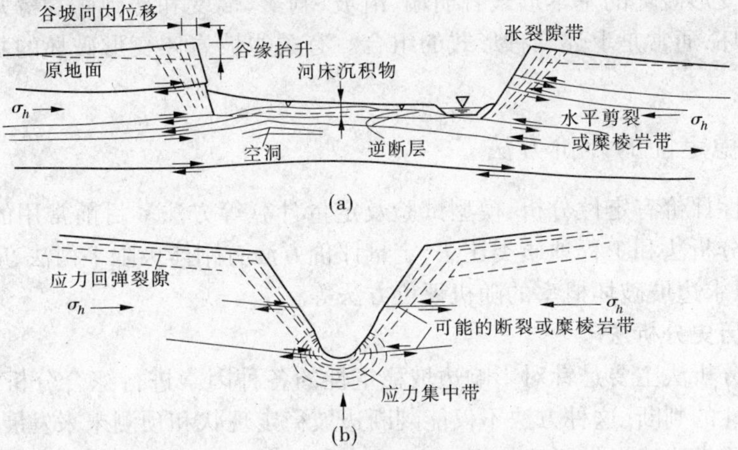

图6-8　河谷区卸荷变形破裂发育组合模式图

(a)平缓层状岩体宽谷区模式;(b)块体状、块状或平缓状岩体峡谷模式

(3)坡面岩体由于侧向应力近于零,在较陡边坡的坡面和顶面出现张应力,张应力带分布的位置与边坡形状和坡度有关(见图6-9)。

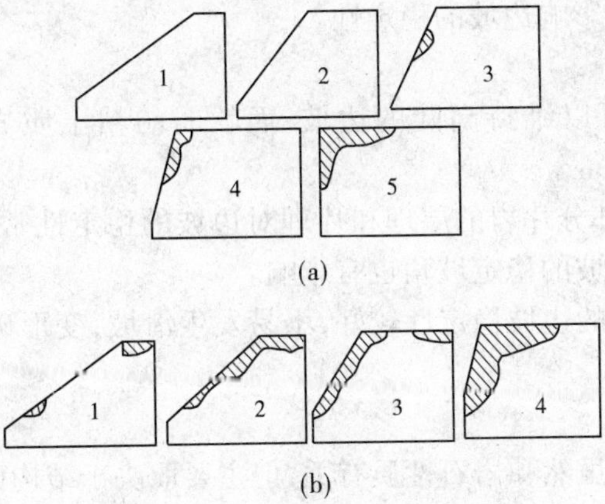

图6-9　斜坡张应力带分布示意图

(a)$\sigma L=0$;(b)$\sigma L=3\gamma H$(阴影部分为张应力带)

1—$\alpha=30°$;2—$\alpha=45°$;3—$\alpha=60°$;4—$\alpha=75°$;5—$\alpha=90°$

上述边坡岩体的应力分布特征,是以岩体为均质连续弹性介质假设为前提的。实际上,边坡岩体多为非均质的不连续介质,应力分布通常是不规律的。

边坡岩体的变形与破坏,是由岩体应力与强度之间的矛盾决定的。边坡在重力、水及人为因素的作用下,其形态和内部结构不断地变化,其应力状态也随之调整改变。当调整后的应力低于岩体的强度时,边坡是稳定的;否则,将导致边坡变形破坏。

二、边坡岩体变形破坏的基本形式

边坡岩体变形破坏的基本形式有崩塌、滑坡、剥落、蠕变和松弛张裂等几种类型。大规模的边坡破坏,通常是上述几种形式的组合。有关边坡岩体变形破坏的基本形式参见第三章。

三、边坡稳定性的评价方法

边坡稳定性评价有定性分析、模型试验及定量计算等方法。目前常用的定性评价方法有成因历史分析法和工程地质类比法,定量评价方法有刚体极限平衡法、应力应变分析法、图解法及寻求边坡破坏概率的随机评价方法等。

(一)成因历史分析法

成因历史分析法主要是针对影响边坡稳定性的各种因素进行综合分析研究,对边坡稳定性做出定性的判断(这种方法不仅能判断边坡稳定现状和预测未来发展变化趋势,而且能为工程地质类比法提供对比依据,以及为力学计算法确定边界条件和选定计算参数提供依据)。影响边坡稳定性的因素主要有下列几种。

1. 地貌条件

一般来说,坡度越陡、坡高越高,边坡越不稳定,因此深切的峡谷、陡峭的岸坡易于发生变形破坏。另外,平面上呈凹形的边坡比凸形边坡稳定性好。边坡周围有无冲沟深切、地形是否完整等也直接影响边坡的稳定性。

2. 岩石性质

坚硬完整的岩石可以维持高陡的边坡,而软弱的粘土质岩石的稳定坡角则只有20°～30°。

沉积岩、千枚岩及部分片岩的层理和片理对边坡的稳定性常起控制作用。沉积岩中碎屑的胶结物成分对边坡的稳定坡角也有影响。

由块状结晶岩组成的边坡稳定性较好,不易发生滑坡,变形破坏形式常以张裂、崩塌为主。

3. 岩体结构

岩质边坡的稳定性虽然和岩石性质有关,但主要取决于结构面的类型、产状、性质、规律及其组合情况。

整体或块状结构类型的边坡稳定性较好;层状结构的边坡,其稳定性主要取决于层面的产状;碎裂结构和散体结构的边坡稳定性差,易于产生圆弧式的滑动。

层状结构边坡或被软弱结构面切割的边坡,层面及其他软弱结构面的走向与坡面走向夹角愈大愈稳定(见图 6-10(d));二者倾向相反时,一般对边坡稳定有利(见图 6-10(a));二者同倾向时有下述三种情况:

(1)边坡角大于结构面倾角($\beta>\alpha$)时,对边坡稳定不利(见图 6-10(b)、(e))。这时,能否沿着结构面产生滑动,取决于结构面内摩擦角 φ 值的大小。当 $\varphi>\alpha$ 时,一般是稳定的;当 $\varphi<\alpha$ 时,则产生滑坡;当 $\varphi=\alpha$ 时,处于极限平衡状态。

(2)边坡角小于结构面倾角($\beta<\alpha$)时,边坡是稳定的。这时,边坡角可以提高到(见

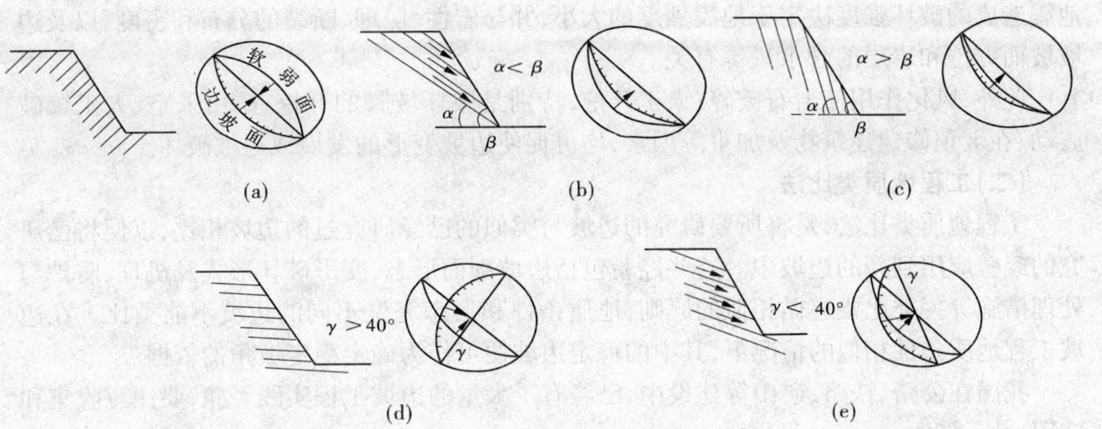

图 6-10　单一软弱面边坡的赤平投影图及稳定情况(齿弧为地面投影弧)

α—结构面的倾角;β—边坡坡角;γ—结构面走向与边坡走向斜交角

图 6-10(c))$\beta=\alpha$,这时 β 角可作为经济合理的边坡角。

(3)边坡角等于结构面倾角($\beta=\alpha$)时,边坡也是稳定的。

4. 地质构造

在褶皱、断裂发育地区,岩层倾角较陡,节理、断层纵横交错,都是产生崩塌、滑坡的有利因素。在新构造运动强烈上升区,由于侵蚀切割,往往形成高山峡谷地形,边坡岩体中广泛产生变形和破坏现象。

5. 水的作用

一般崩塌和滑坡均发生在连续降雨之后,尤其是暴雨,对触发边坡破坏是一个重要的因素。水对边坡的作用可从水对岩土的软化与泥化作用、水的冲刷作用、静水压力与动水压力等几方面加以考虑。

(1)边坡岩土体中的泥质或土质岩层,在干燥时强度较高,但经水浸泡后,其含水量增大,将软化、泥化,会使岩土体抗剪强度降低,从而引起边坡破坏。

(2)静水压力。由于雨水渗入、河水位上涨或水库蓄水等种种原因,地下水位抬高,可使边坡内不透水的软弱层受到静水压力的垂直作用,削弱软弱面上滑体重量所产生的法向力,从而降低其抗滑力,导致边坡失稳。岸坡崩塌也多在雨季,与张开裂隙充水并增大了静水压力密切相关。水库运营期间,当水库水位骤降,而边坡岩土体中地下水位下降滞后于水库水位时,会形成较大的静水压力,从而使库岸易遭破坏。

(3)动水压力。地下水由边坡岩土体中外泄,由于有一定的水力梯度,会形成动水压力,从而沿渗流方向增大了坡体的下滑力,对边坡的稳定性是不利的。

此外,地下水的溶蚀和潜蚀作用能使岩土体的结构联系削弱,降低其抗滑力,对岸坡的稳定性也有一定影响。

6. 地震

地震是造成边坡破坏的重要触发因素,许多大型崩塌或滑坡的发生与地震密切相关。地震引起岩体的震动等于使岩体承受一种附加的动荷载,在此荷载作用下,岩体稳定性下降,使岩体沿软弱面的锁合被松动,抗剪强度降低或完全丧失结构强度(如砂基液化等)。

地震造成的破坏强度决定于地震烈度的大小,并与岩性、层理、断裂的分布和密度,以及边坡坡面方位和岩层的含水量等有关。

此外,风化作用使岩石破碎;人工开挖,特别是破坏坡脚的开挖、矿山采空、人工爆破震动、在坡顶修建建筑物及加重等因素,均可促使边坡变形的发展或边坡破坏。

(二)工程地质类比法

工程地质类比法,是将所要研究的边坡与类似的已经研究过的边坡相比,以便将已研究的经验应用到新的边坡中。这些经验包括边坡剖面形态、变形破坏形式及机理、防护与处理措施等。类比要遵循相似的原则,地质条件和形态完全不同的边坡不能类比。在边坡工程地质条件相似的情况下,其中的稳定边坡便可作为确定稳定坡角的依据。

我国在公路、铁路、矿山等建设中,已经有了大量的边坡工程实践经验,要注意收集和应用。

(三)刚体极限平衡计算法

极限平衡法主要用于滑动破坏的校核计算,其原理与坝基抗滑稳定计算相似。计算时假定滑体为均质刚性体,对边界条件简化后,采用静力学的刚体极限平衡原理计算抗滑稳定系数。

1. 单滑面的稳定性计算

如图 6-11 所示,当只计岩体的重量时,边坡岩体稳定性系数 K 为

$$K = \frac{G\cos\alpha\tan\varphi + cL}{G\sin\alpha} = \frac{\tan\varphi}{\tan\alpha} + \frac{cL}{G\sin\alpha} \tag{6-3}$$

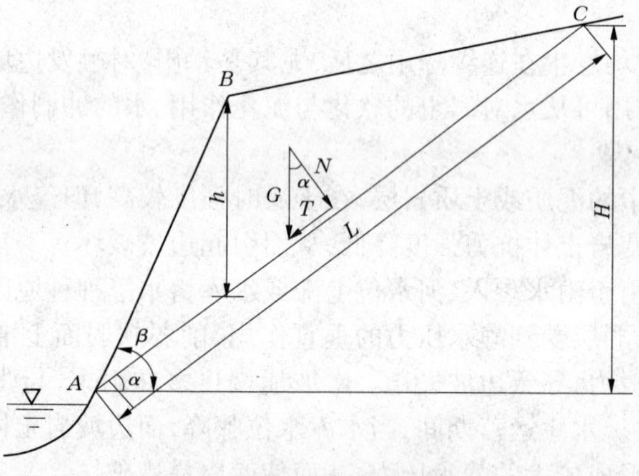

图 6-11 边坡计算剖面图

式中 G——单宽滑体重量,t;

φ——滑面摩擦角,(°);

c——滑面凝聚力,t/m^2;

α——滑面倾角,(°);

L——滑面长度,m。

如滑体断面按△ABC 计,则 $G = (\gamma hL\cos\alpha)/2$,代入式(6-3)得

$$K = \frac{\tan\varphi}{\tan\alpha} + \frac{4c}{\gamma h\sin2\alpha} \tag{6-4}$$

式中　h——滑体厚度，m；

γ——岩体重度，t/m^3；

其他符号含义同前。

从式(6-4)可知，单滑面滑动体的稳定系数与滑面长度 L 及坡面倾角 β 无关，而是随着滑面 c、φ 值的增加而加大，随滑面倾角 α 及滑体厚度 h 的增加而减小。

2. 折线式滑动面的稳定性计算

在剖面上，当滑面为同倾向的折线形时，可用分块叠加法、等稳定系数法及剩余推力法计算稳定系数。

1)传递系数法(等稳定系数法)

图6-12(a)所示为双折线滑动面，如果以 b 点为界将滑体分为Ⅰ、Ⅱ两块，则Ⅰ块为主动滑体，Ⅱ块为被动滑体。

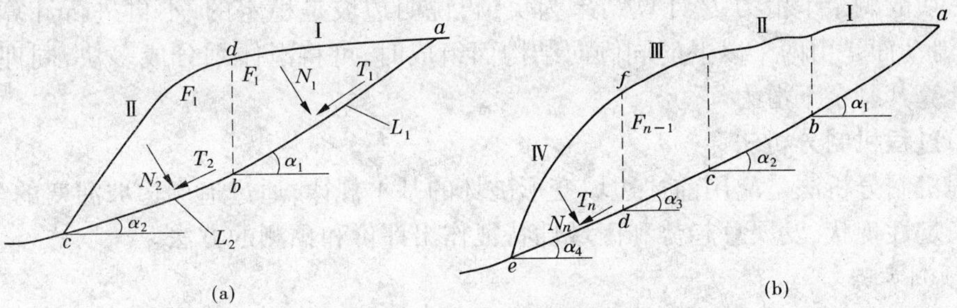

图6-12　同倾向双滑动面和多滑动面

(a)双滑动面；(b)多滑动面

假定在 bd 面上作用有块体Ⅰ对块体Ⅱ的作用力 F_1，且 F_1 平行于 ab，等稳定系数法就是使滑移体Ⅰ、Ⅱ具有相同的稳定系数 K，则滑移体Ⅰ的稳定系数为

$$K = \frac{N_1 \tan\varphi_1 + c_1 L_1}{T_1 - F_1} \tag{6-5}$$

Ⅱ块的稳定系数为

$$K = \frac{N_2 \tan\varphi_2 + c_2 L_2 + F_1 \sin(\alpha_1 - \alpha_2)\tan\varphi_2}{T_2 + F_1 \cos(\alpha_1 - \alpha_2)} \tag{6-6}$$

由式(6-5)和式(6-6)得

$$K = \frac{N_2 \tan\varphi_2 + c_2 L_2 + [T_1 - (N_1 \tan\varphi_1 + c_1 L_1)/K]\sin(\alpha_1 - \alpha_2)\ \tan\varphi_2}{T_2 + [T_1 - (N_1 \tan\varphi_1 + c_1 L_1)/K]\cos(\alpha_1 - \alpha_2)} \tag{6-7}$$

式中　N_1、N_2——作用在Ⅰ、Ⅱ滑块上的法向力；

φ_1、φ_2——Ⅰ、Ⅱ滑块的内摩擦角；

c_1、c_2——Ⅰ、Ⅱ滑块的凝聚力；

T_1、T_2——Ⅰ、Ⅱ滑块上的滑动力；

L_1、L_2——Ⅰ、Ⅱ滑块的长度；

α_1、α_2——Ⅰ、Ⅱ滑块的倾角。

用等稳定系数法求边坡的稳定系数，由于公式两边均有 K，因此需经多次试算才能得到结果,计算较烦琐。

2)剩余推力法

剩余推力法是目前国内应用较多的方法,该方法求解过程是首先求算Ⅰ块的剩余下滑力,然后将其传至Ⅱ块再计算Ⅱ块的稳定系数(见图6-12(a))。

Ⅰ块的剩余下滑力 F_1 为

$$F_1 = T_1 - N_1\tan\varphi_1 - c_1 L_1 \tag{6-8}$$

剩余下滑力传至Ⅱ块,在 ab 面上分解为法向力和切向力,与Ⅱ块原有的法向力和切向力叠加,求Ⅱ块的稳定系数,并以其代表整体边坡的稳定性,则

$$K = \frac{N_2\tan\varphi_2 + c_2 L_2 + F_1\sin(\alpha_1 - \alpha_2)\tan\varphi_2}{T_2 + F_1\cos(\alpha_1 - \alpha_2)} \tag{6-9}$$

式中符号含义同前。

如Ⅰ块的剩余下滑力 P 计算结果为负值,说明边坡是稳定的,不再进行计算。在剖面上,当滑动面是由两个以上的同倾向结构面组成时,可将滑体划分成多块,同理从上而下逐一计算其剩余下滑力。

(四)过程机制分析法

过程机制分析法是应用前述边坡变形破坏的基本规律,通过追溯边坡演变的全过程,对边坡稳定性现状、发展总趋势和区域性特征作出评价和预测的方法。

1. 预测步骤

根据阶段性规律预测边坡所处演化阶段和发展趋势,预测步骤如下:

(1)确定边坡可能的变形形式和破坏方式。根据边坡外形、坡体结构、斜坡环境条件,并应用赤平投影的方法,即可确定边坡可能的变形破坏的地质力学模式及其变形破坏机制以及主控条件。

(2)根据边坡的变形阶段判定边坡的变形迹象,分析其形成机制,参照前述边坡变形破坏的地质力学模式及其各演化阶段的特征,确定边坡所处的演化阶段。转化标志如蠕滑—拉裂型斜坡变形、后缘拉裂缝由拉开转为闭合,都可认为是大滑动的前兆。

(3)演化全过程的再现模拟。采用物理模拟或数值模拟方法,再现边坡变形破坏全过程,验证前述分析的可靠性,并对照边坡变形实际情况,以此作为边坡变形破坏演化趋势的预测依据。

2. 根据周期性规律判定促进边坡演变的主导因素

各种影响因素是有周期的,根据周期分析(地壳升降、降雨、地震、河流侵淤等),可以判定影响边坡变形破坏的主导因素并为预测、预报和滑坡治理提供依据。

3. 根据区域性规律阐明边坡稳定性分区特征

依据工程地质条件相似则边坡演变规律相似的特点,可依据共性判定边坡变形破坏的规律性的区域分布特点。另外,可根据个性判定边坡变形破坏的不同特点。可从以下三方面观察分析边坡变形破坏的特点:

(1)地区近期的升降特征　应特别注意是否处在河谷下切期,因为河谷下切期是边坡变形破坏的活跃期,也是斜坡变形破坏的活跃期。

(2)地区构造最大主应力方向及其变化　应注意最大主应力场及其变化与河谷的关

系，大凡与河谷正交的应力场部位，往往是边坡变形破坏较强的部位。

(3)活断层断面特征及活动方式　它是判断局部应力集中的方法，也是判断岩体完整性及其变形、破裂机制的重要途径。

四、岩体抗滑稳定计算中主要参数的选择

从式(6-3)～式(6-9)中可以看出，在抗滑稳定性计算中，抗剪强度指标(φ、c)值的大小对岩体稳定性影响极大。在给定岩体安全系数 K_c(是根据各种因素确定的允许安全系数)的情况下，若计算中选用的 φ、c 值较岩体的实际值偏小，则会造成工程上的浪费；反之，则可能出现严重后果。

目前国内对抗剪强度指标的选择与确定，一般用以下三种方法：

(1)经验数据法　岩石的抗剪试验是比较复杂的，尤其是野外现场试验，需要大量人力、物力和较长的时间。对于一些中、小型工程，在没有条件进行试验的情况下，常在充分研究工程地质条件的基础上，参考已有工程的经验数据，确定 φ、c 值。

(2)工程地质类比法　此法依据岩体工程地质条件，并参考条件相似且运转良好的已建工程的经验数据，确定 φ、c 值。该法实质上也是经验数据法，但由于条件相似，则更接近实际情况，适用于中、小型边坡工程。表 6-5 为边坡坡度容许值，以供参考。

表 6-5　岩质边坡坡度容许值

岩土类别	岩土性质	容许坡度值(高宽比)		
		坡高小于 8 m	坡高为 8～15 m	坡高为 15～30 m
硬质岩石	微风化	1:0.10～1:0.20	1:0.20～1:0.35	1:0.35～1:0.50
	中等风化	1:0.20～1:0.35	1:0.35～1:0.50	1:0.50～1:0.75
	强风化	1:0.35～1:0.50	1:0.50～1:0.75	1:0.75～1:1.00
软质岩石	微风化	1:0.35～1:0.50	1:0.50～1:0.75	1:0.75～1:1.00
	中等风化	1:0.50～1:0.75	1:0.75～1:1.00	1:1.00～1:1.50
	强风化	1:0.75～1:1.00	1:1.00～1:1.25	

注：1. 使用本表时，应考虑地区性的水文、气象等条件，结合具体情况予以校正。

2. 本表不适用于岩层层面或主要节理面有顺坡向滑动可能的边坡。

(3)试验法　试验法是通过室内与现场试验求得抗剪强度指标 φ、c 值。对于大、中型公路工程，φ、c 值原则上以原位抗剪(断)试验或室内中型抗剪(断)试验成果为主要依据，当夹泥厚度较大时，一般以室内试验资料为依据。

总之，在实际工作中，计算参数的选定是较复杂的问题，往往需要工程地质人员与试验人员、设计人员共同研究协商并综合考虑各种影响因素来确定。例如，湖南双牌山公路岩体抗剪强度，现场原位试验测得摩擦系数 $f=0.38$，根据试验时剪切变形和破坏情况、裂隙发育及充填胶结情况以及地应力等地质情况进行调整和修正，提出地质建议值 $f=0.42$。

五、不稳定边坡的防治措施

为了防止边坡变形破坏对建筑物造成危害，对边坡变形破坏需要采取防治措施。防治的总原则应以预防为主（见图 6-13），并及时进行处理。

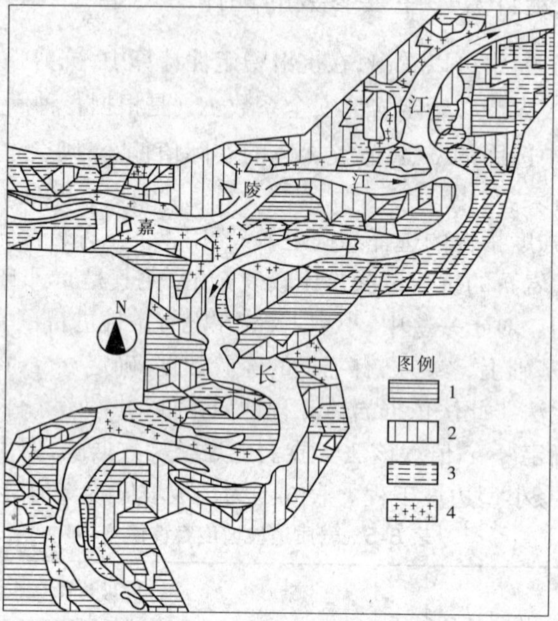

图 6-13　重庆市沿江地带斜坡稳定性预测分区图

1—稳定区；2—较稳定区；3—较不稳定区；4—不稳定区

通常采用的防治措施见图 6-14。

- 滑坡防治工程
  - 控制工程
    - 地表排水工程
    - 地下排水工程
      - 浅层地下排水工程
        - 边坡渗沟
        - 双层排水沟
        - 平孔排水
      - 深层地下排水工程
        - 平孔排水
        - 集水井排水
        - 隧洞排水
    - 减重工程
    - 反压工程
    - 河道工程
  - 抑制工程
    - 桩工程
    - 大直径就地灌注桩工程
    - 锚索工程
    - 挡土墙工程

图 6-14　不稳定边坡的防治措施

（一）防渗与排水

调整地面水流、减少地面水的入渗，是防治滑坡常用的有效措施。

排水包括排除地表水和地下水（见图 6-15）。首先要拦截流入不稳定边坡区的地表水流(包括泉水、雨水),一般在不稳定边坡(如滑坡区)外围设置环形排水沟槽,将地表水排走。设排水沟槽时,应注意充分利用自然沟谷,并布置成树枝状排水系统,还要整平夯实坡面,以利于排水。疏导地下水,一般采用排水坑道和钻孔排水方法降低地下水位或排走已渗入坡体内的水(见图 6-16)。

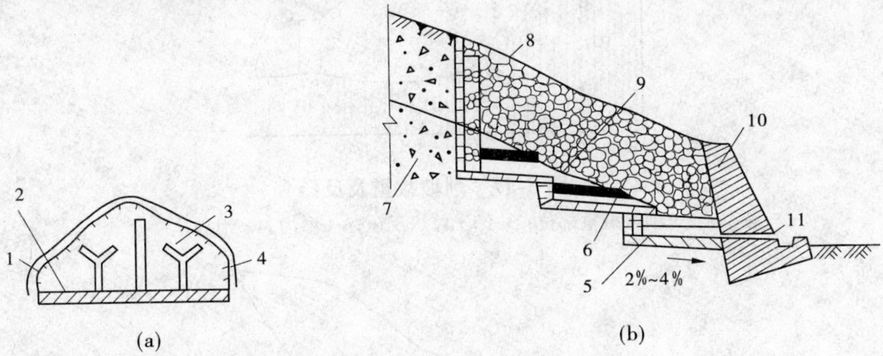

图 6-15　排除滑坡区地表和地下水的措施

(a)排除地表水;(b)排除地下水

1—滑坡周界;2—混凝土挡墙;3—支撑暗沟;4—天沟;5—浆砌块石;6—有孔混凝土盖板;7—粗砂砾石反滤层;8—下砌浆片石;9—滑动面位置;10—混凝土挡墙;11—泄水孔

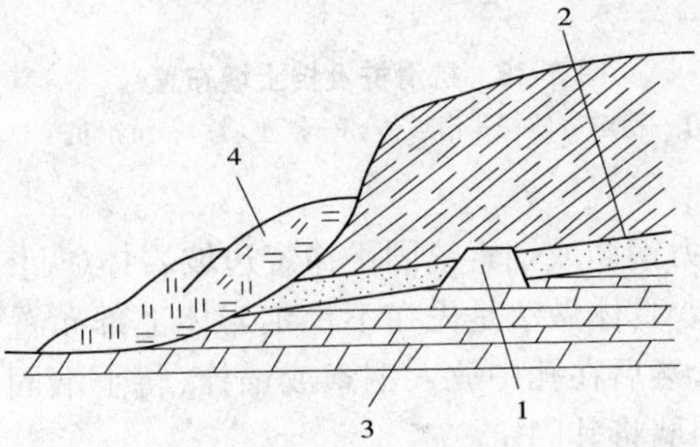

图 6-16　截断地下水流的地下排水坑道

1—排水坑道;2—含水层;3—基岩;4—滑坡体

(二)削坡减重及反压

削坡减重主要是将较陡的边坡减缓坡度或将其上部岩体削去一部分(见图 6-17),以降低滑动体的下滑力,增加边坡的稳定性。若将削减下来的土石堆于滑体前缘的阻滑部位,使之起到反压作用,更有利于边坡的稳定。

(三)修建支挡建筑物

修建支挡建筑物主要是在不稳定边坡岩体下部修建混凝土、钢筋混凝土或浆砌结构的挡土墙或支撑墩,靠挡墙本身的重量支撑滑移体的剩余下滑力(见图 6-18)。修建支挡建筑物时需要注意的是,其基础必须砌置于最低滑动面之下,一般插入完整基岩中深度不小于 0.5 m,完整土层中深度不小于 2 m。若在建筑物后面增设排水设施,则更有利于挡墙的稳定。

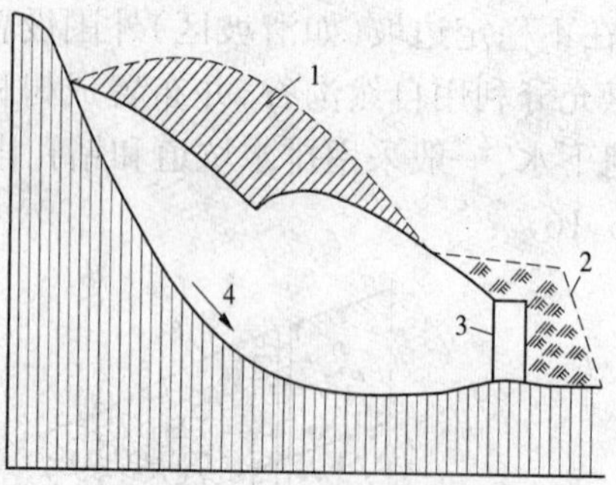

图 6-17　削坡减重及反压

1—削坡减重部位；2—卸土修堤反压；3—渗沟；4—滑坡体

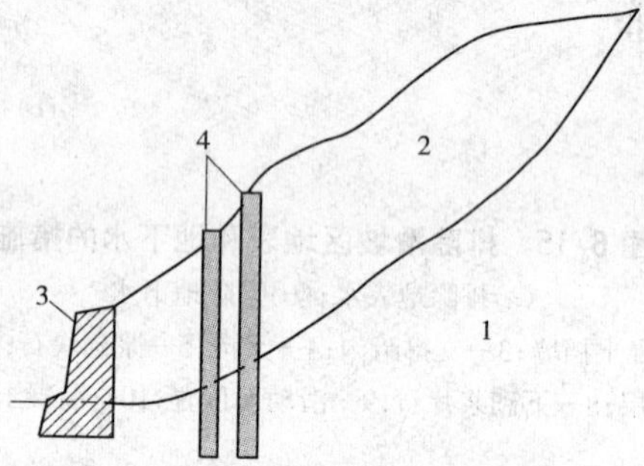

图 6-18　抗滑桩及挡土墙布置

1—稳定岩体；2—滑坡体；3—挡土墙；4—抗滑桩

（四）锚固措施

锚固主要是利用预应力钢筋或钢索锚固不稳定边坡岩体（见图 6-19），它是一种有效的防治滑坡和崩塌的措施。具体做法是先在不稳定岩体上部布置钻孔，钻孔深度达到滑动面以上坚硬完整岩体中，然后在孔中放入钢索或锚栓，将下端固定、上端拉紧。锚固常和混凝土墩、梁或配合以挡墙将其固定。

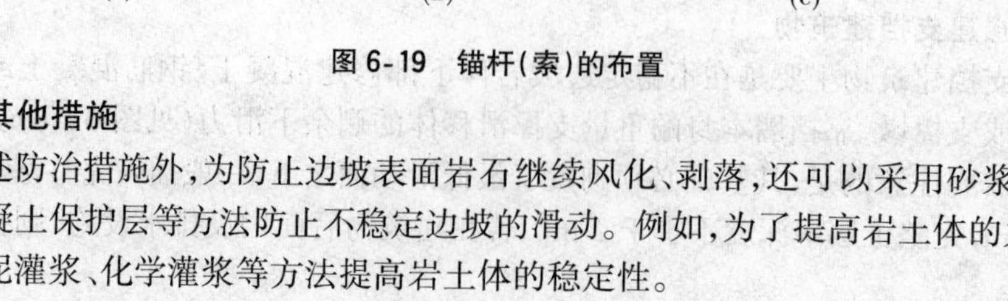

图 6-19　锚杆（索）的布置

（五）其他措施

除上述防治措施外，为防止边坡表面岩石继续风化、剥落，还可以采用砂浆抹面或加盖一层混凝土保护层等方法防止不稳定边坡的滑动。例如，为了提高岩土体的力学强度，可采用水泥灌浆、化学灌浆等方法提高岩土体的稳定性。

第三节　地下洞室围岩稳定性评价

水利水电建设中的地下建筑物，一般包括导流或引水隧洞、闸门井、地下厂房、变压器房及尾水隧洞等。它的优点是：输水线路短，裁弯取直，减少明渠开挖和填方工程量；可利用岩体围岩介质承受压力水头和利用地形落差增加发电量；比地面渠系工程节省维修、防护工作量；抗震及国防安全性高。

随着我国水利水电建设事业的飞速发展，地下建筑物的数量越来越多，规模也越来越大。如拟建中的南水北调西线工程引水隧洞的长度将达 30～160 km。小浪底水利枢纽的发电厂房，是在砂页岩地层中修建的世界上规模最大的地下发电厂房，高度达 61.4 m，跨度达 30 m 以上。大跨度、高边墙的地下厂房及长隧洞的兴建，必然会遇到复杂的地质条件和大量的工程地质问题。其中最受关注的是围岩的稳定性问题，它涉及到地下工程能否成洞，用何种办法进行支护和衬砌，并影响到造价及工期。

围岩的稳定性与岩体的地质条件、应力状态、洞室形状及规模、施工方法等因素有关。

一、地下洞室位置选择的工程地质评价

在进行水利规划或水利枢纽设计时，地下工程位置的确定是先决问题之一。地下工程位置的选择，除取决于工程目的要求外，还需要考虑区域稳定、山体稳定及地形、岩性、地质构造、地下水、地应力等因素的影响。

首先要考虑区域稳定性及山体的总体稳定性。一般要求建洞地区应是区域地质构造稳定，无区域性大断裂通过，附近没有发震构造，地震基本烈度小于 8 度的地方。根据经验，具有下述特征的山体，不宜于修建地下工程。

(1)山体单薄，受冲沟切割剧烈，风化带或卸荷裂隙带发育很深，洞室顶部或侧墙可利用的新鲜岩体厚度不够(一般要求有压隧洞的上覆岩体厚度大于 0.2～0.5 倍压力水头，无压隧洞的上覆岩体厚度大于 3 倍洞的跨度)。

(2)山体岩性极不均一，坚硬完整岩层的厚度不够。

(3)地质构造复杂，岩层强烈褶皱，断裂带发育规模大，山体的完整性遭受严重破坏。

(4)物理地质作用剧烈，山坡稳定性差，或山坡已产生滑坡、塌方等早期埋藏和近期破坏的地形。可溶性岩石地区，岩溶发育。

(5)地下水影响大。

(6)存在严重的有害气体和异常地热。

当山体的整体稳定性不存在问题，可以利用时，地下洞室位置及方向的选择，主要受地形、岩性、地质构造、地下水及地应力等地质条件的影响。

(一)地形条件

隧洞进出口地段最好选基岩出露比较完整或坡积层较薄的地方，地形边坡应下陡上缓，并尽量垂直于地形等高线(交角不宜小于 30°)。洞口岩层最好倾向山里以保证洞口边坡的安全。在地形陡的高边坡开挖洞口时，应不削坡或少削坡即进洞，必要时可做人工洞口先行进洞，以保证边坡的稳定性。

洞口要避开滑坡、崩塌、冲沟、泥石流等不良地质现象发育地段，避开山麓残积、坡积、洪积物等第四纪松散沉积物。隧洞进出口不宜选在排水困难的低洼处，也不应选在傍河山嘴及谷口等易受流水冲刷的地段，洞口高程要高于百年一遇洪水位。

(二)岩性条件

岩性是影响围岩稳定的基本因素之一。在水电工程中，按岩石饱和抗压强度 R_g 将岩体分为硬质岩($R_g > 30$ MPa)和软质岩($R_g < 30$ MPa)。一般来说，坚硬完整的硬质岩，围岩的稳定性较好，能适应各种断面形状的地下洞室。而软质岩如粘土岩类、破碎及风化岩体，则强度低、抗水性差，围岩往往是不稳定的。

因此，洞室位置应尽量选在坚硬完整的岩石中。一般在坚硬完整岩石中掘进，围岩稳定，日进尺快，造价低。在软弱、破碎、松散岩层中掘进，顶板易坍塌，侧壁和底板易产生鼓胀、挤出、变形，容易出现事故，进尺慢，造价高，所以需要边掘进边支护或超前支护，工期长，造价高。

岩浆岩、厚层坚硬的沉积层及变质岩，围岩的稳定性好，可以修建大型的地下工程。

软弱岩石如凝灰岩、粘土岩、页岩、胶结不好的砂砾岩、千枚岩及某些片岩等，稳定性差。松散及破碎岩石稳定性极差，选址时应尽量避开。

此外，岩层的组合特征对围岩的稳定性也有重要影响。一般软硬互层或含软弱夹层的岩体稳定性差。层状岩体的层次愈多，单层厚度愈薄，稳定性就愈差。均质厚层及块状岩体稳定性好。

(三)地质构造

地质构造是控制岩体的完整性及渗漏条件的重要因素。选址时应尽量避开地质构造复杂的地区，否则会给工程带来困难。如意大利的辛普朗隧道，长 20 多 km，由于地层严重褶皱、倒转并伴有大型的逆断层，岩石破碎，施工中多次产生塌方，经多次停工处理后才打通。

下面就褶皱、断层及岩层产状对围岩稳定性的影响进行简要的分析。

1.褶皱的影响

褶皱剧烈地区，一般断裂也发育，特别是褶皱核部岩石的完整性最差(见图 6-20)。向斜核部，辐射状张裂隙将岩石切割成上窄下宽的楔形块体，洞室开挖后顶部易于掉块坍塌。另外，向斜核部还经常有地下水，对围岩稳定与施工不利。背斜核部比向斜稍好，虽也有辐射状张裂隙，但其切割的岩块上宽下窄，较为稳定。但应注意，挤压强烈的褶皱，不论背斜或向斜，核部岩石均较破碎，稳定性差。因此，地下洞室不要沿褶皱核部布置，应选择在褶皱翼部。

2.断裂的影响

断层破碎带及断层交会区稳定性极差，地下掘进如遇较大规模的断层，几乎都要产生塌方甚至冒顶，如黄河小浪底枢纽工程，在地下洞室掘进时遇到 F236、F238 大断层，因支护不及时造成了极其严重的坍塌冒顶事故。因此，选址时应尽量避开大断层。

3.岩层产状的影响

(1)洞室轴线与岩层走向垂直。这种情况，围岩的稳定性较好，特别是对边墙稳定有利。当岩层较陡时，稳定性最好；当岩层倾角较平缓且节理发育时，在洞顶易发生局部岩

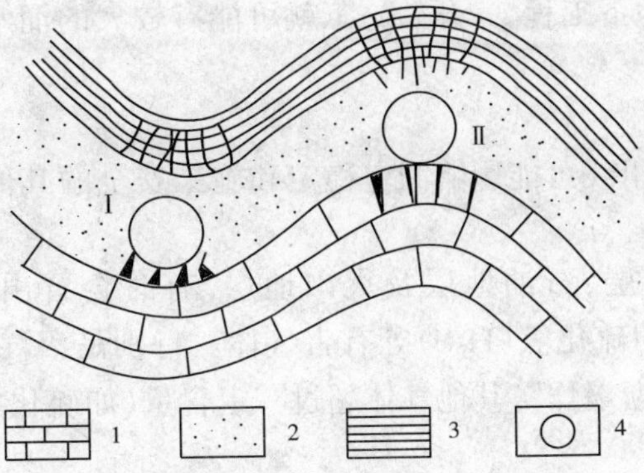

图 6-20　位于褶皱轴部的隧洞示意图

1—灰岩;2—砂岩;3—页岩;4—隧洞

块坍落现象,洞室顶部常出现阶梯形超挖。

(2)洞室轴线与岩层走向平行。在水平或缓倾岩层中(倾角小于 10°),应尽量使洞室位于厚层均质岩层中,若切穿不同岩性,应选择坚硬岩层作为顶板,不能使软弱岩层展布于洞顶。例如,水槽子地下厂房,由于岩体中有凝灰岩夹层,影响边墙和顶拱的稳定,因此选址时将洞室移至夹层以下 25 m。

在倾斜岩层中布置洞室一般是不利的。当洞身通过软硬相间或破碎的倾斜岩层时,顺倾向一侧的围岩易于变形或滑动,造成很大的偏压;逆倾向一侧的围岩侧压力小,有利于稳定。因此,在倾斜岩层中最好将洞室选在均一、完整、坚硬的岩石中。

此外,岩层的倾角对稳定性也有影响,选址时应结合其他因素综合考虑。

(四)地下水

地下工程施工中的塌方或冒顶事故,常常和地下水的活动有关。地下水对岩体的不良影响主要是对围岩或衬砌产生静水压力、动水压力及溶解软化作用,降低了围岩的稳定性,同时还可能给施工造成很大困难。

因此,对地下洞室沿线的水文地质条件进行预测性调查是十分重要的。这主要是在上述地形、地层岩性、地质构造调查的基础上,同时调查分析地下水的埋藏条件、类型及泉水出露情况。对强透水层与相对隔水层的接触部位和其他不利的水文地质条件地带,如向斜轴部、大断层破碎带、岩脉破碎带、岩溶地下暗河等,应密切注意其分布规律和发育程度,并结合洞室设计高程,分析评价地下水涌水的可能性和涌水量,以及地下水中侵蚀性 CO_2 和硫酸盐侵蚀性对混凝土衬砌的影响。

另外,不同用途的地下工程,对地下水位的要求也不同。一般作为洞库或工业使用的地下工程,为减少防渗防潮工作量,都尽量布置在地下水位以上。抽水蓄能工程、水下隧道及水封油库等则布置在地下水位以下。水电站地下厂房有时也要布置在地下水位以下。

在包气带中开挖地下工程,雨季可能沿裂隙滴水,旱季较干燥。但是,当地表有大面积稳定的地表水体时,也可能遇到集中的渗流。地下水水位变幅带,涌水量及外水压力随季节而变化。由于岩体饱水、脱水交替变化,可以加速软弱破碎岩石性质的恶化,引起塌方；在地下水位以下的地下工程，一开始施工就可能有较大的涌水和渗透压力，因此要做好防水排水设计。

（五）不良地质现象

洞室选线时要注意沿线可能影响洞室稳定和施工安全的其他不良地质条件，如地热异常、有害气体和岩爆等。

洞室线穿越煤系地层、石油地层及火山地层，有时会冒出沼气（CH_4）、二氧化碳（CO_2）、一氧化碳（CO）和硫化氢（H_2S）等有害气体。特别是沼气在空气中含量达5%～6%以上时就会发生“瓦斯爆炸”，其他气体超过一定含量（如硫化氢超过0.1%）就能使人中毒死亡。

在高山地区的深埋隧洞（深度为300～1 000 m），易出现高温、岩爆等现象。如日本的黑部川第三发电站尾水隧洞，岩层温度达175 ℃，在这种情况下不仅工人无法施工，而且高温爆破及混凝土浇灌也相当困难。在坚硬岩石地区开挖洞室，当天然地应力很大时，就会发生岩爆。岩爆发生时会因能量释放产生巨响，并弹射出岩块，如炮弹一样直接伤人。因此，在上述地区进行地下洞室选线，应特别注意这些不良地质现象。

（六）其他

隧洞选线时，线路应尽量采用直线，避免或减少曲线和弯道。如采用曲线布置，依据现行规范要求，洞线转弯角应大于60°，曲率半径不小于5倍的洞径。

隧洞选线时还应注意充分利用沟谷地形，多开施工导洞，方便施工。如让洞线穿越多处山脊，除进出口两边有工作面外，还可沿沟谷打水平施工导洞，或在沟谷中打竖井作施工导洞，以增加工作面。

关于岩体中的初始应力状态及洞室开挖后的二次应力状态对围岩稳定的影响，将在下面讲述。

一般在高地应力地区布置地下洞室的轴线时，最好应该使其和最大水平主应力方向平行布置，否则，边墙将产生严重的变形和破坏。如二滩水电站实测的最大水平主应力方向为NE30°左右，两个水平主应力差很大，如果洞室的轴线平行于最大水平主应力方向布置，边墙上侧向压力小；若垂直于最大水平主应力方向布置，则侧向压力将增加1.57～3.63倍。

二、围岩应力的重分布

（一）应力重新分布的一般特征

地下洞室开挖前，岩体内任意点上的应力都是平衡的。洞室开挖后，原来的应力平衡状态被破坏，围岩内的应力就要重新分布，直到建立新的平衡为止。

围岩应力重分布与岩体的初始应力状态及洞室断面的形状及岩体特性等因素有关。在简单情况下，假定岩体为弹性介质，对于侧压力系数（水平应力与垂直应力的比值）$\lambda=1$的圆形洞室，围岩中任意一点的应力（见图6-21），可用下式计算：

$$\sigma_r = \sigma[1-(r^2/R^2)] \tag{6-10}$$

$$\sigma_\theta = \sigma[1+(r^2/R^2)] \tag{6-11}$$

式中　σ——初始应力；

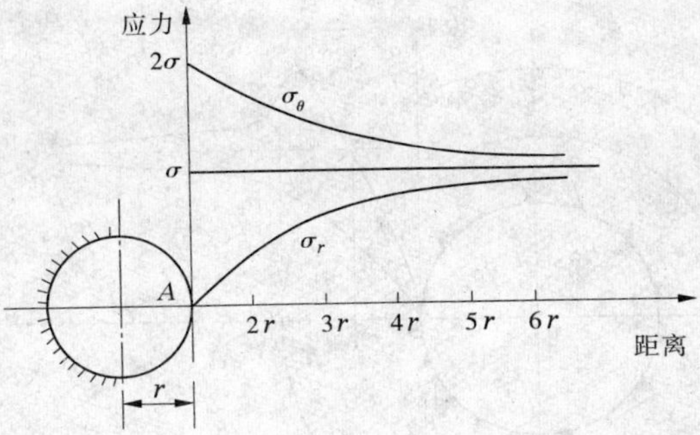

图 6-21　隧洞开挖后洞周应力状态

σ_r——径向应力；

σ_θ——切向应力；

r——洞室半径；

R——围岩中某点至洞室中心的距离。

由式(6-10)和式(6-11)可知，隧洞开挖后应力重分布的主要特征是径向应力(σ_r)向洞壁方向逐渐减小，至洞壁处为零。而切向应力(σ_θ)在洞壁增大，如在 A 点它比开挖前要大 2 倍(见图 6-21)。应力重分布的影响范围一般为隧洞半径的 5~6 倍，在此范围之外，岩体仍处于原始应力状态。通常所说的围岩，就是指受应力重分布影响的那一部分岩体。

(二)围岩的松动圈和承载圈

洞室开挖后，围岩的稳定性取决于二次应力与围岩强度之间的关系。由于应力重分布，引起洞周产生应力集中现象，当周边应力小于岩体的强度极限(脆性岩石)或屈服极限(塑性岩石)时，洞室围岩稳定。否则，周边岩石首先破坏或出现大的塑性变形，并向深部扩展到一定的范围形成松动圈(见图 6-22)。在松动圈形成的过程中，原来洞室周边集中的高应力逐渐向松动圈外转移，形成新的应力升高区，该区岩体挤压得紧密，宛如一圈天然加固的岩体，故称承载圈。此圈之外为初始应力区。

应当指出，如果岩体非常软弱或处于塑性状态，则洞室开挖后，由于塑性松动圈的不断扩展，自然承载圈很难形成。在这种情况下，岩体始终处于不稳定状态，开挖洞室十分困难。如果岩体坚硬完整，则洞周围岩始终处于弹性状态，围岩稳定，不形成松动圈。

在生产实践中，确定洞室围岩松动圈的范围是非常重要的。因为松动圈一旦形成，围岩就会坍塌或向洞内产生大的塑性变形，如洞顶坍塌、侧壁滑塌形成冒顶及洞底鼓胀隆起等，要维持围岩稳定就要进行支撑或衬砌。

四、山岩压力

在地下洞室设计中，如何确定山岩压力、围岩的弹性抗力及外水压力等数值，是涉及洞室稳定及如何进行支撑、衬砌的重要问题。关于上述各种参数确定的基本理论和计算方法，将在岩石力学等课程中讲述。下面仅从工程地质观点出发，对山岩压力、弹性抗力及外水压力作些评述。

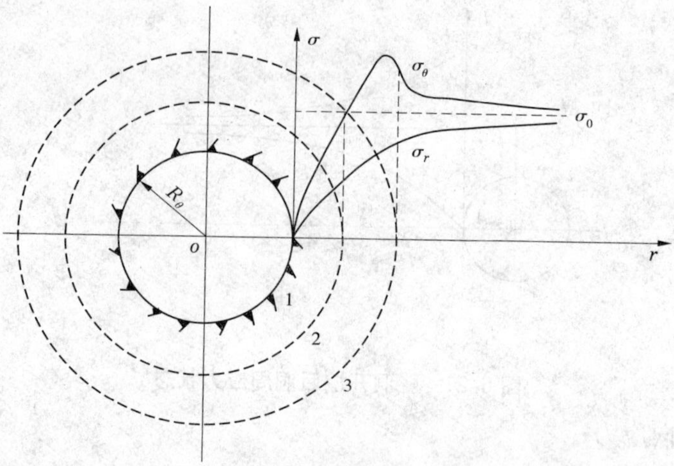

图 6-22　围岩的松动圈和承载圈

1—松动圈;2—承载圈;3—原始应力区

(一)山岩压力

洞室开挖后,由于围岩变形破坏形成的松动岩体作用在支撑或衬砌上的压力称为山岩压力。也有人把这种压力称为围岩压力、地压或岩石压力。

山岩压力的大小与围岩的应力状态、岩石性质、洞形、支撑或衬砌的刚度、施工方法、衬砌的早晚等多种因素有关。此外,由于围岩的变形和破坏有一逐次发展的过程,因此山岩压力也是随时间变化的。

1. 山岩压力的类型

根据山岩压力的形成机理,可分为松动山压、变形山压、冲击山压及膨胀山压几种类型。

(1)松动山压主要来源于洞室开挖后,由于应力重分布而引起一部分围岩松弛、滑塌,其数值一般等于塌落体的重量。

(2)变形山压是由于围岩的弹性恢复或塑性变形所产生的围岩压力。一般塑性变形主要有塑性挤入、膨胀内鼓及弯折内鼓等,变形山压具有随时间延长而增加的特点。

(3)冲击山压是由于岩体中积聚的弹性应变能突然释放所引起的,具有产生岩爆的条件时才能产生冲击山压。

(4)膨胀山压是围岩吸水膨胀(含蒙脱石及大量伊利石矿物)所产生的山压。

由于山岩压力受很多复杂因素的制约,所以尽管人们长期以来对其进行过大量的试验研究,但至今仍未得到圆满解决。目前对变形山压和冲击山压研究得较少,在设计中主要考虑松动山压。

2. 松动山岩压力的确定方法

目前,国内外确定松动山岩压力的方法有很多,下面就我国常用的几种方法简介如下。

1)普氏压力拱理论

M·M·普洛托基雅克诺夫根据对一些矿山坑道的观察和松散介质的模型试验于 1907

年提出了平衡拱理论。普氏把岩体视为被节理切割而失去内部联结的散粒体。洞室开挖后由于顶部失去支撑而塌落成一个拱形(见图 6-23)。这个拱称为塌落拱、平衡拱或压力拱。塌落拱内岩体的重量就是垂直的山岩压力。普氏认为塌落拱为抛物线形。

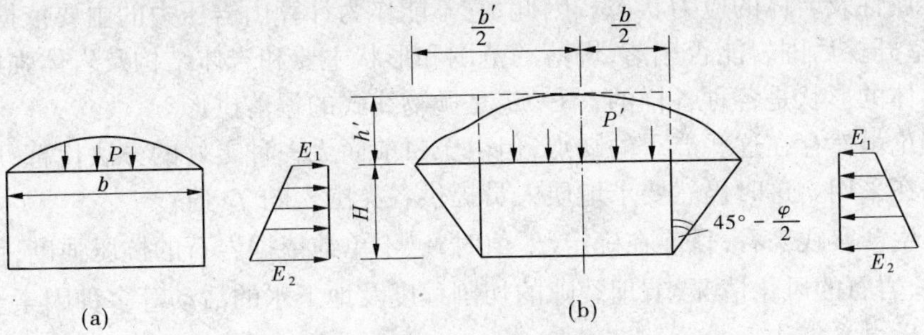

图 6-23 塌落拱示意图

(a)洞侧壁稳定;(b)洞侧壁不稳定

当侧壁稳定时(见图 6-23(a)),则洞顶山岩压力为

$$P = (2/3)\gamma(2b)h = (4/3)\gamma bh \tag{6-12}$$

当侧壁不稳定时,如图 6-23(b)所示,则洞顶山岩压力为

$$P' = (2/3)\gamma(2b')h' \tag{6-13}$$

式中 P、P'——洞顶单位长度的垂直山岩压力,kN/m;

γ——岩石重度,kN/m^3;

b——隧洞跨度之半,m;

b'—— 平衡拱跨度之半,m;

h、h'——平衡拱高度,m。

若洞壁是垂直的,当其发生侧壁滑塌时,滑动面与侧壁的夹角为 $\alpha = 45° - \frac{\varphi}{2}$,则 b' 为

$$b' = b + H\tan(45° - \frac{\varphi}{2}) \tag{6-14}$$

式中 H——隧洞开挖高度,m;

φ——岩石的内摩擦角,(°)。

平衡拱的高度与围岩的性质和平衡拱的跨度有关,可用下式求得:

$$h = b/f_k \tag{6-15}$$

$$h' = b'/f_k \tag{6-16}$$

式中,f_k 为岩石的坚固系数,又称普氏系数,对于粘性土,$f_k = \tan\varphi + c/\sigma$;对于砂性土,$f_k = \tan\varphi$;对于岩石,$f_k = R\omega/100$。其中 c 为土的凝聚力;φ 为土的内摩擦角;σ 为洞顶岩土层的自重应力,kPa;$R\omega$ 为岩石的湿抗压强度,kPa。

根据普氏理论,只要求得岩石的坚固系数 f_k 值,就可以计算垂直的山岩压力。

实践证明,普氏方法只适用于隧洞跨度小于 5 m 的散体结构围岩。对于岩石洞室,普氏方法的缺点是:

(1)多数岩体并不是散粒体,在洞室开挖后,多数围岩都有一定的承载能力。因此,把围岩看成是荷载物的观点，不管围岩完整性如何、强度高低，山岩压力只有大小之分，而无有无之别，这从理论和实践来看都是错误的。

(2)f_k 值只是和岩石强度有关的参数，它既不能反映岩体的完整性，又不能反映岩体的其他力学属性及岩体的应力状态。因此，它不能作为计算山岩压力的主要依据。

(3)洞室开挖后围岩能否塌落，塌落的范围和形状主要和岩体结构及岩体强度等因素有关。塌落体的形状是各种各样的，不一定是抛物线式的塌落拱形。

普氏理论虽然存在这些严重的缺点，但由于目前尚无一种更好的方法代替，所以有些生产部门仍在采用。这时仍然要求地质人员提供各类围岩的 f_k 值。

从我国生产实践来看，目前在确定 f_k 值时，已不单纯依据岩石的抗压强度，而是综合考虑了岩性、岩石的风化情况，节理裂隙的切割程度及地下水的活动等多种因素。

2)围岩压力系数法

我国水利水电部门在总结了国内外一些工程确定围岩压力方法和我国应用普氏理论的经验后，于 1964 年提出了用下列公式计算围岩压力：

$$P = S_z \gamma 2b \tag{6-17}$$

$$Q = S_x \gamma h \tag{6-18}$$

式中　P、Q——垂直山岩压力和侧向山岩压力，kN/m；

S_z、S_x——垂直与水平的山岩压力系数，MPa/cm；

其他符号含义同前。

3)工程地质分析法

上述方法仍具有经验性质，带有很大的人为性。目前倾向于用工程地质分析方法，通过对洞室的分段调查，根据岩体的结构特征，分别选用不同的公式计算松动山岩压力。

(1)坚硬完整岩体　对于坚硬完整的岩体，一般不考虑松动山岩压力。

(2)层状围岩　层状围岩的山岩压力有下列几种情况：

①对于薄层岩体，当层面近似水平时，顶板容易下沉折断。此时顶板是主要的来压方向。如及时支撑，则这种压力主要表现为变形地压，否则顶板岩层将逐层折断塌落，最后形成一个近似三角形的塌落空间(见图 6-24)。由于顶板岩层在靠近两端 x_o 距离内的岩根部分几乎没有下沉，所以每一层的冒落跨度依次递减 $2x_o$，最后形成一个近似三角形的塌落空间，此时可用下式估算塌落高度 h

$$h = \frac{2a}{\cot\alpha + \cot\beta} \tag{6-19}$$

求出 h 之后，根据岩石的容重，就可以算出三角形塌落体的重量。

在厚层坚硬岩体中，由于顶板产生桥跨作用，其自身形成了承载结构物，所以一般不计算山岩压力。

②倾斜或直立岩层，两侧容易凸帮折断。凸帮属变形山压，折断后的片落为松动山压。

③隧洞轴线与岩层走向近于正交时，围岩较稳定，仅在软弱夹层、断层破碎带部分形成拱形塌落，此时符合普氏坍落拱理论的计算条件。

(3)块断和块状结构岩体　对于块断和块状结构岩体，可根据极限平衡理论计算其山岩压力。首先应确定被软弱结构面所围的各种分离结构体的形状，对于容易失稳和可能塌落地段，可根据分离结构体的形状直接算出荷载值。以下列举几种简单的情况说明其分析计算方法。

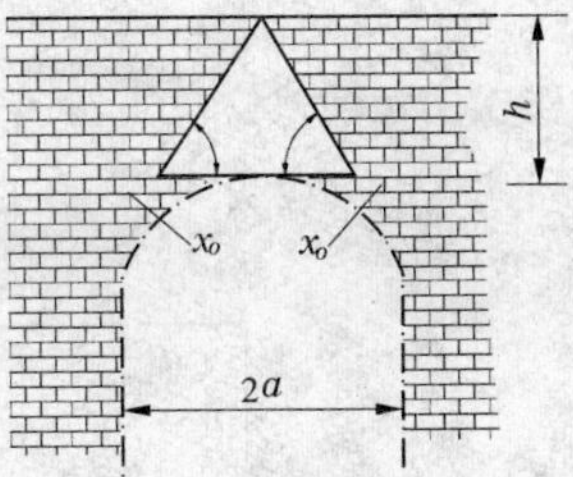

图 6-24　水平薄层岩层隧洞顶板的塌落

①洞顶被两组软弱结构面切割成楔形体或方柱体(见图 6-25)。若软弱面的抗剪强度忽略不计，则其单宽山岩压力 P 为

$$P = n\gamma AH \qquad (6\text{-}20)$$

式中　P——洞顶山岩压力，kN/m；

n——形状系数，尖顶块 $n=1/2$，方顶块 $n=1$；

γ——岩石的重度，kN/m^3；

A——分离体宽度，m；

H——分离体高度，m。

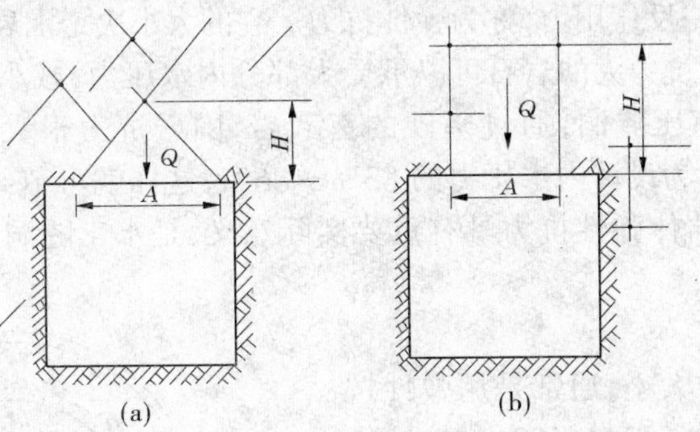

图 6-25　楔形体山岩压力计算简图

②洞顶或洞壁有斜方柱形分离结构体时(见图 6-26)，其单宽山岩压力为

洞顶　$P_1 = (T - N\tan\varphi)\sin\alpha$　(6-21)

洞壁　$P_2 = (T - N\tan\varphi)\cos\alpha$　(6-22)

式中　P_1、P_2——洞顶、洞壁单宽山岩压力，kN/m；

T——分离体自重 Q 作用在滑动面上的下滑分力，即 $T = Q\sin\alpha$，kN/m；

N——滑动面上的法向分力，即 $N = Q\cos\alpha$，kN/m；

φ——结构面的内摩擦角，(°)；

α——滑动面的倾角，(°)。

应该指出，上述各种分离结构体能否塌落，关键取决于结构面的形态和性质。如果结构面挤压紧密、结合牢固或表面起伏极端粗糙，则结构体稳定，不会出现松动山岩压力。否则(或结构面夹泥)则可用上述方法计算山岩压力。

(4)破碎和松散岩体　对于破碎和松散岩体，一般洞室塌落的形状与普氏平衡拱相似，因此可用普氏公式计算其山岩压力。

(二)弹性抗力

弹性抗力又称围岩抗力，是指有压隧洞充满水后，隧洞的内水压力通过衬砌传递到围

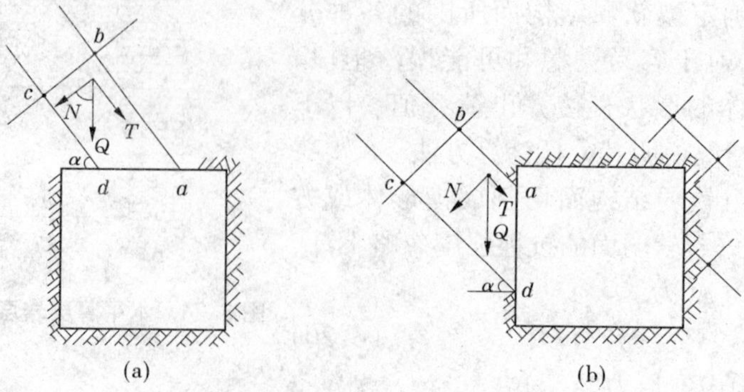

图 6-26　斜方柱分离体塌落时山岩压力计算示意图

(a)洞顶斜方柱分离体;(b)侧壁斜方柱分离体

岩上,围岩为抵抗压缩变形而产生的反作用力。假定在内水压力作用下,衬砌圈向外胀大 y,即洞壁被迫后退 y,如图 6-27 所示。由于围岩具有一定弹性和强度,它在被迫压缩的同时,会对衬砌施加一反作用力,称为弹性抗力。它的大小决定围岩的承载力和衬砌设计的类型和厚度。弹性抗力大的岩石可以承受大部分内水压力,减小衬砌厚度。如我国云南以礼河水电站的高压隧洞,通过坚硬的玄武岩,围岩抗力很大,可承受 11.5~12.0 MN/m^2 的内水压力,为设计内水压力的 83%~86%,这样就可节约大量器材,降低了工程造价。因此,研究岩体弹性抗力具有重要实际意义,是水工隧洞设计的重要地质参数之一。

1. 弹性抗力系数

围岩弹性抗力的大小,通常是用弹性抗力系数表示的。根据文克尔假定,弹性抗力系数 K 为

$$K = \frac{P_{内}}{y} \tag{6-23}$$

式中　K——弹性抗力系数,MPa/cm;

$P_{内}$——内水压力,MPa;

y——洞壁径向变形,cm。

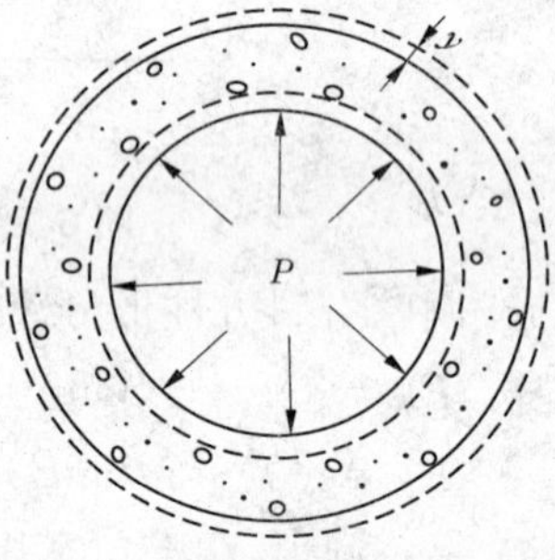

图 6-27　在内水压力作用下的洞径变形

从上式看出,K 的物理意义是迫使围岩产生一个单位变形所需施加的压力值。K 值越大,表明围岩分担内水压力的能力越强,可减少衬砌的厚度。假设岩体是理想的弹性体,对于圆形隧洞,K 值与岩体弹性模量之间有如下的关系:

$$K = \frac{E}{(1+\mu)r} \tag{6-24}$$

式中　E——岩体的弹性模量或变形模量,MPa;

μ——泊桑比;

r——隧洞半径,cm。

从上式可以看出,隧洞半径越大,K 值越小,在工程上为了便于对比与使用,常采用隧洞半径为 1 m 时的单位弹性抗力系数 K_0,即

$$K_0 = K\frac{r}{100} \tag{6-25}$$

2. 弹性抗力系数的确定方法

确定弹性抗力系数的方法有三种：直接测定法、间接测定计算法和工程类比法。

直接测定法，是在已开挖的隧洞中，或选择有代表性的典型地段进行现场试验。试验方法常用的有双筒橡皮囊法、堵塞水压法和径向千斤顶法等。

双筒橡皮囊法是在岩体中挖出一个直径大于 1 m 的圆形试坑，坑的深度大于直径的 1.5 倍。围岩厚度要求大于直径的 3 倍。在坑内安装环形橡皮囊，其一侧紧靠坑壁，另一侧紧贴圆形钢架。用水泵加压于橡皮囊，使其充水受压，周壁扩张，迫使四周岩体变形，变形值可以用测微计(0.001 mm)直接读出。

堵塞水压法是在选定的试验段两端或一端将试洞堵死，在洞内安装变形测量计，然后向洞内压入高压水，直接测定变形值。因上述试验设备复杂，施工困难，成本较高，故主要用于大型工程中。

工程类比法是根据设计隧洞围岩的工程地质条件与已建隧洞进行对比分析，直接引用其 K_0 值。中小型工程多采用此法。我国水利电力部总结的 K_0 值经验数据可供参考。

(三)外水压力

外水压力是指作用在隧洞衬砌上的地下水静水压力。其大小主要由隧洞围岩的水文地质条件(如水位的埋深、压力水头的大小、岩石的透水性等)和隧洞设计及施工情况所决定。工程实践证明，作用在衬砌上的外水压力并不都等于其全部水头值，外水压力实际作用面积也不等于全部衬砌面积，所以计算外水压力时需将二者折减，按下式计算：

$$P_w = \alpha\beta h_w \gamma_w A \tag{6-26}$$

式中 P_w——外水压力，kN/m；

h_w——洞顶以上地下水厚度，m；

γ_w——水的重度，kN/m³；

α——面积折减系数；

β——水头折减系数。

折减系数 α、β 的选择，首先应查清水文地质条件，如含水层的透水性及
下水厚度(h_w)的大小，含水层的透水性越强，α、β 取值越大，同时又要考虑工
排水设备、衬砌的透水性)的影响。

以上从工程地质角度讨论了围岩稳定的一些问题。从中可以看出，地下工
先要选择一个工程地质条件良好的位置。对于大型的地下洞室，最好在拟建洞
两个方向和拱座、洞室腰部等不同部位布置钻孔或探硐，查明空间的地质条件
出现的问题。如我国某水电站地下厂房，设计跨度 25.4 m，边墙高 54 m、长 14
勘测查明，其下游边墙存在一与厂房轴线交角为 25°的小断层 f_1，摩擦系数为 0
部缓倾节理及两侧陡倾节理构成了不稳定分离体，方量达 2 760 m³，严重威胁
定。但是，由于事前查明了这个问题，采用了正确的施工方案并对不稳定体进
理，保证了边墙的稳定。其次，要针对洞室的具体地质条件，采取正确的施工
步骤。要加强对围岩变形的观测，及时了解围岩的稳定状态。

小　结

本章介绍了岩体结构、岩体边坡稳定性评价方法及地下洞室围岩稳定性评价。其主要内容如下。

一、岩体的结构特征

(1)结构面　结构面类型包括原生结构面、构造结构面、次生结构面。结构面的自然特性包括其分布规律、发育密度、表面特征、连续特征及空间组合形式等。软弱夹层通常是指在上、下相对坚硬的岩层中夹有的力学强度低，泥质或炭质含量高，遇水易软化或泥化，延伸较长而厚度较薄的岩层。

(2)结构体　常见的结构体有块状、柱状、板状、楔形、菱形及锥形等。

(3)岩体分类　岩体按岩体结构分为块状结构、层状结构、碎裂结构、散体结构四类，岩体的工程分类是以岩体稳定性或岩体质量评价为基础的分类，主要考虑岩体力学性质、岩体结构、地下水或地应力三方面指标。

二、岩体边坡稳定性评价方法

(1)边坡岩体应力一般分布特征。

(2)边坡岩体变形破坏的基本形式　边坡岩体变形破坏的基本形式有崩塌、滑坡、剥落、蠕变和松弛张裂等。

(3)边坡稳定性评价方法　边坡稳定性评价方法有成因历史分析法(分析影响边坡稳定的地质因素，主要有地貌条件、岩石性质、岩体结构、地质构造、水的作用、地震等)、刚体极限平衡计算法(单滑面的稳定性计算、折线式滑动面的稳定性计算)、工程地质类比法、

择　目前国内主要用经验数据法、工程地质类

的防治措施有防渗与排水、削坡减重及反压、

地下洞室位置及方向的选择，主要受地形、

件的影响。

的一般特征是径向应力向洞壁方向逐渐减小，

果岩体软弱，洞室开挖后会形成松动圈、承载

的应力状态、岩石性质、洞形、支撑或衬砌的刚

洞顶以上地

工程因素(如

工程建设，首

洞室的纵、横

，预测可能

48.5 m。经

0.3，f_1 与顶

着边墙的稳

行了锚固处

方法和施工

思考题

1. 什么是岩体？岩体与岩石有何不同？

2. 什么是结构面？结构面分为几种类型？岩体中结构面的存在对工程建筑会产生怎样的影响？

3. 什么是软弱夹层？软弱夹层的存在对工程建筑会产生怎样的影响？

4. 简述结构体和岩体结构的概念。

5. 简述岩体的工程分类方法。

6. 边坡形成后应力重分布有何特征？

7. 简述影响边坡稳定性的因素。

8. 简述边坡滑动面为折线时的稳定计算方法。

9. 不稳定边坡的防治措施有哪些？

10. 隧道位置选择需要考虑哪些工程地质条件？

11. 简述洞室围岩应力重分布的规律。

12. 隧洞松动圈的大小与地质条件的关系如何？

13. 什么是山岩压力？其大小与哪些因素有关？在不同的地质条件下怎样确定山岩压力的大小？

14. 怎样提高隧洞围岩的稳定性？

习题

1. 某工程坐落在辉长岩体上，在岸坡有一顺坡向倾斜的断层(见图 6-11)，其倾角 $\alpha=32°$，断层面以上坡高 $h=15$ m，断层带中夹泥层有关力学性质指标见表 6-7。试用计算方法论证：

(1)边坡在天然情况下和饱和情况下的稳定性(不计水压力)。

(2)考虑地震作用和其他地质条件改变等因素，取用安全系数为 1.25，且岩石处于饱和状态时，边坡的极限稳定高度是多少(不计水压力)？

表 6-7　断层带中夹泥层的有关力学性质指标

岩石状态	力学性质		
	夹泥层凝聚力 c (kPa)	夹泥层内摩擦角 φ (°)	辉长岩重度 γ (kN/m³)
天然状态	24.5	35	26.46
饱和状态	9.8	25	29.11

2. 某洞室围岩由松散岩石组成，测得其湿抗压强度为 850 kPa，内摩擦角 $\varphi=40.5°$，重度 $r=27$ kN/m³，此洞室为边长 10 m 的正方形洞室，试求侧壁稳定及侧壁不稳定两种情况下的山岩压力，如果进行支护，应按哪种设计强度支护？

第七章　工程地质问题

学习目标

1. 掌握工程地质问题概念。
2. 掌握坝基的抗滑稳定分析。
3. 掌握水库的渗漏条件分析。
4. 掌握渠道选线所要考虑的工程地质条件。
5. 掌握路基不均匀变形的类型。
6. 了解桥墩台地基稳定与冲刷问题。

本章重点

坝基的抗滑稳定分析;水库的渗漏条件分析;渠道选线所要考虑的工程地质条件;路基和桥涵的工程地质问题。

本章难点

坝基的抗滑稳定分析;水库的渗漏条件分析;工程选线的工程地质论证,工程地质问题发生的地质条件。

人类为了开发资源,兴建了各种类型的工程建筑物,如拦河坝、溢洪道、隧洞、桥涵等。而所有这些建筑物都是修筑在地壳表层,由于各处具体地质条件的差异,在自然界很难找到完全适合工程建筑要求的地质条件,总会不同程度地存在着影响建筑物安全稳定与正常运用等方面的地质问题。

所谓工程地质问题是指建筑区的工程地质条件在某些方面不能满足工程建筑物的要求而存在的地质缺陷和问题。

在工程建设中,常遇到的工程地质问题主要有以下几个方面:

(1)坝的工程地质问题　主要包括坝(闸)基的沉降稳定、坝基(肩)的抗滑稳定、坝区渗漏及坝基(肩)渗透稳定等问题。

(2)水库的工程地质问题　主要包括水库的渗漏、浸没、塌岸及边岸再造和淤积,以及水库诱发地震等问题。

(3)输水及泄水建筑物的工程地质问题　主要包括渠系建筑物的线路选择、渗漏、稳定问题;岩质边坡稳定问题;隧洞及地下洞室的渗漏、围岩稳定,设计及施工地质问题等。

(4)路基工程地质问题　包括塌陷、滑移和挤出,路基边坡稳定性问题,道路冻害问题,天然建筑材料问题。

(5)桥梁工程地质问题　包括桥址选择的工程地质问题、桥墩台地基稳定与冲刷问题、桥基承载力确定。

第一节　坝的工程地质问题

水工建筑物主要由挡水建筑物、输水和取水建筑物，以及泄水建筑物等三大部分组成。

拦河大坝作为水利枢纽的主体建筑物，它拦蓄河水，抬高水位，承受巨大的水平推力和其他各种荷载。为了维持平衡稳定，坝体又将水压力和其他荷载以及本身的重量传递到地基或两岸的岩体上，因而岩体所承受的压力是很大的。另外，水还可渗入岩体，使某些岩体产生溶解、软化、泥化，以及不利于坝体稳定的扬压力。因此，大坝建筑对地基岩体的稳定条件有着很高的要求。坝区岩体中存在的某些地质缺陷可能导致产生的工程地质问题主要有坝基稳定问题（包括沉降稳定、抗滑稳定和渗透稳定）和坝区渗漏问题（包括坝基渗漏和绕坝渗漏）。所以，在大坝的设计和施工中，对坝基或坝肩的岩体进行工程地质条件的分析研究是非常重要的。

一、不同坝型工程地质条件要求

坝的种类很多，如土石坝、重力坝、拱坝、支墩坝等。由于不同类型坝的结构与工作特点不同，故对地质条件的适应性和要求也不同。

（一）土石坝对工程地质条件的要求

土石坝是土坝和堆石坝的总称，主要是用各种土料和石料堆筑而成的一种坝型，坝体断面较宽，呈梯形，对地基的压应力较小，加上坝体是柔性的，能适应地基一定程度的变形，故对地质条件要求较低。除有活动性断层、顺河向大断层、淤泥质土、软粘土及巨厚强透水层等不良地质条件的地区不宜建坝外，在其他地区均可修建。堆石坝对地基要求比土坝要高些，在中等风化和微风化的基岩或受荷载作用无明显沉降的砂砾石层上均可建堆石坝。土石坝适合于U形宽谷，由于坝顶不能溢流，因此要选择合适的地形地质条件设置溢洪道或泄洪洞。此外，这种坝型土石方需要量大，要求坝址附近有能满足工程需要的天然建材。

土石坝存在的主要工程地质问题是渗漏、地下潜蚀等问题。因此，地基最好是由不透水岩层组成，否则应进行清基和防渗处理，如设置防渗墙、帷幕灌浆或粘土铺盖等，以保证坝基的稳定性。

（二）重力坝对工程地质条件的要求

重力坝通常采用的有混凝土重力坝和浆砌石重力坝。该种类型坝的共同特点是依靠坝本身的重量来保持坝体稳定，重量愈大，稳定性愈高。这就要求地基具有较高的强度以支持坝体的重量。同时，坝基岩体应具有较大的抗剪强度以加强抗滑稳定性。这是重力坝对工程地质的两个重要要求。显然，软土地基对建造重力坝是不合适的。此外，坝下若存在软弱结构面、节理密集带和断层破碎带，则重力坝的稳定将受到很大影响。

另外，重力坝要求岩体透水性小，不产生坝基或绕坝渗漏。否则，要求进行防渗处理。由于这种坝的体积巨大，所需的天然建筑材料数量也很大且质量要求高，所以天然建筑材料这一条件的优劣，常是确定这种坝型的重要依据之一。

(三)拱坝对工程地质条件的要求

拱坝是一种平面上呈拱形凸向上游的坝型。坝体承受的水压力主要通过拱的作用传递给两岸岩体，依靠岸边岩体的支撑力保持它的平衡。少部分荷载则依靠悬臂梁的作用传递到地基。拱的作用越显著，坝的厚度可越小，所以拱坝是一个超静定空间壳体结构，其超载能力大。

拱坝对坝基和两岸接头部分的岩体变形极为敏感，故拱坝对地形地质条件的要求更高，除了和重力坝的要求相同外，尚需注意以下几点：

(1)拱坝对两岸岩体的稳定性要求最高。首先要求两岸地形完整，不能有冲沟切割，要求有足够厚的山体以保证坝肩的稳定。

(2)由于拱坝应力集中，要求两岸及河床岩石新鲜完整，两岸岩体的弹性模量均一，并尽量使岩体与混凝土的弹性模量相近。

(3)要特别重视两岸坝肩发育的与河流大致平行的陡倾断层、裂隙等软弱结构面，以及与其他缓倾角软弱结构面的组合，它们往往构成坝肩最危险的滑动边界条件。例如法国的马尔帕塞拱坝，就是因为左坝肩片麻岩中存在有细微裂隙，拱座首先出现滑动(向左岸偏下游方向位移了约 210 cm)，结果导致拱坝失事。

除上述三种坝型外，还有一种由一些支墩和挡水盖板互相组合构成的支墩坝，其类型随组合形式的不同而各异。支墩坝适合修建于宽而浅的河谷地形，它对工程地质条件的要求比拱坝要低，但一般也应修建在岩基上，因为各支墩不允许有不均匀沉陷。对工程地质条件其他方面的要求，与拱坝和混凝土重力坝相似。

二、坝(闸)基沉降稳定分析

(一)沉降稳定的概念

坝(闸)基的沉降稳定问题是指坝(闸)基岩体在建筑物自重及其他荷载的作用下，所产生的压缩变形量大小及不均匀沉降问题。一般均匀的小量沉降变形不致对坝体的安全稳定构成威胁，但当地基沉降量特别是不均匀沉降量超过允许限度时，将影响建筑物的正常运用，甚至发生倾斜、开裂或破坏。

1.土石坝的沉降稳定问题

土石坝对地基的压缩变形要求不高，容易得到满足。当这类坝建立在岩基上时，一般说沉降稳定问题不大。当建在土基上时，要查清坝基中(包括影响范围)有无高压缩性土层(如淤泥质土、软粘土等)存在。

2.砌石及混凝土坝的沉降稳定问题

砌石及混凝土坝自重量较大，往往对地基的要求较高，一般都建在岩基上。当坝基岩体中存在软弱夹层、断层破碎带、厚的风化层或深风化槽时，或者因为坝基岩石本身性质软弱，都可能在坝体重力作用下发生超过允许的压缩变形或不均匀沉降，甚至导致地基的破坏。

(二)影响坝基岩体压缩变形的地质因素

坝基岩体的压缩变形量除与建筑物类型和规模有[illegible]影响。

(1)坝基或两岸岩体的岩性软硬不一，变形模量相差悬殊。如图 7-1 所示，某坝基岩体由不同岩层组成，变形模量相差很大，结果引起较大的不均匀沉陷，导致坝体产生裂缝。

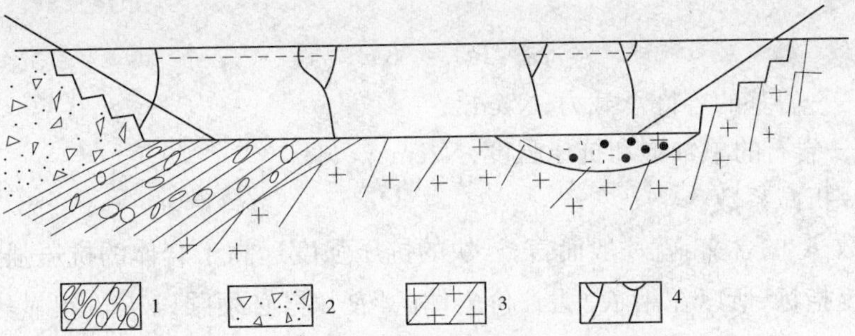

图 7-1　坝体因不均匀沉降而产生断裂

1—含砾石粘土；2—砂砾石；3—花岗片麻岩；4—沉降与裂缝

(2)坝基或两岸岩体中存在软弱夹层、强风化层或较大的断层破碎带、节理密集带、松弛张裂带等软弱结构面，尤其当张开性裂隙发育且裂隙面大致垂直于压力方向时，易产生较大的沉陷变形。

(3)坝基或两岸岩体内存在潜蚀掏空或溶蚀洞穴现象，产生塌陷而导致不均匀变形。

此外，上述软弱岩层和软弱结构面的产状及在坝基下的分布位置对岩体变形也有显著影响。如软弱岩层产状平缓且位于坝基表层，就易产生较大的沉降变形(见图 7-2(a))；若软弱岩层位于坝趾附近，受压易引起坝趾产生沉降变形，并导致坝身向下游歪斜倾覆(见图 7-2(b))；当软弱岩层位于坝踵附近时，则容易导致岩体的拉裂(见图 7-2(c))。

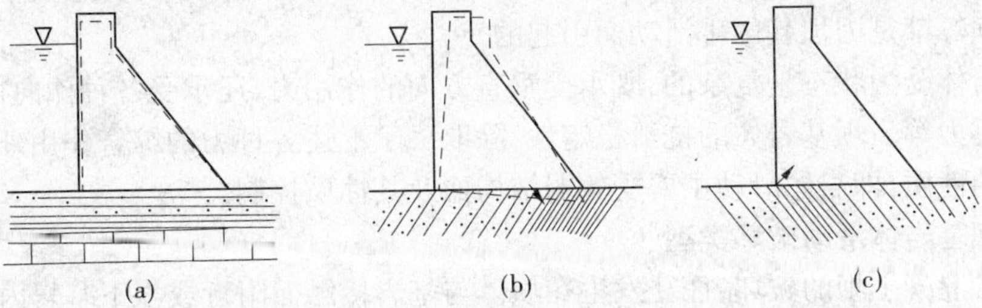

图 7-2　软弱岩层产状和分布位置与地基沉降稳定示意图

(三)坝基容许承载力的确定

在研究砌石及混凝土坝沉降稳定性时，常采用“容许承载力”指标去评价岩基的稳定性。所谓容许承载力，是指在保证建筑物安全和正常使用的前提下，地基所能承载的最大荷载压力。这个概念中包含了坝基沉降稳定问题。

1. 岩石地基承载力的确定方法

岩石地基承载力的确定主要有现场荷载试验法、经验类比法以及折减系数法。

(1)现场荷载试验法　指按岩体实际承受工程作用力的大小和方向进行的原位测试。这种方法比较接近实际、准确可靠，试验测试指标如岩体弹性模量、变形模量及泊桑比等，可用于计算坝基沉陷量。但试验较复杂、费用较高，多用于大、中型工程。

(2)经验类比法　指根据坝基的工程地质条件，参考条件相似、已建成的工程经验数据,进行比较选取。

(3)折减系数法　指以岩石单轴饱和抗压强度乘以折减系数求承载力的方法。用公式表示为

$$[R] = KR_g \tag{7-1}$$

式中　$[R]$——岩基的容许承载力,N/cm^2;

R_g——岩石的单轴饱和抗压强度,N/cm^2;

K——折减系数。

折减系数 K 的含义:就一般而言,岩块的抗压强度远高于岩体的抗压强度,而 R_g 乃是岩块的强度指标,所以在用 R_g 去评价岩体的$[R]$时,必须乘以 K。很显然,在选取 K 值时,对越是坚硬的岩石取值应越小些。抗压强度乘以折减系数是比较粗略的方法,仅适用于初步设计阶段或中、小型水利工程。

2. 闸基的沉降稳定问题

一般水闸作用于地基上的荷载较小,岩基的承载力较高,大多数能满足闸基稳定性的要求。但闸基多为软基(如砂、饱和粘土、淤泥等),往往压缩性大,易滑动。所以,也应该注意闸基的沉降稳定,特别是不均匀沉降问题(一般除设计轻型结构外,还应采取相应的地基加固措施)。

三、坝基(肩)的抗滑稳定分析

坝基(肩)的抗滑稳定是砌石及混凝土坝的重要地基问题。世界上许多混凝土坝的破坏,如美国的圣·法兰西斯(St·Francis)坝、法国的布泽(Bouzey)坝、意大利的格伦诺(Grenno)坝等都是因坝基产生滑动而引起的。

坝基岩体受力状态是复杂的,既承受垂直方向的作用力,还承受各种侧向推力及渗透压力和地震力等。坝基岩体的抗滑稳定性,除取决于上述各种力的综合作用外,还取决于岩体本身的性质,即岩体滑动主要受软弱结构面及其性质控制。

(一)坝基岩体滑动破坏类型

砌石及混凝土坝的破坏,往往发生在坝体与基岩接触面附近或坝下基岩内部,按滑动面位置不同,坝基岩体滑动可分为三种类型。

1. 表层滑动(接触滑动)

表层滑动(接触滑动)是指发生在坝体混凝土底面与基岩接触面之间的剪断滑动形式,如图 7-3(a)所示。当坝基岩体坚硬,不具备可能沿之滑动的软弱结构面,但因施工基础处理、特别是清基工作质量差,或坝体混凝土强度远低于岩体强度时,可能发生这种类型滑动。为此,接触面的抗剪强度成为坝体设计的控制性指标。

2. 浅层滑动

浅层滑动是指发生在坝基岩体中浅层部位的滑动形式,如图 7-3(b)所示。滑动面往往参差不齐。造成这种情况的原因是:表层岩石软弱;表层岩石风化破碎,清基不彻底;产状近水平的薄层状坝基。这种形式往往与表层滑动难以区别,故有时也可作为表层滑动形式来考虑。

3. 深层滑动

深层滑动是指发生在坝基岩体内较深部位，沿软弱结构面产生的滑动破坏形式，如图 7-3(c)所示。因此，只有当坝基内部存在平缓的软弱夹层，且按一定组合形成分离体时才有可能发生深层滑动，有时虽未形成分离体，也可局部剪断岩石而产生滑动破坏。大型工程应注意这个问题。

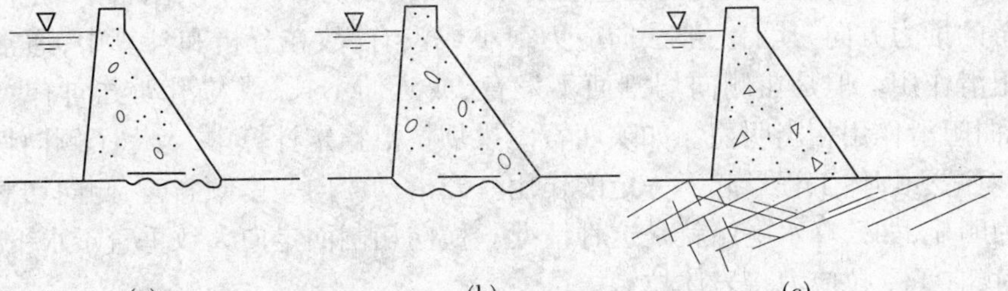

图 7-3　坝基岩体滑动破坏类型

(a)表层滑动；(b)浅层滑动；(c)深层滑动

此外，由于坝基应力的不均匀分布、地质条件的复杂性，以及施工质量的差异，有时会出现上述三种类型组合成的混合滑动。

坝基可能滑动形式的确定，是进行坝基抗滑稳定计算、坝基岩体力学模型试验，以及定性和定量评价坝基稳定性的先决条件。

(二)坝基岩体滑动的边界条件

坝基岩体的深层滑动，除必须存在可能成为滑动面的软弱结构面外，还需具备将岩体切割分离成不稳定滑移体的其他结构面，同时下游应有可供滑出的自由空间，这样才能形成滑动破坏。即岩体滑动的边界条件应具有滑动面、切割面、临空面(见图 7-4)。

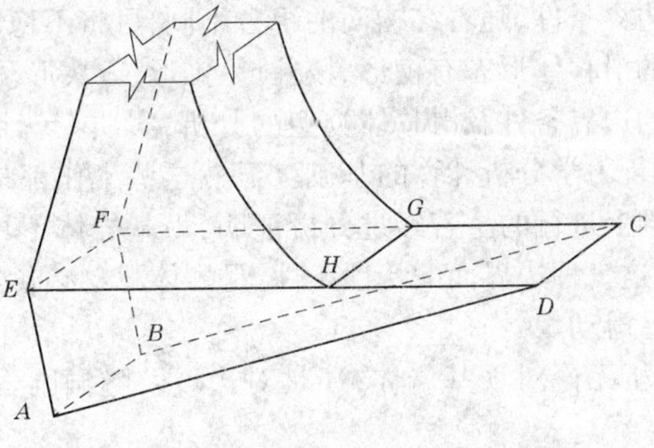

图 7-4　坝基岩体滑动边界条件示意图

滑动面—*ABCD*；切割面—*ADE*、*BCF*、*ABFE*；临空面—*CDHG*

1. 滑动面

滑动面指坝基岩体发生滑动破坏时，滑移体沿之滑动并产生较大剪应力及摩阻力的结构面，如图 7-4 中的 *ABCD* 面。通常构成滑动面的有断层、软化夹层(特别是泥化夹层)、裂隙和层面等，一般以缓倾角(小于 30°)的软弱结构面为主，倾角较高(大于 45°)难以形成滑动。滑动面可以是单一的,也可以是由两组或多组结构面构成。坝基抗滑能力主要取决于滑动面的工程地质特性。因此,应重视选定滑动面的抗剪强度参数。

2.切割面

切割面指使滑移体与周围岩体分离的结构面。可分为沿滑移方向的纵向(或侧向)切割面(如图7-4中的*ADE*面和*BCF*面)和垂直滑移方向的横向切割面(如图7-4中的*ABFE*面),它们是由倾角较陡甚至直立的结构面构成的。纵向切割面因其走向大致平行于向下游的推力方向,其上一般法向应力很小或没有,故在分析和计算中,通常不考虑它的侧向阻滑作用。但是在侧向切割面不发育、或延伸不长、或与滑动方向有一定的交角时,则侧向阻滑作用相当明显。如陕西石门拱坝抗滑稳定计算中,考虑了侧向切割面的阻滑作用,对减少坝体工程量起了一定的作用。当滑动面向一岸倾斜时,侧向切割面的阻滑作用更为明显,如云峰水电站就是这种情况。横向切割面走向大致垂直于水平推力,当岩体下滑时,它承受拉应力将岩体拉裂。

3.临空面

临空面是指岩体与变形空间相临的面。变形空间一般指滑移体向之滑动不受阻力或阻力很小的自由空间。临空面可分为两类,一类是水平临空面,多为下游河床地面(如图7-4中的*CDHG*面)。

另外,在滑移体的下方有与滑移方向近于正交的断裂破碎带、节理密集带、较厚的软弱夹层等存在时,因可以发生较大的压缩变形,所以也能起到临空面的作用。如朱庄水电站坝基为震旦系石英砂岩夹有页岩和泥质粉砂岩,岩层倾向下游,倾角6°~8°。因层间错动形成了多层泥化夹层,其中以Ⅱ-5和Cn72夹层的强度最低,f值分别为0.29和0.22。坝下游斜切河床有一F4断层,破碎带宽8~10 m,性质软弱,动弹模只有500 MPa。由于F4断层带可以产生大的压缩变形,可按临空面对待。经计算坝基抗滑稳定不能满足规范的要求,故采取了降低坝高和加宽坝体的工程处理措施。

上述岩体滑动的边界条件,随着结构面的组合不同,可将不稳定岩体切割包围成各种形状的滑移体。常见的滑移体形态有楔形、棱柱形、锥形、方块形及板状体等。

对坝基岩体滑动的边界条件及滑移体类型的分析,实质上就是对坝基岩体抗滑稳定性的定性评价,也是进行力学分析计算的基础。显然这些工作都是建立在对坝基工程地质条件调查研究的基础上进行的。若经过分析证明,坝基岩体不具备可能滑动的边界条件,则岩体是稳定的。这三种边界面的特性条件,是岩体滑动必备的边界条件,三者缺一,则岩体不能滑动或不易滑动。

应该指出,上述分析无论对坝基岩体,还是对边坡及隧洞围岩的稳定分析都是适用的。

坝肩岩体滑动的边界条件分析:坝肩岩体的稳定是拱坝坝体稳定的关键。一般情况下,拱坝坝肩下游支撑拱座岩体的失稳破坏,除沿风化破碎的单薄岩体外,主要是沿顺河方向的软弱结构面向下游河床方向滑动。尤其应注意岸坡可构成横向临空面的地形条件,它们的存在对坝肩岩体稳定性很不利。

(三)坝基岩体抗滑稳定计算

在确定岩体滑动的边界条件、各种计算参数(主要是滑动面的摩擦系数 f 和凝聚力 c

值)及滑动面上各种作用力的基础上,才能计算出可能滑动岩体的稳定性系数 η 值。稳定性系数是指在可能滑动面上,可利用的抗滑力与滑动力之比,即

$$\eta = 抗滑力 / 滑动力 \tag{7-2}$$

下面用静力极限平衡原理介绍几种简单滑动型式的稳定性系数的计算方法。

1.表层滑动稳定性计算

当坝底与坝基岩体的接触面(可能滑动面)为水平面或近于水平面时(见图 7-5),则

$$\eta = \frac{f(\sum V - U)}{\sum H} \tag{7-3}$$

$$\eta = \frac{f(\sum V - U) + cA}{\sum H} \tag{7-4}$$

式中 η——抗滑稳定性系数;

$\sum V$——作用在接触面(滑动面)上的铅直压力之和,kN;

U——作用在坝基底面上的扬压力,kN;

f——摩擦系数;

c——凝聚力,kN/m^2;

A——滑动面的面积,m^2;

$\sum H$——作用于接触面(滑动面)上的水平力之和,kN。

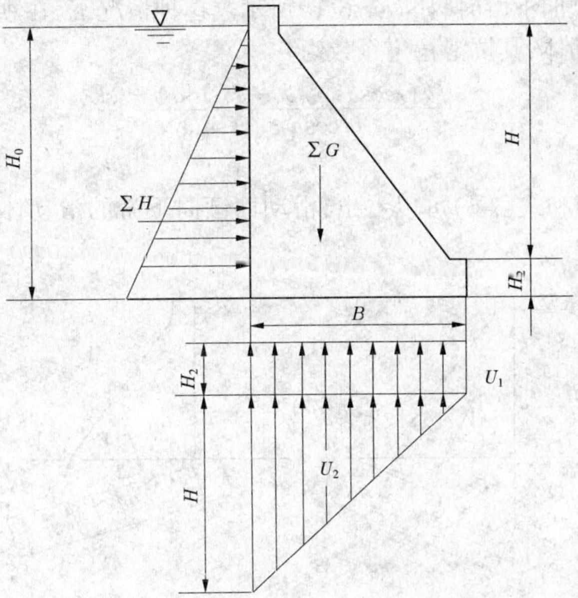

图 7-5 表层滑动稳定性计算示意图

用式(7-3)、式(7-4)计算时,所取的抗滑稳定安全系数不同。式(7-3)中未考虑凝聚力的作用,这表示有一定的安全储备,我国坝工设计多采用此式计算 η 值。计算中所采用的摩擦系数 f 值,一般为原位剪切试验获得峰值的 0.4~0.7 倍,并规定安全系数 K_c

取值为 1.05~1.10。用式(7-4)进行计算时,安全系数取值为 2~3。若计算出的抗滑稳定性系数 η 值大于安全系数 K_c,则坝基岩体是稳定的;反之,岩体将产生滑动,需要采取加固措施。

2.浅层滑动的稳定性计算

因为滑动部位浅,故可将滑动面简化为一水平面,用式(7-3)或式(7-4)计算。计算时采用的抗剪强度指标为软弱或破碎岩体的摩擦系数 f 和凝聚力 c 值。

3.深层滑动的稳定性计算

计算公式随滑动体边界条件而异。下面就楔形滑动体在忽略切割面的滑阻作用的条件下,简化成平面问题进行计算。

(1)单斜滑动面倾向上游时,如图 7-6(a)所示。这种情况下,滑动面在下游河床出露,坝体和坝基楔形岩体作为一个整体,有可能沿滑动面向下游滑动。其抗滑稳定系数为

$$\eta = \frac{f(G\cos\alpha - U + H\sin\alpha) + cL}{H\cos\alpha - G\sin\alpha} \tag{7-5}$$

式中 G——单宽剖面内各种铅直力之和(主要是坝体重量和滑动面上岩体重量之和),kN;

H——单宽剖面内各种水平力之和,kN;

L——滑动面长度 m;

α——滑动面沿滑动方向的倾角,(°);

其他符号含义同前。

(2)单斜滑动面倾向下游时,如图 7-6(b)所示。这种情况下,在坝的下游存在陡立临空面时,就能构成滑动体,其抗滑稳定系数为

$$\eta = \frac{f(G\cos\alpha - U - H\sin\alpha) + cL}{H\cos\alpha + G\sin\alpha} \tag{7-6}$$

式中符号含义同前。

通过比较式(7-5)和式(7-6)可以看出,滑动面倾向下游的滑动体比滑动面倾向上游的滑动体的稳定性差。

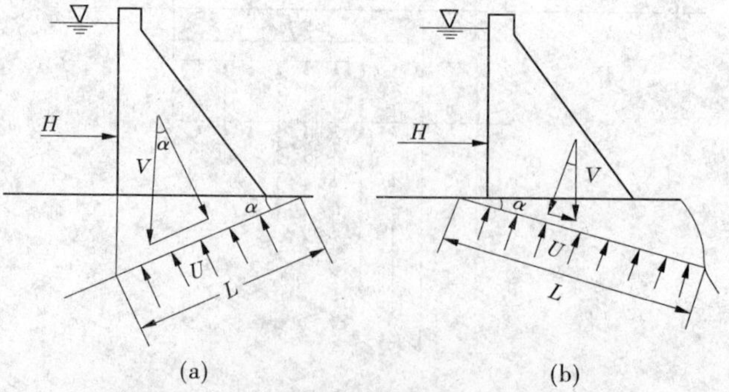

图 7-6 坝基深层滑动稳定性计算示意图

(四)坝基岩体抗滑稳定计算中主要参数的选择

从式(7-3)~式(7-6)中可以看出,在抗滑稳定计算中,抗剪强度指标(f、c)值的大小

对岩体稳定性关系极大。在给定坝基(肩)安全系数 K_c(是根据各种因素确定的允许安全系数)的情况下,若计算中选用的 f、c 值较岩体的实际值偏小,则会造成工程上的浪费;反之,可能会出现严重后果。

目前国内对抗剪强度指标的选择与确定,一般用三种方法。

1.经验数据法

岩石的抗剪试验是比较复杂的,尤其是野外现场试验,需要大量人力、物力和较长的时间。对于一些中、小型水利水电工程,在没有条件进行试验的情况下,常在充分研究工程地质条件的基础上,参考已有工程的经验数据,确定 f、c 值。根据我国实践经验,得出了适用于规划、可行性研究设计阶段的参考数据(见表 7-1)。

表 7-1　坝基岩体摩擦系数(f)经验数据

岩体特征	摩擦系数(f)
极坚硬、均质、新鲜岩石,裂隙不发育,地基经过良好处理,而且无软弱夹层存在,湿抗压强度 $R_g>100$ MPa,野外试验所得弹性模量 $E>2\times10^4$ MPa	0.65~0.75
岩石坚硬、新鲜或微风化,微裂隙性,不存在影响坝基稳定的软弱夹层,地基处理后 $R_g>60$ MPa,野外试验所得弹性模量 $E>1\times10^4$ MPa	0.55~0.70
中等硬度的岩石,岩性新鲜或微风化,弱裂隙性或中等裂隙性,不存在影响坝基稳定的软弱夹层,地基处理后 $R_g>20$ MPa,野外试验所得弹性模量 $E>0.5\times10^4$ MPa	0.50~0.60

2.工程地质类比法

此法是依据坝基(肩)的工程地质条件,参考条件相似且运转良好的已建工程的经验数据,确定 f、c 值。该法实质上也是经验数据法,但由于条件相似,则更接近实际情况,适用于中、小型水利水电工程。

3.试验法

试验法是通过室内与现场试验求得抗剪强度指标 f、c 值。对于大、中型水电工程,f、c 值原则上以原位抗剪(断)试验或室内中型抗剪(断)试验成果为主要依据,当夹泥厚度较大时,可以室内试验资料为依据。

总之,在实际工作中,计算参数的选定是较复杂的问题,往往需要工程地质人员与试验人员、水工设计人员共同研究协商,综合考虑各种影响因素而确定。例如湖南双牌水库大坝坝基岩体抗剪强度,现场原位试验 $f=0.38$,根据试验时剪切变形和破坏情况、裂隙发育及充填胶结情况,以及地应力等地质情况,进行调整和修正,提出地质建议值 f 为 0.42。

四、坝区渗透

(一)渗透类型与危害

水库蓄水后,由于坝上下游水位相差很大,当坝基(肩)岩体中有透水通道,如连通的孔隙、裂隙、断层、溶洞等时，库水将通过坝基岩体向下游渗漏，称坝基渗漏；当坝肩岩体中有透水通道时，库水通过坝肩岩体向下游渗漏，称绕坝渗漏，二者统称坝区渗漏。坝区渗漏不但减少水库蓄水量，甚至水库不能蓄水，影响工程的效益，而且因强大的渗透水流作用，会降低坝基（肩）岩体的稳定性，使坝基产生渗漏变形，危及大坝安全。

（二）坝区渗漏的地质条件分析

1. 松散岩层的渗漏分析

坝区内常见的松散岩层有冲积层、洪积层等。坝基渗漏主要通过古河道、河床和阶地内的砂砾石及卵石层。其颗粒粗细在纵向和横向变化较大，出露条件也各式各样，这些都影响渗漏量的大小。如果砂砾石层上有足够厚度、分布稳定的粘土隔水层，就等于天然铺盖，可起到防渗作用。在山区半山区河谷两岸常有一些坡积物和洪积物，当其颗粒较粗时，常构成良好的渗漏通道。

2. 坚硬岩体的渗漏分析

在基岩坝址区，主要是查清透水层和透水带的分布、产状及出露情况等。在岩浆岩和由岩浆岩变质而成的变质岩分布区，坝区渗漏的主要通道是断层破碎带、连通的节理密集带及表层风化带等。喷出岩中串通的气孔、原生节理、间歇面等也都是漏水通道。沉积岩和由其变质而成的变质岩分布区，除断层破碎带、节理密集带之外，尤其要注意透水层（如砂砾岩层、古风化壳等）的岩性及产状。如在倾斜构造或褶皱构造发育的沉积岩地区，常见的河谷构造有纵谷、横谷和斜谷三种形式。

(1)纵谷　指河流流向与岩层走向平行的河谷。因坝轴线与不同岩层的走向垂直，如有渗漏岩层或顺河向断层，坝轴线很难向上游或下游调整避免产生渗漏。特别是坝肩上下游有沟谷地形时，则更易造成水库的大量渗漏。

(2)横谷　指河流流向与岩层走向垂直的河谷。因坝轴线与岩层的走向平行，故可用调整坝轴线位置的方法来避开渗漏通道。但如有沟谷地形，倾向下游的透水岩层仍可形成绕坝渗漏。

(3)斜谷　指河流流向与岩层走向斜交的河谷。它是上述纵谷和横谷的过渡类型。一般河流流向与岩层走向夹角越小，且岩层倾向下游时，产生坝基或坝肩渗漏的可能性越大。

在岩溶地区，一定要查清岩溶的发育程度及分布规律，因为岩溶区一旦发生渗漏，就会影响水库蓄水，严重时水库完全不能蓄水。

（三）渗透水流对坝基（肩）岩体稳定性的影响

坝区渗漏不仅损失库水，而且渗透水流还可能对坝基（肩）岩体造成渗透破坏。渗透水流对岩体稳定的不利影响主要有：对坝基（肩）岩体产生渗透压力，恶化岩土体的工程地质性质，导致坝基（肩）岩土体产生渗透变形等。

1. 作用在坝基（肩）岩土体上的渗透压力

坝基渗流与绕坝渗流具有渗透压力和动水压力。渗透压力是指渗透到坝基下的水流在上下游水头差的作用下对岩体产生的水压力，其大小等于该作用点的水头高度乘以水的重度。在滑动面上渗透压力是扬压力的主要组成部分（扬压力包括浮托力和渗透压力）。它抵消一部分坝体重量（尤其是重力坝），从而降低了坝基的抗滑稳定性。

2. 恶化岩土体的工程地质性质

渗透水流可导致某些抗水性较差的岩层，特别是软弱岩层（如页岩、泥岩、风化带、软弱夹层及断层破碎带等）产生软化或泥化现象，从而造成岩石的强度降低。

3. 导致坝基（肩）岩土体产生渗透变形

其形式主要有潜蚀（管涌）和流土。在松散土基或岩体软弱结构面中，由于渗透水流的作用，可将其中一些细小颗粒带走，使岩土体中形成一些空洞，这种现象叫机械潜蚀（或称机械管涌）。如四川陈食水库，坝基为侏罗系的砂岩和泥岩。有一部分坝基位于节理发育且已风化的泥岩上，由于未采取必要的防渗措施，基础清基又不彻底，蓄水后在拱的背后出现浑水现象。结果潜蚀形成高 15 m、宽 8 m 的冲蚀洞，造成库水迅猛下泄成灾。

岩土中可溶成分被渗透水流溶蚀带走形成空洞的现象，叫化学潜蚀（或称化学管涌）。如葛洲坝闸基岩体泥化夹层的渗透试验证明，由于渗透溶蚀，泥化夹层部位的碳酸钙成分比上下层位都低，但游离的铁、铝氧化物含量却比上下层位高，表明可溶的碳酸盐类物质已被溶解带走。

当穴居动物（如各种獾、田鼠、蚂蚁、蚯蚓等）破坏土体结构，在大堤内外构成通路时，也可形成管涌，称为生物潜蚀。如我国的黄河大堤曾出现过这种现象。

发生在坝下游松散土基表层，在动水压力作用下发生成片土体浮动，甚至被冲走的现象，称为流土。

上述这些现象统称为渗透变形。渗透变形的结果，将改变坝基（肩）岩土体的组成结构，使其强度降低，甚至丧失承载力，引起沉降变形而危及坝体的安全。

五、坝基处理措施

对于水利水电工程，任何一个选定的坝址，其工程地质条件都不会完全符合建筑设计的要求，总会有某些缺陷存在。为了保证建筑物的稳定和正常使用，就需要采取一定的工程处理措施，以消除不利地质因素对建筑物的影响。因此，坝基处理是水利水电工程建筑中一项非常重要的工作。对于不良地质问题，工程中常用的处理措施主要包括清基、岩土体加固、防渗排水以及改变建筑物结构以适应不良的地质条件等方法。

第二节　水库的工程地质问题

兴建水库的目的在于蓄水利用。为了使水库工程达到预期效益，在进行坝址选择时，必须注意库区的工程地质条件，选择一个良好的库址。

水库蓄水以后，水文条件发生了剧烈的变化，库区及邻近地区的地质环境也必然会受到影响，如果库区存在某些不利的地质因素，就会产生各种工程地质问题。实践经验表明，对中、小型水库而言，水库的工程地质问题主要有水库渗漏、库区浸没、水库塌岸、水库淤积和水库诱发地震等几个方面，这是关系到兴利还是遗害的大问题，必须予以高度重视。本节将结合专业性质和要求，重点论述水库渗漏问题。

一、水库的渗漏问题

（一）水库渗漏方式

水库渗漏按其性质可分为暂时性渗漏和永久性渗漏两种。

1. 暂时性渗漏

水库蓄水过程中，因浸润、饱和库盆内岩层而导致库水量的减少，称为暂时性渗漏。当库水位下降时，这部分水量可从地下流入库内，除因蒸发、蒸腾和土壤吸附作用的消耗外，它不会漏向库外。一般情况下，它只在一定程度上延缓了水库蓄满的时间，不影响水库的总库容，更不影响工程效益。暂时性渗漏的大小，取决于被饱和岩（土）体的总体积及其空隙率和天然含水量。

2. 永久性渗漏

库水通过渗漏通道（库岸的分水岭）向库外邻谷或洼地的渗漏称为永久性渗漏。如云南水槽子水库，向远离水库 15 km、比水库低 1 000 m 的金沙江边的龙潭沟排泄。永久性渗漏直接导致库水量的损失。永久性渗漏量的大小关系着水库能否正常运行，严重者使水库只能起滞洪作用。工程地质工作的任务在于查清库区周围一切可能的渗漏通道，并估算其渗漏量。

（二）水库渗漏的地质条件分析

水库产生永久性渗漏主要受库区地形、岩性、地质构造与水文地质条件所控制。

1. 地形地貌条件

一般来说，由透水岩层组成的单薄河间地块、邻谷或洼地地面高程低于水库正常高水位时，库水就产生渗漏（见图 7-7(a)）；反之，若河间地块山体宽厚，邻谷下切较浅，甚至邻谷或洼地的地面高程高于水库正常高水位，则库水很少或不会产生渗漏（见图 7-7(b)）。

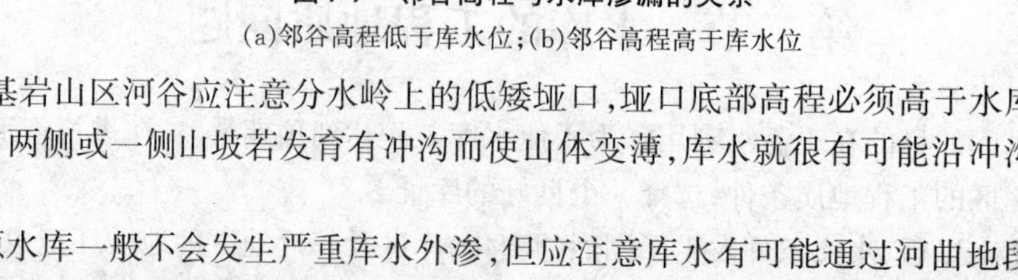

图 7-7　邻谷高程与水库渗漏的关系

(a)邻谷高程低于库水位；(b)邻谷高程高于库水位

在基岩山区河谷应注意分水岭上的低矮垭口，垭口底部高程必须高于水库正常高水位。垭口两侧或一侧山坡若发育有冲沟而使山体变薄，库水就很有可能沿冲沟取捷径向外渗漏。

平原水库一般不会发生严重库水外渗，但应注意库水有可能通过河曲地段或古河床中的砂砾石层产生严重渗漏。

实践表明，水库内大的集中渗漏通道在地形上常有反映，因此找出不利地形地段，就可缩小工作范围，加快勘察进程。

2. 岩性和地质构造条件

分析岩性和地质构造条件，目的在于判断库区有无库水向外渗漏的通道。如有渗漏通道沟通库区内、外，且在库区和邻谷（或洼地）的出露高程又都低于水库正常高水位，就可能产生永久性渗漏。

1）岩性条件

一般构成水库渗漏通道的岩性条件有：

（1）河间地块分布有强透水岩层，如第四纪松散沉积层，特别是河流冲积—洪积层中的卵砾土和砂土。

（2）可溶性岩层中存在岩溶通道。

（3）存在贯通库内外的未胶结或胶结不良的古风化壳、不整合面，以及多气孔构造的火山岩或裂隙发育的其他岩层。

例如北京市房山区的天开水库，既存在第四纪古河道的渗漏，又存在岩溶渗漏。该水库设计库容为 1 300 万 m^3，由主坝和副坝组成。其处于低山丘陵与山前平原接壤地带，地层为震旦纪硅质石灰岩，岩层呈单斜构造，且倾向下游，岩层中溶蚀裂隙发育。在水库兴建前，河间地块无地下水分水岭；建坝后，由于未采取防渗措施，每年雨季拦蓄洪水后，长则 50 多天，短则 10 余天，库水就全部漏失。不仅如此，位于水库下游的天开村，至今深受水库漏水之害，一旦库内蓄水，村中就到处冒泉，交通和正常生活均受到严重影响。

2）地质构造条件

水库渗漏除与库区分布的岩石性质有关以外，还与地质构造有如下密切关系。

库区为纵向河谷或横向河谷时，应注意沿地层走向或倾向向邻谷（或洼地）渗漏的可能性。

（1）背斜构造的河谷地带，若存在透水地层，且其倾斜平缓，又被邻谷切割出露，即可引起向邻谷的渗漏；若岩层倾角较大，又未在邻谷中出露，则不会导致库水向邻谷的渗漏（见图 7-8）。

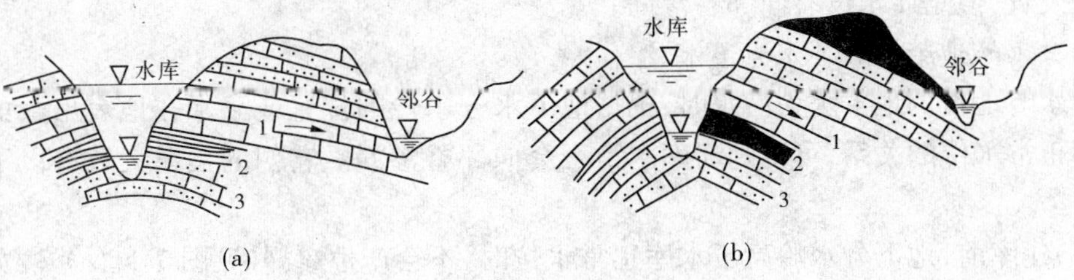

图 7-8　背斜构造与水库渗漏

(a)渗漏；(b)不渗漏

1—透水石灰岩；2—隔水页岩；3—透水性小的砂岩

（2）向斜构造的河谷，若有隔水地层阻水，则不会引起向邻谷的渗漏。在没有隔水层阻水，且与邻谷相通的情况下，则会导致库水向邻谷的渗漏（见图 7-9）。

（3）断层也是如此，有的会引起库水向邻谷的渗漏，如图 7-10(a)所示。有些情况，由于断层效应，反而可起阻水作用，如图 7-10(b)所示。

(a) (b)

图 7-9　向斜构造与水库渗漏

(a)不渗漏;(b)渗漏

1—透水石灰岩;2—隔水页岩

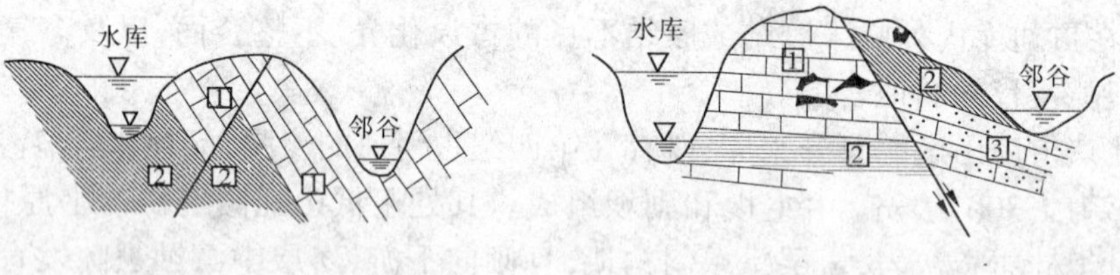

(a) (b)

图 7-10　断层与水库渗漏

(a)可能引起水库渗漏的断层;(b)可阻止水库渗漏的断层

1—透水石灰岩;2—隔水页岩;3—透水性小的砂岩

3.水库渗漏的水文地质条件

当水库具备可能引起渗漏的地形、岩性、地质构造条件后,库水不一定就会渗漏,这时还要结合库区地下水埋藏与运动的特点进行分析,才能确定库水渗漏是否存在。例如新安江水库,地形处于中低山峡谷地带,库区为石炭二叠纪石灰岩,地质构造条件复杂。经过勘探发现,石灰岩中地下水分水岭的高程大大高于水库正常蓄水位。尽管石灰岩中岩溶比较发育,但是库水没有向邻谷渗漏。

1)分水岭地带的地下水为潜水

分水岭地带的地下水为潜水时,根据地下水分水岭的位置或泉水在地表出露的高程与水库正常水位的关系,可以判断库水是否会向邻谷渗漏。它们的关系大致有以下几种情况:

(1)建库前,地下分水岭高于水库正常水位时,不会产生渗漏(见图 7-11(a))。如那岸水电站,建库前河水位为 180 m,水库正常蓄水位为 227 m,而库岸泉水出露高程最低 230 m,因而水库运行多年并未发生渗漏问题。

(2)水库蓄水前,地下分水岭的水位低于水库正常水位,水库蓄水后是否产生渗漏则取决于下列条件:地下分水岭低于库水位不多,而河间地块宽厚,正常库水位以下没有强烈的渗漏通道存在,蓄水后,由于库水的顶托作用,地下分水岭可能升高,并高于库水位,库水将不会产生渗漏(见图 7-11(c));地下分水岭如低于库水位甚多,水库蓄水后,由于库岸岩性透水性强,地下分水岭可能消失,库水将产生渗漏(见图 7-11(b))。

(3)蓄水前,邻谷谷底及河间地块中的地下分水岭就低于建库河流的原河水位,或建库前就有向邻谷的渗透，水库蓄水后，必然加剧渗漏（见图 7-11(d)）。如云南水槽子水库，建库前河水已通过层间裂隙向那姑盆地渗漏，水库蓄水后，水位增高，水压力增大，渗漏加剧，致使那姑盆地东北部一带四处冒水，并造成部分民房倒塌，农作物浸水受灾。

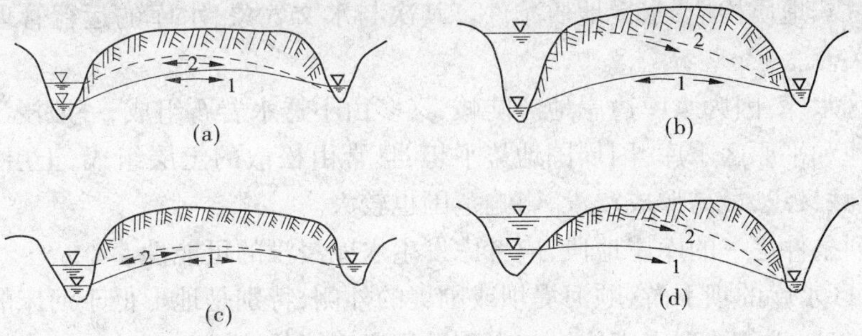

图 7-11 水库渗漏的水文地质条件

1—水库蓄水前的地下水分水岭；2—水库蓄水后的地下水分水岭

2)分水岭地区有承压水存在

当分水岭地区有承压水存在时，如果承压水透水层在邻谷出露的高程低于库水位，则库水就有可能沿承压含水层渗向邻谷。建库前库岸有上升泉时，如果泉水出露高程超过水库正常蓄水位，库水就不会沿承压含水层渗向邻谷。

上述条件是水库向邻谷或相邻洼地渗漏所必须的。因此，在判断水库是否会发生渗漏时，除了要查明一切可能产生渗漏的地下通道外，还应把地层、岩性、地貌、地质构造与水文地质条件联系起来，综合分析，才能得出正确的结论。

二、水库浸没问题

（一）水库浸没的概念

由于兴建水库，水位抬高，引起地下水位上升（称为地下水壅水）。当水库边岸比较平缓，地面高程接近正常高水位时，壅水后的地下水位可能接近或高出地表，造成水库周边地区的沼泽化或土壤盐渍化，建筑物地基恶化，矿坑充水坍塌，这种现象称为水库浸没（见图 7-12）。

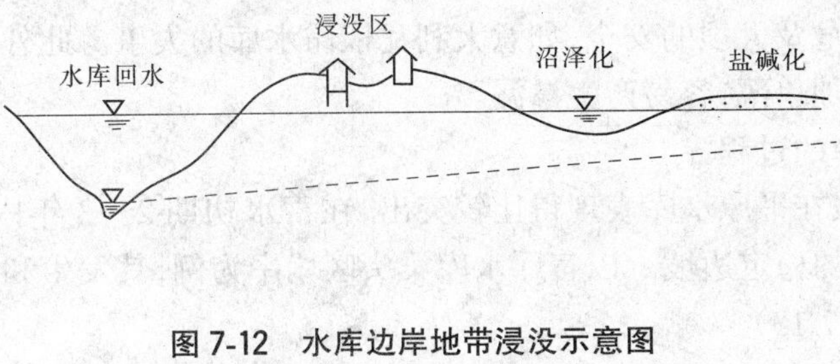

图 7-12 水库边岸地带浸没示意图

由于浸没可能造成地下建筑物的破坏，公路、铁路的翻浆和冻胀（在气候较冷地区），房屋倒塌及农田土壤盐渍化，所以浸没问题往往影响正常高水位的选择，甚至影响到坝址的选择。

(二)水库浸没的地质条件

水库周边地区是否会发生浸没,主要决定于水库边岸正常高水位上下范围内的地形地貌、岩土性质、地质构造、水文地质条件。其次与水文气象、水库的运行管理,以及某些人为活动有关。

对于山区水库,因为水库边岸地势陡峻,又多由不透水岩石组成,一般浸没问题不大。对于山间谷地和平原区水库,因周围地势平坦,且常由松散的土层组成,土层的毛细性较强,地下水埋藏又浅,最易形成浸没,影响范围也较大。

具有下列条件之一的库岸地段,应考虑发生水库浸没的可能性。

(1)平原区水库的坝下游,顺河堤坝或围堤的外侧,特别是地形低于河床的库岸地段。

(2)山间谷地或盆地型水库边缘与山前洪积扇连接的地段。

(3)地表水或地下水排泄不畅,地下水埋藏较浅,补给量大于排泄量的库岸地带。封闭或半封闭的洼地、沼泽的边缘地带。

(三)水库浸没的防治措施

(1)降低地下水位:根据回水预测结果结合地区水文地质条件,对浸没区布置排渗或疏干工程。对重要建筑物区采用切实有效的排水方法。

(2)采用工程措施与农业措施相结合的综合防治方法,如改变农作物种类和耕作方法等。

三、水库塌岸问题

(一)水库塌岸概念及危害

水库蓄水后,由于岸边岩石或土体受库水的常期浸泡而饱和,强度降低,加之库水波浪的冲击、淘刷作用,引起库岸发生坍塌破坏的现象称为水库塌岸。随着时间的延续,库岸不断地坍塌破坏,库岸线不断后退,直到达到新的平衡状态为止。这一过程称为水库的岸边再造。

塌岸引起水库岸边后退,不仅对沿岸的工业建设、交通道路、居民点和耕地等造成很大威胁和破坏,而且坍塌下的土石体淤积于库中,将减少水库的有效库容。我国河北的官厅水库及河南三门峡水库就曾发生过较严重的水库塌岸。发生在近坝址区的大规模崩塌和滑坡,还将直接危及大坝的安全,如意大利瓦依昂水库的失事。此外,分水岭单薄地段,由于塌岸,其会更加单薄,容易产生渗漏。

(二)水库塌岸的过程

塌岸现象一般在平原水库表现得比较突出,在蓄水初期 2～3 年内表现得较为严重,随后,慢慢形成新的稳定边坡。以官厅水库梁头区塌岸为例,其发生和发展过程大致可分为四个阶段(见图 7-13)。

1.水库岸壁的初期破坏

水库蓄水初期,岩土受浸润饱和以及波浪的冲蚀,陡壁开始塌落。官厅水库梁头区库岸从 1954 年 8 月到 1955 年 10 月开始破坏。

2. 浪蚀龛及浅滩的形成

塌落后的库岸，水位以上的岩土处于干燥状态，具有较高强度。而处于库水位附近的岩土，受波浪淘蚀，逐渐被掏空形成佛龛状地形——浪蚀龛。波蚀物质堆积在浪蚀龛下，形成浅滩。官厅水库梁头区库岸从1955年10月开始这一阶段。

3. 岸壁后退，浅滩增大

随着库岸库水位的涨落，浪蚀龛不断加深，上部岩土体在重力作用下而坍塌，岸壁不断后移，浅滩不断加厚和延长。官厅水库梁头区库岸从1955年以后到1956年11月为这一阶段。

4. 稳定岸坡的形成

由于浅滩的形成和扩展，靠近库岸的库水也越来越浅，波浪冲击的路程相应加长，这样就削弱了库水波浪的冲蚀力，减少了沉积物质的来源，进而又限制了浅滩本身的继续发展而趋于稳定，成为岸边再造后相对稳定的库岸。如官厅水库1964年以后的库岸就是这样。

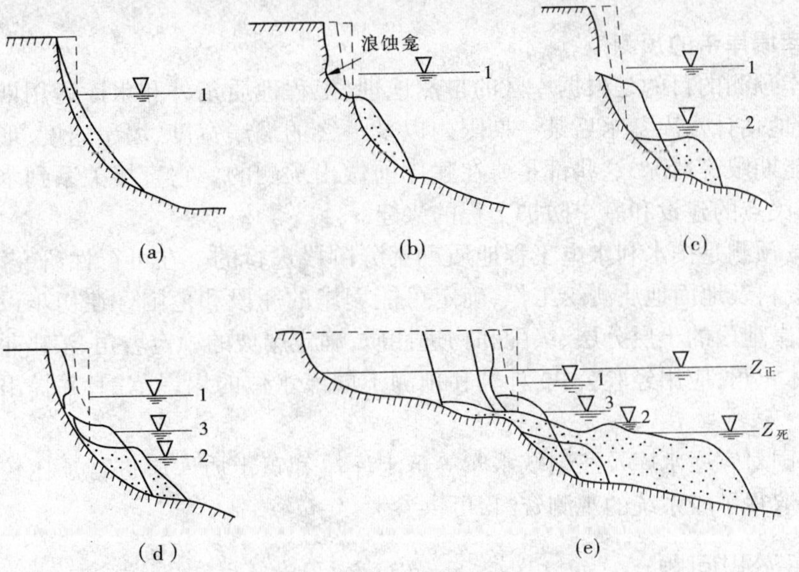

图7-13 水库塌岸过程示意图

(a)水库岸坡的初期破坏；(b)浪蚀龛及浅滩的形成；(c)库水位下降时的塌岸作用；

(d)库水位上升时的塌岸作用；(e)最后岸坡的形成

1、2、3—库水位变化；$Z_{正}$、$Z_{死}$—正常高水位及死水位

(三)水库塌岸影响因素

水库塌岸及岸边再造过程受多种因素影响，其中地形、岩性、地质构造和水文气象条件起着决定性的作用。

1. 地形条件

岸坡平缓，与天然稳定冲刷坡度相近时，不会发生塌岸；岸坡愈陡，愈易被冲刷，易产生塌岸。

2. 岩性和地质构造条件

由坚硬、半坚硬岩石组成的岸坡，因抗冲刷能力强，当没有软弱结构面的不稳定组合时，一般不易发生塌岸。而由第四系黄土类、砂、亚粘土、砾石等软弱岩层组成的岸坡最易塌岸。当岩体岸坡中存在不利的软弱结构面时，由于岸坡前缘临空，有时两侧冲沟深切，后缘又有断裂切割时，则形成岩体滑动的边界条件，可使库岸发生崩塌或滑坡。

3. 水文气象因素

库水的波浪作用、流水作用、库水位动态、大气降雨作用、浮冰冲击作用等，都对水库塌岸有一定的影响。其中以波浪的冲蚀作用对库岸破坏最为严重。波浪的大小取决于风向、风速及吹程的长短。

4. 其他因素

如库岸的水文地质条件、植被程度、物理地质现象（岩石的风化、冲沟、崩塌、滑坡、泥石流）等因素，对库岸稳定也有不同程度的影响。据观测，在库水位初期上升和水位消落两个时段内，分别因岩土充水饱和后抗剪强度降低和地下水动水压力的作用，往往最易产生塌岸。

（四）水库塌岸带的预测

水库塌岸预测的目的是根据库区的自然地理、工程地质条件和水库运用期水位变化等情况，定量地估计水库蓄水后某一期限内以及最终的塌岸宽度、塌岸速度、形成最终稳定库岸的可能期限等情况，这些都是要在建库前做出预测的。它直接关系到水库区移民的数量、新居民点的建设和库岸防护工程的兴建。

水库塌岸预测是按水利水电工程地质勘察分阶段进行的。在可行性研究勘察阶段，可依据遥感资料及地面地质测绘工作，确定可能塌岸的库段和范围。在初步设计勘察阶段，应查明塌岸地段的土层分层、级配和物理性质，确定岸坡的稳定坡角、浪击带稳定坡角和土的水下休止角，应用经验公式，计算和预测不同库水位的塌岸范围，并提出长期观测的建议。

目前，我国对官厅水库及三门峡水库等黄土库岸和黄土质库岸进行了比较准确的塌岸预测工作，取得了较系统的观测资料，可供参考。

四、水库淤积问题

（一）水库淤积的概念与危害

水库建成后，流速减小，上游河流挟带的大量松散物质（砂砾石、粘土等）在库区沉积下来，堆积于库底，这种现象称为水库淤积问题。

我国建成8万多座水库，总库容近5 000亿 m^3，由于泥沙淤积，库容减少了40%。水库淤积在多泥沙河流地区是一个非常突出的问题。如黄河年总输泥沙量达14.8亿 t，河流最大含沙量为286 kg/m^3，居世界首位。这是危害三门峡水库的重大问题之一。水库淤积会带来以下不良后果：

（1）影响水利枢纽及水电站的正常效益；

（2）水库库容减少，使用寿命缩短；

（3）回水曲线抬高，浸没范围扩大；

(4)在库前、库尾,水深变浅,影响通航。

(二)水库淤积物的来源

工程地质研究水库淤积问题主要是查明固体径流(水流中的松散物质)的来源地点、水库汇水范围内的岩性及库岸斜坡稳定程度等,为论证水库的运用方式及使用寿命等提供资料。水库淤积物主要来自以下几方面:

(1)上游河流及支流对库岸斜坡的冲刷;

(2)水库周围冲沟的侵蚀;

(3)库岸的坍塌;

(4)库周围山崩和滑坡;

(5)河流挟带泥沙流入库内,这是最主要的淤积物质来源。

(三)水库淤积的防治措施

水库淤积的防治主要是设法减少入库的泥沙量,设法排除库区的淤积物。

减少入库泥沙量的办法主要是开展水土保持工作,其中包括在较大支流上修建泥沙库,在小支沟或冲沟中修筑坝地,即沿沟道阶梯式地筑坝淤地,在山坡上修建梯田、种草、植树造林等综合治理。另外,对库岸不稳定地段,必要时可进行加固处理。

在水利枢纽的建设中,增设清淤排沙工程(如在坝身留底孔或布置大孔口排沙隧洞)等,对于控制水库进沙量,防治水库淤积是行之有效的措施。在水库调度中,科学地运行管理,对改善淤积状况也有一定的效果,如黄河三门峡和小浪底水利枢纽均采用"蓄清排浑"运行方式,取得了较好的防淤排沙效果。

第三节　渠道的工程地质问题

渠道是水利工程中一种常见的输水建筑物。我国已建成的河南林县红旗渠工程,天津的引滦入津引水工程,北京的京密引水工程,湖南韶山灌溉工程,陕西宝鸡峡引渭灌溉工程,江苏江都的排灌工程,宁夏的引黄灌区工程,甘肃的引大入秦工程,新疆的石河子、二河屯、奎屯等灌区工程,黑龙江的引嫩工程,以及正在兴建的南水北调工程等就是为各种不同目的而兴建的大型或超大型渠系工程。

渠道的线路往往很长,沿线可能跨越不同的地貌单元,当通过山谷河流及交通线路时,还需修建各种交叉建筑物,如渡槽、倒虹吸、涵洞等,因此涉及的工程地质问题较多。有关渠系建筑物中闸坝基础、隧洞的工程地质问题、渠道的边坡稳定,前面已讲过。本节主要讨论渠道选线的工程地质条件、渠道的渗漏等问题。

一、渠道选线的工程地质条件

渠道的规划、设计工作,首先是线路选择问题。渠道线路的选择,要根据地形、地质及施工条件等综合考虑,其中工程地质条件占有重要地位。从工程地质角度研究渠道选线,一般应注意以下几点。

(一)地形地貌

在渠线方案选择时,首先应考虑线路所经地区的地形地貌条件。一般选线的原则是,渠线应尽量选择在坡度平缓、地形连续完整的地带通过。避开切割强烈的高山深谷地区,因为渠道通过这些地区时,必须采用渡槽、倒虹管等跨沟工程,或出现深挖方、高填方、长隧洞等复杂工程。也应避开坡面强烈冲刷、冲沟发育的地区,因为这里的坡面稳定性较差,冲沟的发展会对渠道造成威胁。

其次,根据地形地貌条件选择相应的渠道线路,并通过技术经济比较其优缺点。

1.岭脊线

沿着山顶或分水脊选线,一般适用于山脊地形起伏不大的丘陵地区,对于高山峡谷地区则不适用。这种线路控制面积最大,配水方便;交叉建筑物最少,容易维护;土石方最少,节省工料。

2.山腹线

在半山坡且平行山坡的盘山渠道,多为岩质边坡。线路根据控制面积的大小,选择不同的高程布置。这种线路的土石方量,特别是石方开挖量及填方量较大,而且易产生塌方、漏水、暴雨冲刷、流土淤塞等地质问题。为防止这些不良地质现象,常修建挡土墙、高架渡槽、隧洞、过水涵洞等附属建筑物,因此往往费工费料,还要经常维修养护。

3.谷底线或坡麓线

在山谷底部或山麓上开渠,一侧为土坡,另一侧可能为岩质边坡。这种线路因高程低,控制面积小,一般容易施工,多为土方工程,石方开挖量较少,但过沟谷建筑物如渡槽、倒虹吸管、涵洞等往往增多,故工程造价相应提高。

4.横切岭谷线

在高山峡谷区,为了缩短渠道线路,常采用直接切穿山脊分水岭和沟谷的布置方案。这种线路虽然可以节省大量的盘山绕行渠道,但往往需要开凿较深的地堑或陡坡明渠以及隧洞。在岩石条件较好的情况下,这种方案一般比山腹线及谷底线节省工料。

5.平原线

这是适宜地势平坦的山前平原及平原区的线路,一般位于松散堆积层上。这种线路多为土方工程,而石方工程很少或没有,故施工容易并便于机械化施工。线路选择时应注意微地形变化,尽量选在地势最高处,而且要有适当纵坡降,以控制自流灌溉面积。此外在地势低洼处,应注意尽量减少填方工程并与排水系统配合使用。

(二)岩土类型及其工程地质性质

基岩山区选线应注意岩石的类型和风化程度。坚硬及半坚硬岩石一般适于修建渠道,但对强度很高、裂隙发育的岩石,如石英岩、片麻岩等都易形成渗漏段。软弱岩石,如粘土质的粘土岩、页岩、千枚岩、板岩及凝灰岩等,一般透水性小,是良好的隔水层,但有的遇水易软化、泥化、崩解和膨胀,直接影响渠道边坡的稳定性,故应十分注意它们的水理性质和力学性质的变化。

松散沉积物地区的渠道选线,应进行地质勘探工作,查明它们的成因类型、埋藏厚度和分布规律,对渗透性大的厚层砂砾石、卵石及漂石层等,以及软土、淤泥、泥炭等土层沉陷量很大的地区应尽量避开。此外,如遇石膏层亦应尽量避开,因石膏有见水快速溶解的特性,对渠道修建十分不利。还有,在遇有膨胀岩土的地区,应特别注意"见水膨胀"问题。对某些特殊类型的土层如黄土及黄土质土层,因其有遇水湿陷性,会造成渠道失稳和严重破坏,故应按我国黄土地区专门的设计规范做特殊的地基处理,并尽可能将渠道布置在塬面、宽阔的梁面和阶地面上,以及尽可能使线路通过老黄土分布区,以减少湿陷、渗漏和提高工程稳定性。

(三)地质构造条件

山区渠道,特别是山腹线路,应注意地质构造对渠道及其附属建筑物的稳定性影响。一般水平或近于水平的岩层,对渠道线路是有利的,缓倾角及顺坡向的地质构造是不利的。大断层破碎带、强烈褶皱带可能引起渠道的失稳和大量渗漏,切忌沿其走向平行布置,如必须通过时应尽量垂直走向布置,以减少施工处理段长度。

(四)水文地质条件

渠道选线时应查明地下水的埋藏条件,应尽量避开强透水层分布区,否则可能造成渠道大量渗漏。由于渗漏又会使地下水位抬高,当地下水位接近地面高程时,就可能形成土壤盐碱化,在低洼地区就将形成沼泽化。

对于灌溉渠道沿线,渠道选线还应考虑当地的灌溉和排水相结合的情况。对于以排水为主的渠道,沿地下水等水位线或垂直地下水流向布置效果最好。

(五)物理地质现象

渠道选线时对于诸如岩溶(尤其是落水洞、溶洞)、崩塌、滑坡、泥石流、岩堆等发育地段,应尽量避开(同时应尽量避开强地震区)。在不能避开的情况下,应注意它们在沿线的分布及发育程度,并提出治理措施,以保证渠系建筑物的畅通无阻,长期使用。其次,也可通过技术经济比较,选用隧洞和暗渠等形式通过。

(六)天然建筑材料

选线时还应注意沿线各种天然建筑材料的分布和数量以及开采运输条件,以便最大限度地充分利用当地材料修建渠系工程。此外还应反复测绘及计算土石方的开挖量和填方量,尽量使其取得平衡,以减少天然建筑材料的使用量。

总之,渠系工程路线长、项目多,工程地质条件又往往复杂多变,在实际工作中,应通过对渠道多条线路的工程地质条件全面调查和综合分析比较,从中选出工程地质条件好、工程造价较低的最优引水线路方案。

二、渠道的渗漏问题

渗漏问题是渠道设计中的关键问题。因为渠道渗漏问题处理不好,不仅影响工程效益,而且还可能造成种种不良后果。在平原区的渠道大量渗漏会引起渠道附近地下水回水,甚至引起土壤的盐渍化和沼泽化,出现盐碱地、沼泽地、冷底田、反酸田等受害田地,严重影响农业生产。在黄土地区的渗漏会引起附近地面的湿陷,影响建筑物基础的稳定。在山丘区的渗漏还可能引起渠道边坡的失稳,造成山坡滑动,直接危及渠道的安全运行。

(一)渠道渗漏的地质条件分析

渠道渗漏的原因主要有两方面:其一是渠道地基的渗漏;其二是渠道本身的渗漏。前者是不良的地质条件所引起的;后者则是因设计未采取合理的防渗措施,或施工质量存在问题。

山区傍山渠道多通过基岩地区,由于绝大多数岩石的渗透性很弱,因此一般渗漏不严重。但要注意渠线是否穿越强透水层或透水带,如岩溶发育的灰岩地层、岩石强烈风化(层)带或未胶结的断层破碎带、节理密集带等,这些地段可产生大量渗漏。渠道的渗漏加强了渠道下面边坡的地下水活动,对边坡稳定不利。

平原线及谷底线的渠道,多通过第四系的松散沉积层,渠道渗漏主要决定于其透水性的强弱。渠道通过碎石、砂砾石或砂层等透水性较强的松散堆积物地区时,将产生强烈的渗漏。若渠道在颗粒较细的亚砂土和亚粘性地区通过,渗漏量一般不大,而粘性土层则可视为防渗层。松散堆积物的透水性与其岩性特征和地貌类型有密切的关系,渠道在这类地区通过时,应对当地的地貌和第四纪地质进行深入的调查。当渠道在斜坡上通过松散堆积物时,要特别注意由于渗漏浸润土体而使坡积层沿下伏基岩面连同渠道一起滑动的问题。

另外,近代的人工倒石堆,如矿山、铁路、公路、工业及民用建筑以及水利工程施工等人工开挖土石方后的弃土、废渣、垃圾土等,已越来越多地堆积在地球表层。这些人工土石层未经压实固结,孔隙很大,极易透水,渠道如建于其上则必然漏水。

渠道渗漏还与水文地质条件有关,当渠底高于地下水位时,就有可能发生渗漏。若渠中水面低于地下水位,则不但不会渗漏,还可以得到地下水的补给。

(二)渠道渗漏特点及过程

山区基岩渠道的渗漏量一般较小,这是由于绝大多数岩石的渗透性很小,而且渠道又是明渠和低水头运行,所以渗透压力及水力梯度也比较小。基岩渠道出现渗漏,往往是在上述破裂地带,而渗漏的方式多以局部集中渗漏的形式出现,常呈脉状及管状渗流,在渠道通水时比较容易发现,也比较容易处理。

平原型及谷底型的渠道,多通过第四系的松散沉积层,渠道沿线渗漏则往往是大面积的渗漏,常不易发现,亦不易处理。当透水层性质较均一,地下水埋藏较深时,渠道渗漏过程大体可分为三个阶段:渠道过水初期,以垂直下渗为主,在此阶段除了重力水向下渗入外,还有毛细水的浸润作用,使渗漏体逐渐扩大,如图 7-14(a)所示;当下渗水流到达地下水面后,则转为向两侧渗流,若两侧渗流的排走量小于该处渠水渗漏量,则地下水位逐步上升形成地下水峰,且最终与渠水位连成统一水面,如图 7-14(b)所示;此后,渠水则以侧向渗漏为主。

在地下水峰形成前的渗漏,称垂向渗漏阶段;当地下水峰开始出现,直至水峰上升到与渠水连成统一水面前,称回水渗漏阶段;当地下水峰与渠水连成统一水面后,称侧向渗漏阶段。当地下水埋深较浅时,上述三个渗漏阶段转变较快。在渠道渗漏过程中,垂向渗漏阶段的漏水量最大,以后不断减少,至侧向渗漏阶段则渗漏量趋于稳定。

(三)渠道渗漏量的计算

渠道渗漏量可根据渠道所处的水文地质条件、渗漏阶段及渗漏边界条件,选择适当公式进行计算,详见《地下水动力学》。这里仅介绍几种常用的经验方法。

1. 经验公式——考斯加可夫(KocrakoBA. H.)计算法

其表达式为

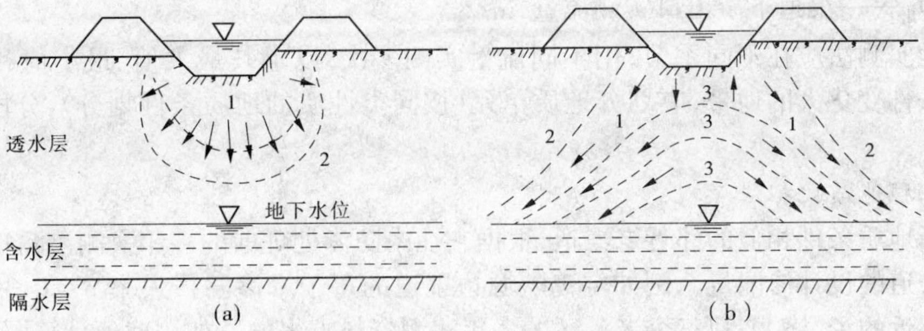

图 7-14 松散沉积层中渠道渗漏过程示意图

(a)垂直渗漏;(b)侧向渗漏

1—渗漏水流向;2—浸润线;3—地下水峰

$$\delta = \frac{A}{Qm} \tag{7-1}$$

式中 δ——渠道每千米渗漏损失率,%;

Q——渠道流量,m^3/s;

A——土层透水性参数;

m——土层透水性指数。

A 及 m 值与土层的渗透系数 K 值大小有关(见表 7-2)。对于不同地区的 A 及 m 值,也可按类似地质条件下的实测资料确定。如陕西的洛惠渠,按实测值的 Q 及 δ 值反算求得 $A=1.27$、$m=0.52$(粘质亚砂土);其西干渠 $A=2.0$、$m=0.33$(粘质土)。陕西宝鸡峡引渭黄土塬边渠道,属于中等透水性土层,用 $A=1.9$、$m=0.4$,设计流量 $Q=50$ m^3/s,则求得 $\delta=0.397\%$。

表 7-2 与渗透系数 K 有关的 A、m 值

系数	土层透水性		
	强	中	弱
	$K>1$ (m/d)	$K=0.001\sim1$ (m/d)	$K<0.001$ (m/d)
A	3.4	1.9	0.7
m	0.5	0.4	0.3

2. 实测流量计算法

其表达式为

$$\delta_L = \frac{1}{L}\frac{Q_{入} - Q_{出}}{Q_{入}} \times 100\% \tag{7-2}$$

式中 δ_L——每千米渗漏强度,%;

L——渠道长度,km;

$Q_{入}$——渠道上游入口实测流量,m^3/s;

$Q_{出}$——渠道下游出口实测流量，m^3/s。

这种实测法应在不同季节，用不同流量实测多次，以求其最大值、最小值和平均值。在地质条件变化大的地带，应划分地质单元（按同类性质的地质条件划分），分段实测 δ_L 值。

3. 工程地质比拟法

选择地质条件相似的邻近老渠道，根据它在未防渗处理前的多年实测渗漏资料，来推算新建渠道的设计渗漏量。例如宝鸡峡塬边渠道的每千米渗漏损失率 $\delta=0.397\%$ 就是根据其邻近的泾、洛、渭河三个老灌区的多年实测资料求得的。如用此值计算塬边渠道的渗漏量，按设计流量 50 m^3/s，渠道渗漏带长 89.5 km 计算，则每千米损失量为 $50\times0.397\%=0.29(m^3/s)$；渠道的总损失流量为 $0.2\times89.5=17.9(m^3/s)$；渠道的平均利用系数为 $(50-17.9)\div50=0.642$。

（四）渠道的防渗措施

渠道的渗漏量在未做防渗处理的条件下往往是很大的，如上述的塬边渠道的总渗漏量为 17.9 m^3/s，就相当于一个 30 万 km^2 大型灌区的干渠引水流量。据陕西省统计，如泾、洛、渭三大灌区支渠以上渠道全部衬砌，每年可节约水量 3 亿 m^3，这相当于兴建三座大型水库。自 1949 年以来，我国已做了大量渠道防渗工作，仅以新疆为例，已衬砌的防渗渠道达 10 000 多 km，渠道平均利用系数由过去的 0.2～0.3 提高到 0.3～0.5。如能平均提高到 0.6，则仅枯水期就可节约用水量 35 亿 m^3，等于新疆现有水库春季的总蓄水量（据 1979 年 9 月资料）。这说明我国的渠道防渗工作是大有潜力的。为此水利部门已规划，到 2010 年全国农灌区渠系利用系数平均要达到 0.6。

在渠道防渗措施方面，可结合各地实际情况，贯彻因地制宜、就地取材的原则，推行诸如混凝土板、干砌卵石、干砌卵石灌浆、块石、青砖、夯实粘土、陶瓷板、塑料薄膜、沥青混凝土、沥青席、草皮、沿渠植柳等多种行之有效的防渗措施。

第四节　路基工程地质问题

路基是公路的重要组成部分，它主要承受车辆的动力荷载和其上部建筑的重力。坚固、稳定的路基是公路安全运行的保障。

路基包括路堑、路堤和半路堤半路堑式等。在平原地区修建路基比较简单，工程地质问题较少，但在丘陵区，尤其是地形起伏较大的山区修建公路时，路基工程量较大，往往需要通过高填或深挖才能满足线路最大纵向坡度的要求。因此，路基的主要工程地质问题是路基基底稳定性问题、路基边坡稳定性问题、道路冻害问题和天然建筑材料问题等。

一、路基基底稳定性问题

路基基底稳定性问题多发生于填方路堤地段，其主要表现形式为塌陷、滑移和挤出。

路基基底土的变形性质和变形量的大小主要决定于基底土的力学性质、基底面的倾斜程度、软弱结构面或软弱夹层的性质与产状等。此外，水文地质条件也是促使基底不稳定的因素，它往往使基底发生巨大的塑性变形而造成路基的破坏。如路基底下有软弱的泥质夹层，当其倾向与坡向一致时，若在其下方开挖取土或在上方填土加重，都会引起路堤整个滑移；当高填路堤通过河漫滩或阶地时，若基底下分布有饱水厚层淤泥，在高填路堤的压力下，往往使基底产生挤出变形；也有的由于基底下岩溶洞穴的塌陷而引起路堤严重变形，如成昆线南段就有路堤塌陷的实例。

路基基地为软土、湿陷性黄土、多年冻土、岩溶空洞和地下矿山采空区等分布区域时，常会出现路基沉陷变形；而在盐渍土和膨胀土分布地区的路基则出现不均匀膨胀变形。

二、路基边坡稳定性问题

路基边坡包括天然边坡、旁山线路的半填半挖路基边坡以及深路堑的人工边坡等。有关路基边坡稳定性问题的分析方法参见第六章。

三、道路冻害问题

道路冻害包括冬季路基土体因冻结作用而引起路面冻胀和春季因融化作用而使路基翻浆。道路冻害都会使路基产生变形破坏，甚至形成显著的不均匀冻胀和路基土强度发生极大改变，危害道路的安全和正常使用。如青藏公路格尔木至拉萨段位于青藏高原腹地，穿越 500 多 km 的多年冻土分布区，自 20 世纪 70 年代以来，出现了大范围较严重的路基、路面沉陷，病害主要集中出现在不稳定和较不稳定冻土带。另外，路基下的冰丘、冰锥和季节活动层的冻融作用往往会使路基鼓胀，引起路基、路面的开裂与变形；当冰丘、冰锥融化后，路基又发生不均匀沉陷。东北大、小兴安岭多年冻土地区的道路受冰丘、冰锥的影响，鼓胀和沉陷变形较为明显；青藏公路则以路基、路面开裂较为严重。

多年冻土路基处于特殊的自然环境状态，年均气温低于 0 ℃，多年冻土地层结构从地表向下依次为随季节变化而处于冻结和融化状态的季节活动层、保持常年冻结的多年冻土层、常年融化层。多年冻土层的顶面称为多年冻土上限，底面则称为多年冻土下限。天然状态下，在多年冻土下限以下存在厚度不等的冰层或含土冰层。

影响道路冻胀的主要因素是负气候的高低、冻结期的长短、路基土层性质和含水情况、土体的成因类型及其层状结构、水文地质条件、地形特征和植被情况等。一般地讲，气温、地温愈低，地表植被愈好，冻土稳定性愈好；因为水的热容量较大，所以含冰量愈大，冻土稳定性愈好。

防止道路冻害的措施有：

(1)提高路基标高；

(2)把粉粘粒含量较高的冻胀性土换为粗的砂砾石抗冻胀性土；

(3)铺设毛细隔断层，以断绝补给水源；

(4)采用纵横盲沟和竖井排除地表水，降低地下水位，减少路基土的含水情况；

(5)修筑隔热层，防止冻结向路基深处发展等。

另外，针对多年冻土特性和道路病害，多年冻土地区路基设计采用“保护、一般保护和不保护”三种原则。保护原则也称被动原则，是采取工程措施严格控制多年冻土不发生变化；一般保护是采取工程措施，控制冻土变形速率和变形总量；不保护也称主动原则，是采取措施加速冻土融化或清除冻土，以及不采取任何工程保护措施的原则。保护原则适用于重要和对变形敏感的工程结构物，且冻土为稳定型或较稳定型；一般保护原则适用于对变形影响不敏感的工程，适用的冻土类型为较稳定型；不保护原则一般适用于不稳定型冻土。

四、天然建筑材料问题

路基工程需要天然建筑材料的种类较多，包括道渣、土料、片石、砂和碎石等。它不仅在数量上需要量较大，而且要求各种建材产地沿路线两侧零散分布。这些建材品质的好坏和运输距离的远近，直接影响工程的质量和造价，有时还会影响路线的布局。

第五节　桥梁工程地质问题

桥梁是公路工程建筑的重要组成部分。路线跨越河流、沟谷或道路，需要架设桥梁，桥梁也是路线通过地质灾害频繁发生地区的主要工程。因此，在公路工程地质勘察中，需要查明桥址周围的工程地质条件和存在的工程地质问题，以确保建筑物的安全和正常使用。而桥址选择、桥墩台地基稳定与冲刷问题以及正确地选定桥基承载力等，是确保桥梁安全的重要内容。

一、桥址选择的工程地质条件

桥址位置的选择应该从政治、经济、技术和使用观点出发，使桥址与线路互相协调配合。影响桥址选择的因素有路线方向、工程地质与水文地质条件等。其中工程地质条件是评价桥址好坏的重要指标之一。

(1)桥址选择应选在河床较窄、河道顺直、河槽变迁不大、水流平稳、两岸地势较高而稳定、施工方便的地方。避免选在迁移性(强烈冲刷的、淤积的、经常改道的)河床，活动性大河湾、大沙洲或大支流汇合处。

(2)选择覆盖层薄、河床基底为坚硬完整的岩体。若覆盖层太厚，应选在无漫滩相和牛轭湖相淤泥或泥炭的地段，避免选在尖灭层发育和非均质土层地区。

(3)选择在区域稳定性条件较好，地质构造简单，断裂不发育的地段，桥线方向应与主要构造线垂直或大交角通过。桥墩和桥台尽量不置于断层破碎带和褶皱轴线上，特别在高地震基本烈度区，必须远离活动断裂和主断裂带。

(4)尽可能避开滑坡、岩溶、可液化土层等发育的地段。

(5)在山区峡谷河流选择桥址时，力争采用单孔跨越。在较宽的深切河谷，应选择两岸较低的地方通过，要求两岸岩质坚硬完整，地形稍宽一些，适当降低桥台的高度，降低造价，减少施工的困难。

二、桥墩台地基稳定与冲刷问题

(一)桥墩台地基稳定问题

桥墩台地基稳定性主要取决于墩台地基中岩土体承载力的大小。它对选择桥梁的基础和确定桥梁的结构形式起决定作用。当桥梁为静定结构时，由于各孔是独立的，相互之间没有联系，对工程地质的适应范围较广。但对超静定结构的桥梁，对各桥墩台之间的不均匀沉降特别敏感，故取用其地基容许承载力时应予慎重考虑。岩质地基容许承载力的确定取决于岩体的力学性质及水文地质条件等，应通过室内试验和原位测试等综合判定。

（二）桥墩台的冲刷问题

桥墩和桥台的修建，使原来的河槽过水断面减小，局部增大了河水流速，改变了流态，对桥基产生强烈冲刷，有时可把河床中的松散沉积物局部或全部冲走，使桥墩台基础直接受到流水冲刷，威胁桥墩台的安全。因此，桥墩台基础的埋深，除决定于持力层的部位外，还应满足下列要求：

(1)桥位应尽可能选在河道顺直、水流集中、河床稳定的地段，以保护桥梁在使用期间不因河流改道而失去作用或受到河流的强烈冲刷而破坏。

(2)桥位要避开顺河向及平行桥梁轴线方向上的大的断层破碎带和活动断裂带。

(3)桥位要选在岸坡稳定、基底岩石坚硬完整、无严重不良地质现象的地段。

(4)在有冲刷处，应埋置在墩台附近最大冲刷线以下。当基础建于抗冲刷较差的岩石上时，应适当加深。

三、桥基承载力确定

桥基承载力的确定有三种方法：载荷试验法、公式计算法和规范查表法。

载荷试验是在建筑物场址进行原位试验的方法。由载荷试验测得的数据能反映地基土的真实情况，一些重要建筑物多由载荷试验确定地基承载力，一些地质条件复杂的场地，也经常做载荷试验。有关载荷试验的具体方法后续课程有详细介绍。

公式计算法有多个理论公式，这些公式是以某些假定条件为基础而推导出来的。公式中一般要考虑基础形式、基础埋置深度、土的物理力学性质和状态等因素。

规范查表法是一种经验方法，它是在多年实践经验中，根据地基土的某些物理力学指标与承载力之间的相关统计关系而总结、制定出相应的表格。根据表中某些指标查取承载力。规范查表法以大量的实践经验为基础，因而比较准确、可靠，使用方便，为现场普遍采用。

此外，地基承载力的确定，还可以由旁压仪、触探仪、十字板剪切仪等原位测试方法来测定。

小　结

本章介绍了在工程建设中所遇到的一些工程地质问题，包括水利工程中坝的工程地质问题、水库的工程地质问题、渠道的工程地质问题，以及道桥工程中路基的工程地质问题、桥梁的工程地质问题。其主要内容如下：

(1)坝的工程地质问题　包括坝（闸）基的沉降稳定、坝基（肩）的抗滑稳定、坝区渗漏及坝基（肩）渗透稳定等问题。

(2)水库的工程地质问题　包括水库的渗漏浸没、塌岸及边岸再造、淤积及水库诱发地震等问题。

(3)渠道的工程地质问题　包括渠系建筑物的线路选择、渗漏、稳定问题。

(4)路基工程地质问题　包括路基基底稳定性问题(多发生于填方路堤地段,其主要表现形式为塌陷、滑移和挤出)、路基边坡稳定性问题、道路冻害问题、天然建筑材料问题。

(5)桥梁工程地质问题　包括桥址选择的工程地质问题,桥墩台地基稳定与冲刷问题,桥基承载力的确定。

思考题

1. 什么是工程地质问题？工程建设中经常会遇到哪些工程地质问题？

2. 坝基岩体沉降变形是怎样产生的？影响坝基岩体压缩变形的地质因素有哪些？怎样确定基岩容许承载力？

3. 坝基岩体滑动破坏的类型有哪些,各在什么样的条件下产生？在抗滑稳定计算中分别怎样选择 f、c 值。

4. 试述坝基抗滑稳定性的计算原理和基本表述公式。

5. 水库区可能存在哪些工程地质问题？在哪些不良地质条件影响下水库会发生这些工程地质问题？

6. 水库渗漏必须具备哪些地质条件？

7. 渠道选线应考虑哪些工程地质条件？

8. 路基可能存在哪些工程地质问题？在哪些不良地质条件影响下会发生这些工程地质问题？

9. 桥梁的工程地质问题主要有哪些？

第八章 工程地质勘察

学习目标

1. 了解各勘察阶段的划分及技术准则。
2. 了解工程地质勘察各个阶段的任务和要求。
3. 掌握工程地质勘察的基本方法和技术要点。
4. 了解现场原位测试的常用试验方法。
5. 掌握工程地质勘察报告应包括的主要内容及工程地质资料的阅读与分析方法。

本章重点

工程地质勘察的基本方法和技术要点;工程地质资料的阅读与分析。

本章难点

工程地质勘察的基本方法和工程地质资料的阅读与分析。

工程地质勘察是各类工程建设的一项基础工作,其任务是查明建设地区的工程地质条件,做出工程地质(岩土工程)评价,为选择设计方案、设计各类建筑物、制定施工方法、整治地质病害提供必要的地质依据。

第一节 工程地质勘察的任务和阶段划分

、工程地质勘察的目的和任务

工程地质勘察的目的是根据国民经济建设的需要,查明与工程建设有关的地质条件,研究影响建筑物稳定的各种地质现象的性质、分布及其发展规律,预测可能出现的工程地质问题,为工程规划合理、建筑物设计经济、施工及运营安全提供地质资料。

工程地质勘察的主要任务如下:

(1)查明建筑地区的工程地质条件,以便合理选择建筑物和选择路线或隧洞的位置,并提出建筑物的布置方案、类型、结构和施工方法的建议。

(2)查明影响建筑物地基岩体稳定等方面的工程地质问题,并为解决这些问题提供所需要的地质资料。

(3)预测建筑物在施工与使用过程中,由于工程活动的影响或自然因素的改变而可能产生的新的工程地质问题,并提出改善不良工程地质条件的建议。

(4)查明工程建设所需的各种天然建筑材料的产地、储量、质量和开采运输条件。

上述任务要通过工程地质测绘、工程地质勘探、工程地质试验(室内和野外)和长期观测等勘察方法来完成。

二、工程地质勘察阶段的划分

工程地质勘察是为工程建设的优化设计和工程施工服务的,必须与设计、施工紧密配合。工程地质勘察按工程开发的工作程序,可划分为可行性研究、初步工程地质勘察、详细工程地质勘察三个阶段。各阶段工作之间要先后衔接,工作范围由面到点逐步深入,工作内容由一般到具体,精度由粗到细。

(一)可行性研究阶段

根据发展国民经济的长远规划和工程建设规划及项目建议书,应对建设项目进行可行性研究。这一阶段的勘察工作是视察。这一阶段工程地质勘察工作的任务,是为编制可行性研究报告提供关于建设项目的地形、地质、地震、水文以及建筑材料、供水来源等方面的概略性资料。

可行性研究按其工作深度,分为预可行性研究和工程可行性研究,预可行性研究中的工程地质工作一般只要求收集与研究有关的文献地质资料;而在工程可行性研究中,需进行踏勘工作,对各个可能方案做沿线实地调查,并对隧道、不良地质地段等重要工点进行必要的勘探(如物探),大致探明地质情况。

(二)初步工程地质勘察阶段

工程基本建设项目一般采用两阶段设计,即初步设计和施工图设计。此外,对于技术简单、方案明确的小型建设项目,可采用一阶段(施工图)设计;对于技术复杂而又缺乏经验的建设项目或建设项目中的个别阶段和其他主要工点(如互通式立体交叉隧道等),必要时采用三阶段设计,即在初步设计和施工图设计之间增加技术设计阶段。根据不同设计阶段所要求的工作深度,勘测又分初测和定测两个阶段,相应的工程地质勘察工作也分为初步工程地质勘察(初勘)和详细工程地质勘察(详勘)两个阶段。

初勘的目的是根据合同或协议书要求,在工程可行性研究的基础上,对工程建筑场地进一步做好工程地质比选工作,为初步选定工程场地、设计方案和编制初步设计条件提供必需的工程地质依据,并对主要工程地质问题做出定量评价。

初勘工作可按准备工作、工程地质选线、工程地质测绘、勘探、试验、资料整理等顺序进行。

(三)详细工程地质勘察阶段

详细工程地质勘察工作的目的是根据已批准的初步设计文件中所确定的修建原则、设计方案、技术要求等资料,有针对性地进行工程地质勘察工作,为确定工程路线、工程构造物的位置和编制施工图设计文件,提供准确、完整的工程地质资料。

详勘工作可按准备工作、沿线工程地质测绘、勘探、试验、资料整理等顺序进行。由于详勘工作需在初勘的基础上进一步查明沿线的工程地质条件和不良地质区段、各构造物场地等主要工程地质问题,因此比初勘工作更为详细、深入。最后提交的资料也包括基本资料和专项资料两个部分,其深度应满足施工图设计的需要。

根据工程规模的大小和重要性以及建筑物地区地质条件的复杂程度,以上三个勘察阶段可以进行简化。但是先勘察后设计再施工的基本程序不能变。在具体工作中,上述各阶段勘察工作一般分为准备、野外现场勘察和室内资料整理三个阶段。

第二节　工程地质勘察的主要方法

工程地质勘察的方法,主要有工程地质测绘、工程地质勘探、试验与长期观测等。随着现代科学技术的进步,许多新技术也在工程地质勘察工作中得到发展和应用。

一、工程地质测绘

工程地质测绘就是通过野外路线观察和定点描述,将岩层分界线、断层、滑坡、崩塌、溶洞、地下暗河、井、泉等各种地质条件和现象,按一定比例尺填绘在适当的地形图上,并做出初步评价,为布置勘探、试验和长期观测工作指出方向。

工程地质测绘贯穿于整个勘察工作的始终,只是随着勘察设计阶段的不同,要求测绘的范围、比例尺以及研究的内容、深度不同而已。实践中可查《工程地质勘察规范》(JTJ 064—2002)等。

一般测绘开始时,应在踏勘基础上,选作几个有代表性的地层实测剖面,以便了解测区内岩层的岩性、厚度、接触关系及地质年代,建立正常层序,为测绘填图工作提供标准和依据。工程地质测绘一般采用路线测绘法、地质点测绘法、野外实测地质剖面法等。除此之外,遥感技术在工程地质测绘中也得到了普遍应用。

(一)路线测绘法

1.路线穿越法

路线穿越法即沿着与岩层走向垂直的方向每隔一定距离布置一条路线,沿路线和地质观察点(简称地质点)进行地质观测和描述,然后把各路线上标测的地质界线相连,即绘制出地质平面图(见图 8-1)。这种方法适用于地质条件不太复杂或小比例尺测图地区。

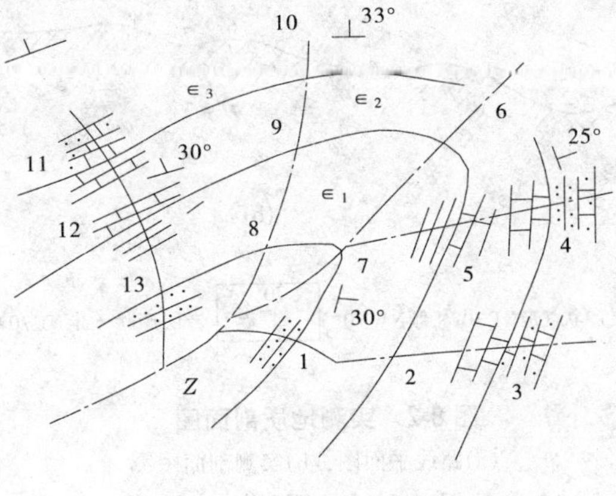

图 8-1　路线穿越法布置示意图

1～13—不同地层

2. 界线追索法

界线追索法即沿地层界线或断层延伸方向进行追索测绘。界线追索法工作量大，但成果较准确，通常在地层沿走向变化大且断裂构造比较发育的地区采用。

（二）地质点测绘法

地质点测绘法即在测区内按方格网布置地质观察点，依次逐点进行观测描述，然后通过分析实测资料连接各地质界线，构成地质草图。地质点测绘法工作量大，但精度高，一般在地质界线复杂或大比例尺地质测绘时采用。

观察点应布置在地质界线或地质现象上，因测绘的目的不同而不同，有基岩、构造、第四纪地貌、水文地质点等观察点。在地质观察点上应把所有地质现象认真仔细描述，描述内容包括地层岩性、地质构造、第四纪地貌、物理地质现象、水文地质条件等。另外，对那些与工程建筑有关的地质问题，要突出重点地详细描述。

地质观察点的实际位置，可用罗盘仪或经纬仪测量，并标定在地形图上。

（三）野外实测地质剖面法

在地质测绘工作的初期，为了认识与确定测区内岩层性质、层序、分层标志和界线，以提供测绘填图作为划分岩层的依据和标准，往往在测绘范围内，选择岩层露头良好、层序清晰、构造简单的路线作实测地质剖面（见图 8-2）。

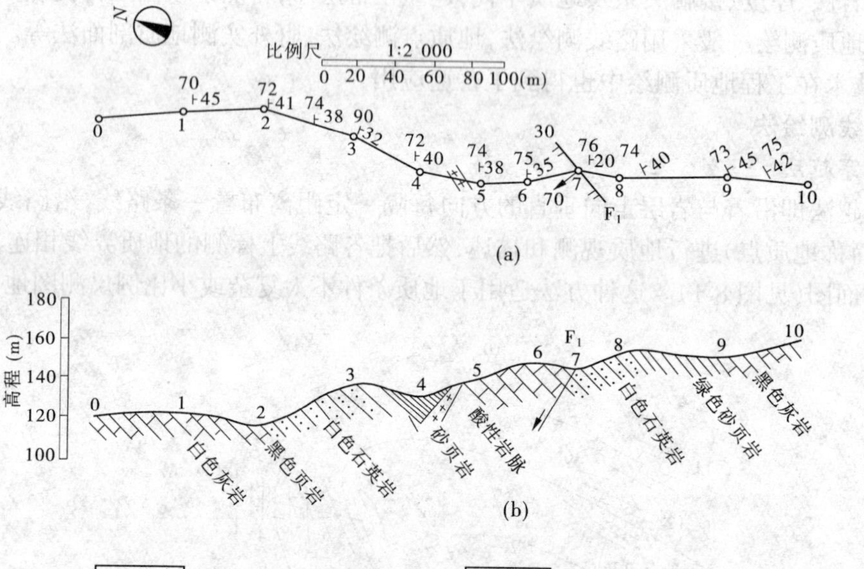

图 8-2　实测地质剖面图

（a）路线平面图；（b）实测剖面图

1、2、3…—观测点

具体做法如下：

（1）布置剖面线　通常沿垂直于岩层走向或垂直于主要构造线的方向，选定剖面线方向。

(2)布置测点　剖面线位置确定后，沿剖面线布置测点。测点应选择在地形地质条件有变化的地方，其间距随测绘比例尺即精度要求而定。如作1∶500的测绘时，间距应小于5 m；作1∶1 000的测绘时，间距不超过10 m；若地形起伏大或地质条件复杂，点距要求适当减小。每一测点都要打木桩或作标记，并统一编号。

(3)剖面地形测量　用经纬仪测出各点的位置和高程，根据测量结果，绘制地形剖面图。若作草测剖面，可用地质罗盘仪和皮尺沿剖面施测，即先用皮尺测出剖面起点0和测点1的间距，用地质罗盘测出导线0—1(起点0—测点1)的方位和地形坡角，再依次测量测点1—测点2(1—2)、测点2—测点3(2—3)……的方位和地形坡角。

(4)地质条件的观测记录　在进行剖面地形测量的同时，还应进行地质资料的收集。其观测记录内容主要有地层分层层位、岩石名称、岩性特征、风化情况、断裂构造、各类结构面的产状、第四纪堆积层的组成及厚度、地下水露头情况及物理地质现象等(见表8-1)，并采集必要的岩样、水样标本送实验室化验鉴定。

表8-1　实测地质剖面图记录

编号	剖面线方向	地面坡度	测点间距离		高差(m)		岩层产状			岩性描述	地层出露厚度(m)	其他
			斜距(m)	水平距(m)	相邻点	累计	走向	倾向	倾角			

(5)绘制剖面图　在对实测地形地质资料进行认真的复核并确认无误后，应按地质剖面图式要求，绘制实测地质剖面图。具体步骤为：先绘导线平面图，根据导线方位和水平距，按比例尺将导线自基点(起点)至终点逐点绘出，并将岩层分界线、岩层产状、其他观测点等一一标出，连接基点(起点)和终点，即为剖面线(或选岩层倾向一致的方向为剖面方向)；然后在导线平面图的下方，平行于剖面线作一与之等长的基线，在基线两端树高程尺标(若未知基点高程，则按相对高程计)，并于左端定出基点，再将各导线点按累积高差投影在基线上方，连接各点，即得地形剖面；最后投绘剖面中的地质内容，将导线上各岩层的分界点、各种地质构造及地质现象投影到地形剖面图上，按产状用图例符号表示出各岩层(剖面方向与岩层倾向一致时，按真倾角表示，否则按视倾角表示)和地质条件。

在测绘过程中，野外资料必须每日进行初步整理，整理工作包括野外记录、绘制地质剖面图、编制地层柱状图、绘制平面草图、整理标本和试样等。

(四)3S技术在工程地质测绘中的应用

3S技术是指遥感(GS)、全球定位系统(GPS)、地理信息系统(GIS)的综合集成。其中遥感技术在工程地质测绘中的应用广泛且成熟。

遥感即遥远的感知，是应用现代化运载工具及仪器如飞机、人造卫星，从地表一定距离对地表和近地表目标物，通过对紫外到微波的某些波段电磁波辐射特征信息的接收和传输，并经加工处理成像，而对目标物进行探测和识别的一种综合技术。由于不同的地质体或地质现象各有不同的结构、产状和物理化学特性，并经受了不同内外应力的改造，从而形成了不同的自然景观；同时由于它们对不同波长电磁波的反射、吸收、透射以及发射能力的不同，在图像上可出现不同的色调、形状、条纹、大小、阴影等影像特征，依据影像特征的差异进行地质解译，就可揭露地表及以下一定深度内的地质现象。

遥感技术由于宏观视野大、重复成像快等优点，对区域性地质现象和地质问题的分析研究有重要意义，多用于工程规划、可行性研究等勘察阶段和小比例尺工程地质测绘中。在工程地质测绘开始以前，对已收集的航片和卫片结合区域地质资料进行判译，在此基础上勾画地质草图，用以指导现场踏勘工作。另外还可使用航片、卫片来校核所填绘的地质界线或补充填绘其他内容。

二、工程地质勘探

为进一步查明、验证地表以下的工程地质问题，并获得有关地质资料，需要在地质测绘的基础上进行必要的勘探工作。勘探工作主要有山地工作、钻探和物探三种类型。

（一）山地工作

山地工作是指在山地的开挖工作，是利用坑、槽、竖井、斜井及平洞等工程来查明地下地质条件的一种勘探方法。其用途和特点见表8-2及图8-3。为了充分发挥山地工作的效果，必须详细观察记录，并绘制出展视图（见图8-4）。

表8-2 山地工作的类型及用途

类型	特点	用途
坑探	深度小于3 m的小坑，形状不定	局部剥除地表覆土，揭露基岩
浅井	从地表向下垂直，断面呈圆形或方形，深度5～10 m	确定覆盖层及风化层的岩性及厚度，取原样进行荷载试验、渗水试验
探槽	在地表垂直岩层或构造线挖掘成深度不大的（深度3～5 m）长条形槽子	追索构造线、断层，探查残积坡积层、风化岩石的厚度和岩性，了解坝接头处的地质情况
竖井	形状与浅井同，但深度超过10 m，一般在平缓山坡、漫滩、阶地等岩层较平缓的地方，有时需支护	了解覆盖层厚度及性质、构造线、岩石破碎情况、岩溶、滑坡等，岩层倾角较缓时效果较好
平洞	在地面有出口的水平坑道，深度较大，适用于较陡的基岩边坡	调查斜坡地质构造，对查明地层岩性、软弱夹层、破碎带、卸荷裂隙、风化岩层时效果较好，还可取样或做原位试验

（二）钻探

钻探是用人力或动力机械带动钻机，以旋转或冲击方式切割或凿碎岩石，形成一个直径较小而深度较大的圆形钻孔（见图8-5、图8-6）的过程。钻探是目前应用最广泛的一种勘探手段，它可以揭露地下深处的地质现象，查明建筑物地基的地层岩性、地质构造；采取

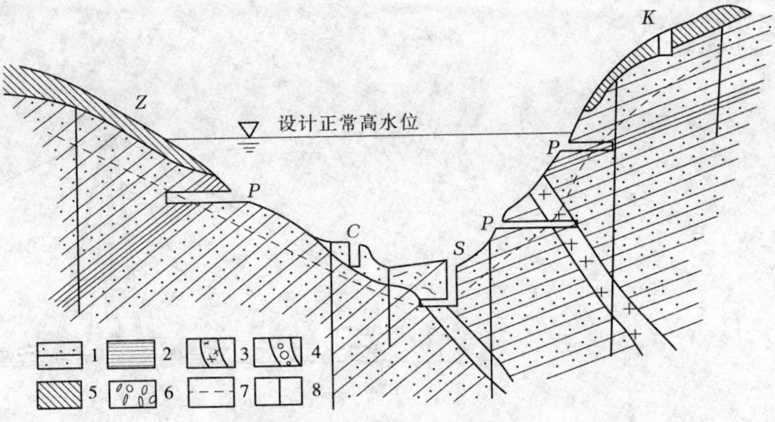

图 8-3 某坝址区山地工作(勘探布置)示意图

1—砂岩;2—页岩;3—花岗岩脉;4—断层带

5—坡积层;6—冲积层;7—风化层界线;8—钻孔

P—平洞;*S*—竖井;*K*—探井;*Z*—探槽;*C*—浅井

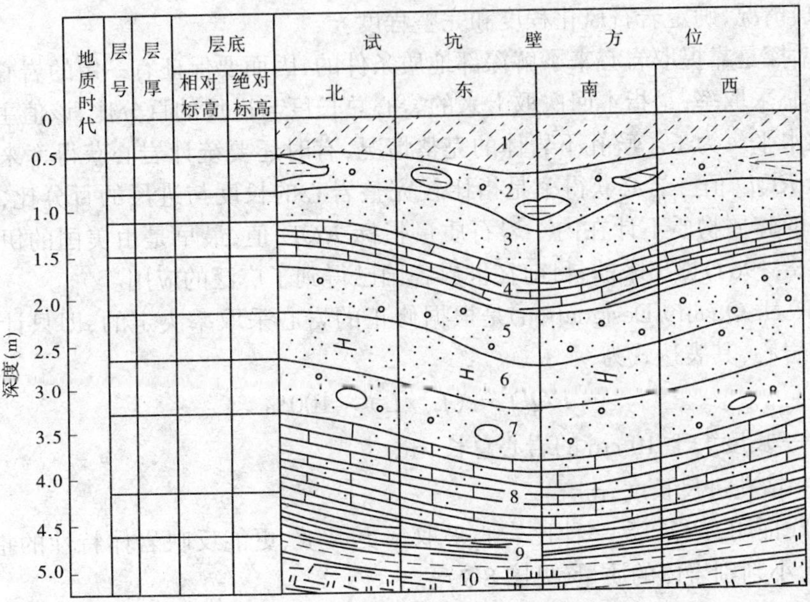

图 8-4 用四壁平行展开法绘制的浅井展视图

岩心、水样(近几年来,采用大口径 1~2 m 的钻探设备,其特点是可以取出较大的岩心且人可以直接下井观察地质现象);在钻孔内进行工程地质、水文地质、灌浆等试验工作。由于岩石的坚硬完整程度、钻孔深度和钻探目的的不同,需要选用不同类型的钻机。工程地质勘探中常用的钻探方法有冲击钻探、回转钻探、冲击回转钻探和振动钻探四种。

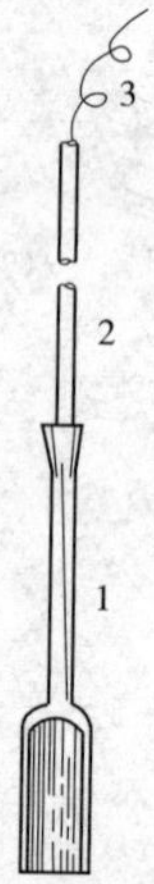

图 8-5　洛阳铲

1— 铲头；2—木杆；3—绳索

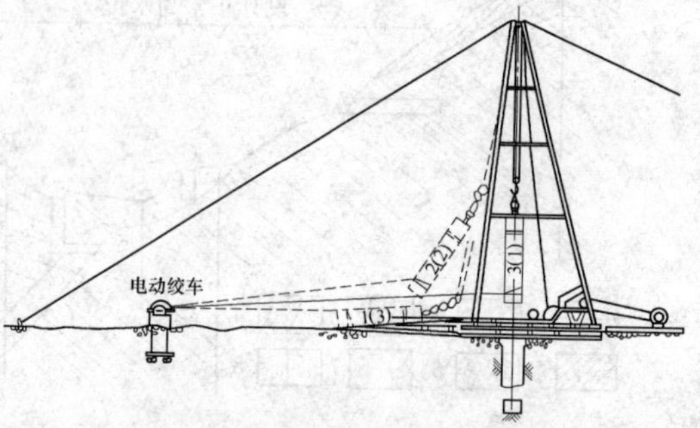

图 8-6　大口径钻孔钻进示意图

图中起吊次序 1、2、3，(1)、(2)、(3)

在钻进过程中，要及时做好观测、取样和编录工作。通过观测地下水的初见水位、稳定水位及钻进中的漏水量等，了解含水层、隔水层的位置和厚度；通过对取出岩心的观察描述和岩心采取率的统计，记录井壁掉块、卡钻（说明岩石破碎情况）和掉钻（说明遇到溶洞或大裂隙）情况，确定岩石风化程度和完整程度。

因此，钻探是靠提取岩心来了解深部地质条件的，因而要保证有一定的岩心采取率。

所谓岩心采取率，是指本回次取上来的岩心总长度与进尺的百分比，该值主要反映了钻进技术的水平。为了了解孔下岩体的完整情况，有时还要统计岩心获得率来计算岩石的质量指标 *RQD* 值。岩心获得率是指比较完整岩心的长度与进尺的百分比，那些不能拼成岩心柱的碎屑物质不计在内。岩石质量指标 *RQD* 值，最早是由美国的伊利诺斯大学迪尔（Deere，1964）提出来的，目前在世界各国已得到了广泛的应用。

RQD（Rock Quality Designation）是根据修正的岩心采取率决定的，即只计算长度大于 10 cm 的岩心，其表达式为

$$RQD = (L_p / L) \times 100\% \tag{8-1}$$

式中　L_p——长度大于 10 cm 的岩心总长，m；

L——钻孔进尺长度，m。

工程实践证明，*RQD* 是一种比岩心采取率更灵敏、更能反映岩体特性的指标，可按 *RQD* 值的大小判别岩体的质量（见图 8-7）。

最后根据编录资料和试验成果，编制成钻孔柱状图（见图 8-8）及工程地质立体投影图（见图 8-9）。

（三）物探

物探是地球物理勘探的简称。物探是根据岩土密度、磁性、弹性、导电性和放射性等物理性质的差异，用不同的物理方法和仪器，测量天然或人工地球物理场的变化，以探查地下地质情况的一种勘探方法。组成地壳的岩层和各种地质体如基岩、喀斯特、含水层、覆盖层、风化层等，其导电率、弹性波传播速度、磁性等物理性质是有差异的。这样，就可

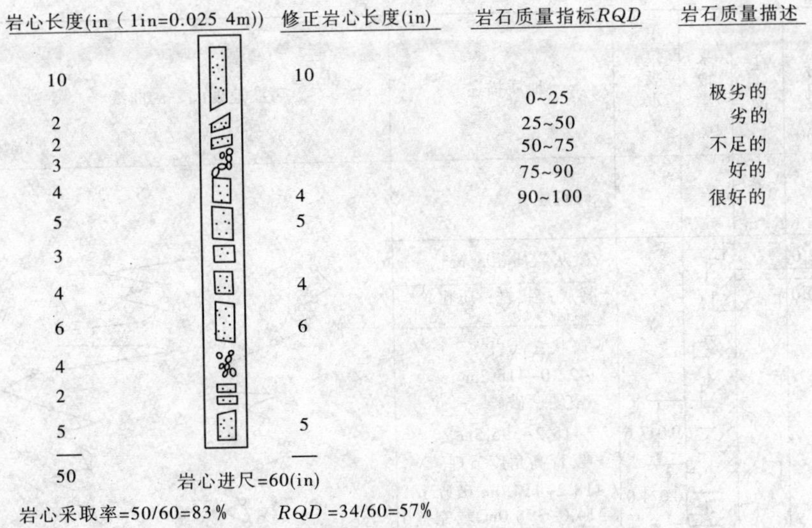

图 8-7　岩石质量指标（*RQD*）的计算和分级

以利用专门的仪器设备，来探测不同地质体的位置、分布、成分和构造。

地球物理勘探有电法、地震、声波、重力、磁力和放射性等多种方法。在工程地质勘察中多采用电法勘探中的电阻率法。由于自然界中各种岩石的矿物成分、结构和含水量等不同，故其有不同的电阻率。电阻率法是通过人工向地下所查的岩体中供电，以形成人工电场，再通过仪器测定地下岩体的视电阻率大小及变化规律，最后经过分析解释，便可判断所查地质体的分布范围和性质。例如判断覆盖层厚度、基岩和地下水的埋深、滑坡体的厚度与边界、冻土层的分布及厚度、溶蚀洞穴的位置及探测产状平缓的地层剖面等都可采用电阻率法。

采用电阻率法具体实测时如图 8-10 所示，由供电电极 A、B 将电流通入地下形成一个人工电场时，在 M、N 两点间测得的电位差 ΔU_{MN} 与岩层的视电阻率 ρ 有如下关系：

$$\rho = k(\Delta U_{MN}/I) \tag{8-2}$$

式中　k——装置系数，与 A、B、M、N 四个电极的相对位置有关；

I——A、B 电极供入地下的电流强度。

一般认为，A、B 电极之间的电流线大部分集中在 AB 半球内。因此，改变 A、B 的位置或距离，即可测得视电阻率的数值及其变化规律曲线，通过分析该曲线就可绘出不同岩层和地质体的上、下位置界限。

弹性波探测技术包括地震勘探、声波及超声波探测。根据弹性波在不同的岩土体中传播的速度不同，人工激发产生弹性波，并使用仪器测量弹性波在岩体中的传播速度、波幅规律，按弹性理论计算，即可求得岩体的弹性模量、泊桑比、弹性抗力系数等计算参数。

物探方法具有速度快、成本低的优点，它可以减少山地工作和钻探的工作量，所以得到了广泛的应用。但是，物探是一种间接测试方法，具有条件性、多解性，特别是当地质体的物理性质差别不大时，其成果往往较粗略。所以，物探应与其他勘探手段配合使用，才能提高效率，从而使效果更好。

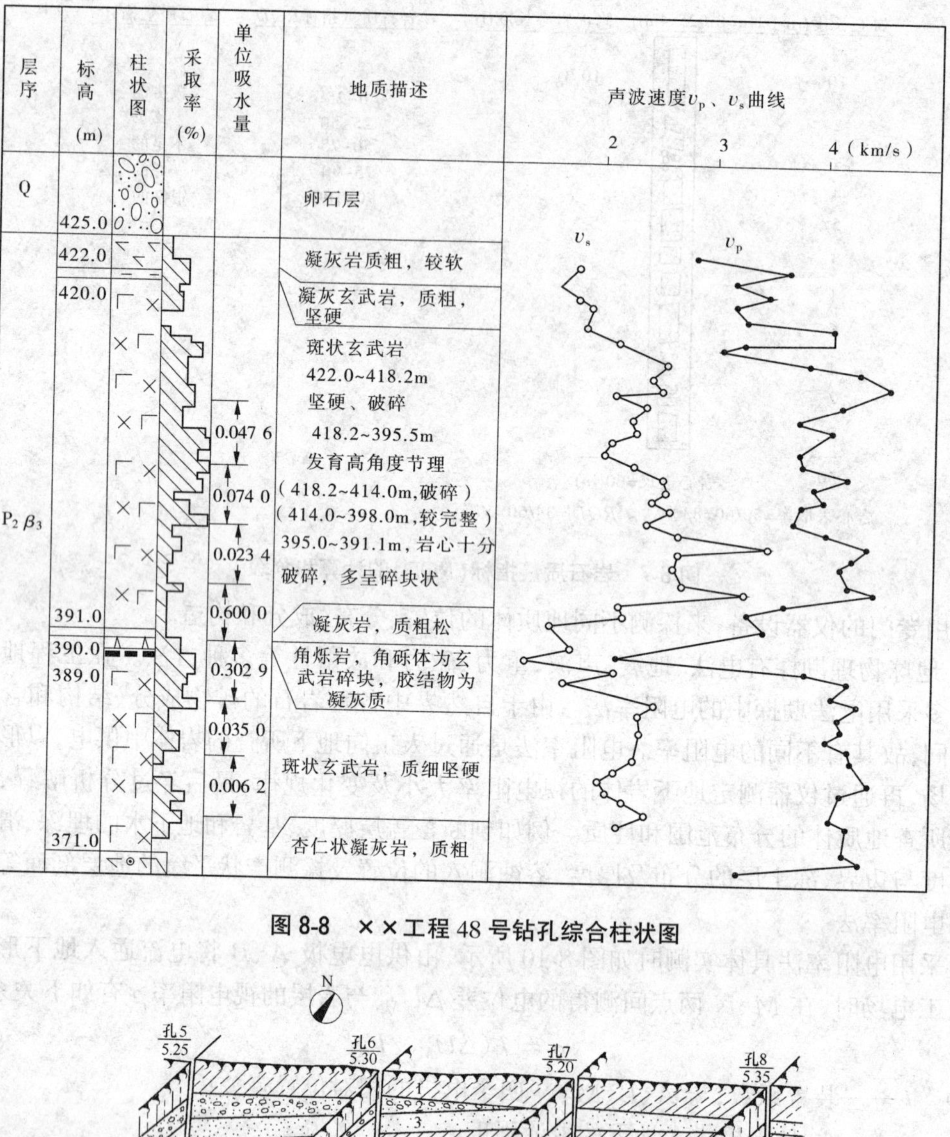

图 8-8 ××工程 48 号钻孔综合柱状图

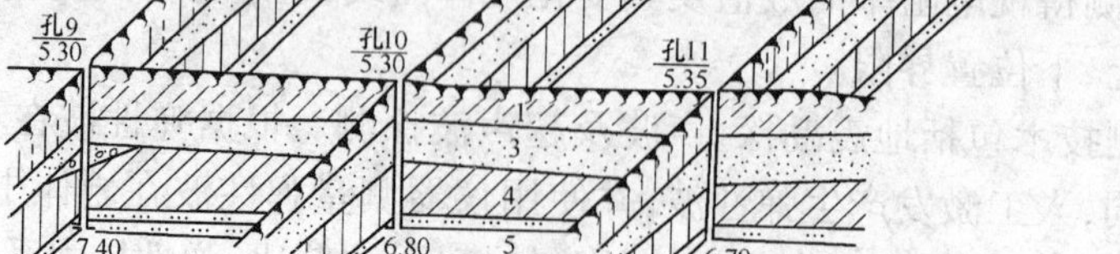

图 8-9 工程地质立体投影图

1—粉土层；2—含砾砂层；3—细砂层；4—粘土层；5—粉砂层

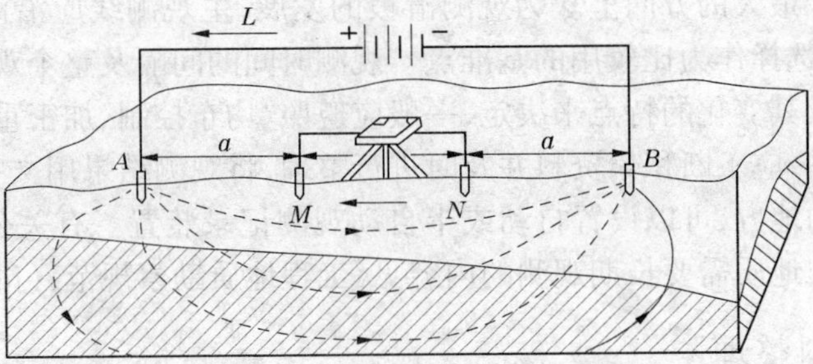

图 8-10　对称四极电测深法的装置

A、B—供电电极；M、N—测电电极

三、工程地质试验及长期观测

(一)工程地质试验

在工程地质勘察中，试验工作十分重要，它是取得工程设计所需要的各种计算指标的重要手段。试验工作分为室内试验和野外试验两种。室内试验是用仪器对采取的样品进行试验、分析，并取得所需的数据；野外试验是在现场天然条件下进行的原位试验。室内试验的试样较小，代表天然条件下的地质情况有一定的限制；野外试验在勘察现场进行，更符合实际，代表性强、可靠性较大。也有的试验只在室内是无法进行的，如静、动力触探和抽水及压水试验以及灌浆试验等，这类试验耗费人力、物力较多，设备和试验技术也较复杂，所以一般是两种方法配合使用。

工程地质试验的种类，包括岩土物理力学性质试验和地基强度试验：荷载试验、触探试验、钻孔旁压试验、十字板剪力试验、原位剪切试验等；水文地质试验：钻孔抽水试验、压水试验、渗水试验、岩溶连通试验、地下水实际流速和流向测定试验等；地基工程地质处理试验：桩基承载力试验、灌浆试验等。

(二)长期观测

由于某些地质条件和现象具有随时间变化的特性，因此需要进行长期观测工作。长期观测工作是工程地质勘察的一项重要工作，它从规划阶段就开始，贯穿以后各勘察阶段，有的项目在工程完工以后仍需继续进行观测。

观测工作之所以重要，是因为工程地质和水文地质条件的变化及其对建筑物的影响，不是在短期内就能反映出来的。例如，物理地质现象的发生和发展、地下水位的变化、水质和水量的动态规律，都需要进行多年的季节性观测，才能了解其一般规律，并利用观测资料去预测其发展的趋势和危害，以便采取防治措施，保证建筑物的安全和正常使用。地质观测项目，主要有以下三个：

(1)与工程有密切关系的物理地质作用或现象的观测，如滑坡、雪崩、泥石流的观测以及河流冲刷与堆积、岩石风化速度的观测等。

(2)工程地质现象的观测，如人工边坡、地基沉降变形、地下洞室变形等项目的观测。

(3)地下水动态观测，如地下水水位、化学成分、水量变化及孔隙水压力的观测等。

长期观测点应能有效地将变化的不均匀性和方向性表示出来，观测线应布置在地质条件变化程度差异最大的方向上。为观测滑坡的发展，主观测线应沿滑动方向布置。在布点时，必须合理选择作为比较用的基准点。观测时间的间隔及整个观测时间的长短，视需要和观测内容及其变化的特点来决定，一般应遵照“均布控制、加密重点”的原则。

在观测过程中，应不断积累资料并及时进行整理，将观测结果用文字或图表形式表示出来。在有条件的地方，可以设置自动或半自动观测记录装置。有关公路工程在运转期间工程地质及水文地质需要长期观测的内容见《工程地质勘察规范》(JTJ 064—2002)。

四、勘察资料整理

工程地质勘察结束后，应将所获得的各项地质资料进行全面系统的整理和深入细致的分析研究，并找出其内在联系和规律性，最后编写成正式的文字报告和地质图件。

(一)工程地质报告书的编写

工程地质报告书是工程地质勘察成果的文字报告书，也是各类工程地质图件的说明书，是为工程规划、设计和施工提供依据的基本资料。

工程地质报告书，是通过整理总结工程地质测绘、勘探和试验成果编写而成的。工程地质报告书的任务是阐明工作地区的工程地质条件，分析存在的工程地质问题，从而对工程建筑物作出正确的工程地质评价并得出结论。为满足上述要求，报告书在内容结构上一般分为绪论、通论、专论和结论四个部分，每个部分的内容虽各有侧重，但各部分是紧密联系着的。

1.绪论

绪论简述勘察区的自然地理概况(工程地理位置、流域水系、水文、气象等)、工程建筑物特性(工程规模、结构形式等)、工程主要指标、工程布置方案及在国民经济建设中的重要性，以及设计阶段勘察任务、方法、时间和所应完成的工程项目及工作量等。

2.通论

通论的内容是阐明工作地区的工程地质条件和所处区域的地质地理环境，以明确各种自然因素(如大地构造、地势、气候等)对该区工程地质条件的意义。因此，通论一般可分为区域自然地理概述和区域地质、地貌、水文地质概述以及建筑地区工程地质条件概述等章节。各章节的内容应当既能阐明区域性及地区性工程地质条件的特征及变化规律，又必须紧密联系工程目的，不要泛泛而论。在规划阶段的工程地质勘察中，通论部分占有重要地位，在以后的阶段中其比重愈来愈小。

3.专论

专论一般是工程地质报告书的中心内容，因为它既是结论的依据，又是绪论内容选择的标准。专论的内容是对建设中可能遇到的工程地质问题进行分析论证，并回答设计方面提出的地质问题，对建筑地区作出定性的或定量的工程地质评价，作为选定建筑物位置、结构形式和规模的地质依据，并在明确不利的地质条件的基础上考虑合适的处理措施。专论部分的内容与勘察阶段的关系特别密切，勘察阶段不同，专论涉及的深度和定量评价的精度也有差别。专论还应明确指出遗留的问题和进一步勘察工作的方向。

4.结论

结论的内容是在专论的基础上对各种具体问题作出的简要明确的回答。结论态度要明朗、措词要简练、评价要具体,问题解决得不彻底的可以如实说明,但不要含糊其词、模棱两可。

工程地质勘察是分阶段进行的,当每一个阶段的勘察工作结束后,应根据各阶段勘察设计任务书中的要求,结合工程特点和建筑物区的工程地质条件,及时编写出各阶段的工程地质勘察报告。另外,工程地质报告书必须与工程地质图一致,互相照应、互为补充,共同达到为工程服务的目的。

(二)工程地质图

工程地质图是反映工程建筑地区的工程地质图件,是工程地质测绘、勘探和试验工作的总结性成果,它与工程地质勘察报告书一起作为工程地质勘察工作的基本文件。

勘察阶段不同,要求提供的图件也不同。几种常用的图表现简要说明如下:

(1)地质图　地质图即反映工程建筑地区地层岩性和地质构造的图件,是研究和评价工程建筑地区可能发生工程地质问题的基本图件。

(2)工程地质图　工程地质图即综合反映建筑地区地层岩性、地质构造、地形地貌、水文地质条件、自然地质现象以及勘探和试验成果的综合图件,它是评价工程建筑地区工程地质条件的主要依据。

(3)工程地质剖面图　工程地质剖面图即根据地质剖面勘探资料和试验成果编制而成的图件,是工程选址等工作中广泛使用的图件。工程地质剖面图能表示地下一定深度内的地层岩性、地质构造、地貌、水文地质条件、自然地质现象的变化情况,可作为选择和论证工程建筑场地、拟订设计方案、进行工程地质问题评价、确定工程建筑地基基础处理措施和施工方案的依据。

(4)钻孔柱状图　钻孔柱状图即反映钻孔内地层岩性、地质构造、岩石风化情况以及地下水含水层和岩石透水性能等的图件,是评价各类地质条件和工程地质问题的原始资料。

(5)洞、井、坑、槽的展视图　洞、井、坑、槽的展视图是洞、井、坑、槽等山地勘探工作编录的原始图件,是绘制各类图件和评价与工程有关的工程地质问题的基本资料。

有关各勘察设计阶段工程地质勘察报告的编写提纲和各种图表的内容要求及具体规定,详见有关公路工程地质勘察资料内业整理规程。

小　结

本章介绍了工程地质勘察的基本方法和工程地质勘察报告的有关内容,其主要内容如下。

一、工程地质勘察的任务和阶段划分

(1)工程地质勘察的目的和任务　工程地质勘察的目的是根据国民经济建设的需要,查明与工程建设有关的地质条件,研究影响建筑物稳定的各种地质现象的性质、分布及其发展规律,预测可能出现的工程地质问题,为工程规划合理、建筑物设计经济、施工及运营安全提供地质资料。工程地质勘察的任务要通过工程地质测绘、工程地质勘探、工程地质试验(室内和野外)和长期观测等勘察方法来完成。

(2)工程地质勘察阶段的划分　工程地质勘察是为工程建设的优化设计和工程施工服务的,必须与设计、施工紧密配合。工程地质勘察按工程开发的工作程序,可划分为可行性研究、初步工程地质勘察、详细工程地质勘察三个阶段。各阶段工作之间要先后衔接,工作范围由面到点逐步深入,工作内容由一般到具体,精度由粗到细。

二、工程地质勘察的主要方法

工程地质勘察的方法,主要有工程地质测绘、工程地质勘探、工程地质试验与长期观测等。

(1)工程地质测绘　工程地质测绘主要包括路线测绘法(路线穿越法、界线追索法)、地质点测绘法、野外实测地质剖面法和3S技术等。

(2)工程地质勘探　工程地质勘探工作主要有山地工作、钻探和物探三种类型。

(3)工程地质试验及长期观测　工程地质试验包括岩土物理力学性质试验和地基强度试验、水文地质试验、地基工程地质处理试验等。长期观测主要包括物理地质作用或现象的观测、工程地质现象的观测、地下水动态观测。

思考题

1. 工程地质勘察的目的与任务是什么?

2. 工程地质勘察阶段的划分及各勘察阶段的特点如何?

3. 工程地质勘察方法有哪些? 它们各解决哪些问题?

4. 工程地质测绘的主要方法有哪些?

5. 工程地质钻探可以解决哪些问题?

6. 岩心采取率及岩心获得率如何统计? *RQD* 值如何确定,有何实际意义?

7. 什么是物探? 常用的物探方法有哪些? 工程地质勘察工作只进行物探可以吗,为什么?

8. 现场原位测试方法主要有哪些?

9. 工程地质勘察报告书包括哪些内容? 怎样利用工程地质勘察报告进行工程设计?

10. 地质图有几种,每种图件又包括哪些内容?

参 考 文 献

[1] 天津大学．水利工程地质(第2版)．北京:水利电力出版社,1985

[2] 清华大学．工程地质及水文地质(第2版)．北京:中国水利水电出版社,1997

[3] 武汉水利电力大学．工程地质学．北京:中国水利水电出版社,1995

[4] 齐丽云,徐秀华.工程地质.北京:人民交通出版社,2003

[5] 左建,温庆博.工程地质及水文地质．北京:中国水利水电出版社,2004

[6] 窦明健.公路工程地质(第3版).北京:人民交通出版社,2003

[7] 朱建德.地质与土质实习实验指导. 北京:人民交通出版社,2000

[8] 中华人民共和国行业标准.公路工程地质勘察规范(JTJ064—2002).北京:人民交通出版社,2003

[9] 中华人民共和国国家标准．岩土工程基本术语标准(GB/T50279—98).北京:中国计划出版社,1998

[10] 南昌水利水电专科学校,武汉水利电力学院．工程地质与水文地质．北京:水利电力出版社,1992

[11] 吴绍宽．工程地质与水文地质(第2版). 北京:水利电力出版社,1993

[12] 水利电力部水电规划院．水利水电工程地质手册．北京:水利电力出版社,1985

[13] 长江流域规划办公室．岩石坝基工程地质．北京:水利电力出版社,1982

[14] 长春地质学院．中小型水利水电工程地质．北京:水利电力出版社,1978

[15] 水利电力部规划设计局．水利水电工程地质勘察经验选编．北京:水利电力出版社,1979

[16] 成都地质学院．工程地质勘察．北京:地质出版社,1980